U0219423

太阳能光伏并网发电系统设计与应用

第 2 版

李英姿　编著

机械工业出版社

本书以国家、行业最新颁布的光伏并网发电相关系列设计标准和规范为依据，以光伏并网电气系统设计所涉及的环节内容为对象，具体包括光伏电站选址、太阳辐射量计算、光伏并网的技术要求、光伏方阵设计、直流电气设备选型、电气系统设计、光伏直流系统保护、计量与监测、安全防护等方面的内容。

　　本书突出工程实践和理论知识的应用，介绍了 IEC 标准、国家标准、行业标准、企业标准等不同体系和要求，可以作为学习光伏发电工程设计专业知识的配套学习材料，特别适合刚刚从事光伏发电系统设计、施工、监理、维护管理的技术人员和其他相关专业的工程技术人员阅读，也适合高等院校有关专业作为工程实践教学环节的辅助参考教材。

　　责任编辑邮箱：jinacmp@163.com

图书在版编目（CIP）数据

太阳能光伏并网发电系统设计与应用/李英姿编著 . —2 版 . —北京：机械工业出版社，2020.5（2025.1 重印）

　　ISBN 978-7-111-64971-7

Ⅰ.①太…　Ⅱ.①李…　Ⅲ.①太阳能发电-系统工程-高等学校-教材　Ⅳ.①TM615

中国版本图书馆 CIP 数据核字（2020）第 038809 号

机械工业出版社（北京市百万庄大街 22 号　邮政编码 100037）

策划编辑：吉　玲　责任编辑：吉　玲　张　丽　刘丽敏

责任校对：张　征　封面设计：马精明

责任印制：单爱军

北京虎彩文化传播有限公司印刷

2025 年 1 月第 2 版第 7 次印刷

184mm×260mm · 16.25 印张 · 402 千字

标准书号：ISBN 978-7-111-64971-7

定价：49.80 元

电话服务　　　　　　　　　　网络服务

客服电话：010-88361066　　　机 工 官 网：www.cmpbook.com

　　　　　010-88379833　　　机 工 官 博：weibo.com/cmp1952

　　　　　010-68326294　　　金 书 网：www.golden-book.com

封底无防伪标均为盗版　　机工教育服务网：www.cmpedu.com

前　言

本书依据国家最新颁布的光伏并网发电相关系列设计规范撰写，内容涉及光伏电站选址、太阳辐射量计算、光伏并网的技术要求、光伏方阵设计、直流电气设备选型、电气系统设计、光伏直流系统保护、计量与监测、安全防护。通过详细而完整地讲解光伏并网发电系统设计的各个子系统的设计细节，读者能够比较全面地了解光伏发电设计的技术深度、设计要求和配合协调等问题。

本书共 9 章：

第 1 章介绍光伏电站选址，内容涉及基本资料收集、太阳能资源分析和评估、光伏电站站址选择、建设条件和规划容量等，以国内行业标准为基础，突出光伏电站选址的前期准备内容。

第 2 章介绍太阳辐射量计算，内容包括太阳能资源、太阳时、太阳角度、日照时数、太阳辐射量计算等，便于读者了解太阳辐射量涉及的工程计算方面的内容。

第 3 章介绍光伏并网的技术要求，内容包括光伏发电技术、一般要求、电能质量要求、有功功率控制、无功功率控制、故障穿越、运行适应性、电网异常响应、并网和离网控制、二次系统、并网检测，以国家相关标准为依据，阐述了确保光伏并网系统稳定运行的条件。

第 4 章介绍光伏方阵设计，内容包括光伏组件、光伏电池特性、光伏组件串并联、光伏方阵设计、光伏方阵的布置、方阵的连接、方阵安装方式，以 IEC 标准为依据，论述了解决光伏方阵的整体设计与细节设计问题的技术手段。

第 5 章介绍直流电气设备选型，内容包括地面光伏系统用直流连接器、光伏组件接线盒、汇流箱、直流配电柜、光伏电缆、逆变器，以国家标准为重要依据，论述了光伏发电系统的直流部分硬件的合理配置。

第 6 章介绍电气系统设计，内容包括直流系统、交流系统、接入系统，以国内行业设计标准为重要依据，论述了光伏发电交直流电气系统的合理配置。

第 7 章介绍光伏直流系统保护，包括旁路二极管保护、过电流保护、反向电流保护、直流故障电弧防护、逆功率保护、隔离与开关电器的选择及应用，以 IEC 标准和国内产品标准为依据，阐述了如何使光伏直流系统安全正常运行。

第 8 章介绍计量与监测，内容包括并网计量点、计量装置、计量接入点，太阳能资源实时监测，以国家标准和企业标准为依据，介绍了完整系统运行数据的采集。

第 9 章介绍安全防护，内容包括并网系统防雷措施、接闪器、引下线、接地装置、等电位联结、屏蔽、功能接地、电涌保护器、电击防护、火灾防护，既参考了国家相关标准，引入了 IEC 标准，还介绍了光伏发电系统免受外界侵害的方法。

本书由北京建筑大学电气工程与自动化系的李英姿撰写。本书在编写过程中，参阅了大量的参考书籍、国家有关规范和标准及相关的论文，并作为参考文献列于本书之后，以便读者查阅。在此对参考书籍的原作者表示衷心感谢。

由于目前光伏发电技术发展迅速，而作者的认识和专业水平有限，加之时间仓促，书中难免存在不妥、疏忽或错误之处，敬请读者批评指正。

李英姿

目 录

第 **1** 章

光伏电站选址

1.1 基本资料收集

1.1.1 气象水文资料

并网型光伏发电规划区域（以下简称规划区域）气象水文资料，是近30年来对气温、日照、风、雨、雪、雾、冻土、雷暴、沙尘暴、洪水等方面进行观测统计的资料。

1. 气象数据

气象数据可分为气候资料和天气资料。

1）气候资料通常所指的是用常规气象仪器所观测到的各种原始资料的集合以及加工、整理、整编所形成的各种资料。但随着现代气候的发展，气候研究内容不断扩大和深化，气候资料概念和内涵得以进一步的延伸，当代气候资料泛指整个气候系统的有关原始资料的集合和加工产品。

气象要素表明大气物理状态、物理现象以及某些对大气物理过程和物理状态有显著影响的物理量。其主要有气温、气压、风、湿度、云、降水、蒸发、能见度、辐射、日照以及各种天气现象。

2）天气是指经常不断变化着的大气状态，既是一定时间和空间内的大气状态，也是大气状态在一定时间间隔内的连续变化。所以可以将天气理解为天气现象和天气过程的统称。

天气现象是指在大气中发生的各种自然现象，即某瞬时内大气中各种气象要素（如气温、气压、湿度、风、云、雾、雨、雪、霜、雷、雹等）空间分布的综合表现。天气过程就是一定地区的天气现象随时间的变化过程。

天气资料随着时间的推移转化为气候资料；气候资料的内容比天气资料要广泛得多；气候资料是长序列的资料，而天气资料是短时内的资料。

3）光伏电站需要的气象资料包括：多年平均气温、极端最高气温、极端最低气温；多年平均降水量和蒸发量；多年最大冻土和积雪深度；多年平均风速、多年极大风速及主导风向；近30年灾害性天气资料，如强风、沙尘、雷电、暴雪、冰雹等。

2. 水文资料

水文资料通常专指水文的实测资料，即通过水文测验所收集的各种水文要素的原始记录，又称水文数据。

广义的水文资料内容还包括水文年鉴、水文统计值、水文图集及水文调查资料等。从实地调查、观测及计算研究所得与水文有关的各项资料，例如：降水量、蒸发量、水位、流量、含沙量等，以及从这些资料求得的在一定时期内的最大值、最小值、平均值、总量、过程线和等值线等。

1.1.2 太阳能资源观测资料

规划区域太阳能资源观测资料，包括规划光伏电站附近长期气象观测站（以下简称为观测站）和总辐射观测站近 30 年历年各月的总辐射、直接辐射、散射辐射和日照时数的资料。

1. 气象观测站

规划光伏电站附近观测站的基本情况，包括位置、高程、周围地形地貌状况、资料观测记录和相关观测仪器以及周围环境状况和观测设备变迁资料等。

2. 总辐射

太阳能资源是可转化成热能、电能、化学能等以供人类利用的能量。

总辐射指水平面从上方 2π 立体角范围内接收到的直接辐射和散射辐射之和。

总辐射测量通常采用地方平太阳时，每天从日出开始到日落连续测量。

1）总辐射的日辐照量，由总辐射的时辐照量累加求得，时辐照量由分钟辐照量累加求得。

2）总辐射应做月总量、月平均统计。月总量值均由逐日各时、日记录的量值累加求得，月平均值均由月总量值除以该月天数求得。

总辐射最大辐照度对平原地区应小于 $1400\mathrm{W/m^2}$，高山地区应小于 $1600\mathrm{W/m^2}$。总辐射日辐照量理论上应小于可能的总辐射日辐照量。

在海拔、云及大气透明度等因子特殊组合的情况下，总辐射日辐照量可能会大于相应可能的总辐射日辐照量，但冬季不应超过相应可能的总辐射日辐照量的 120%，夏季不应超过相应可能的总辐射日辐照量的 115%。

应对总日辐射的相关数据进行以下相关性检查：

1）时或总辐射日辐照量应不小于时或日散射辐射辐照量。

2）总辐射日辐照量应不小于日水平面直接辐射辐照量。

3）总辐射日辐照量减去日散射辐射辐照量与日水平面直接辐射辐照量之和的差的绝对值应不大于总辐射日辐照量的 20%。

4）观测站的日际观测值与周边观测站的日际观测值的趋势应保持一致。

5）总辐射日辐照量不应超过相应可能的总辐射日辐照量，应根据日照云量等影响辐射的要素进行综合分析判断。

3. 直接辐射

直接辐射为从日面及其周围一小立体角内发出的辐射。

直接辐射测量通常采用地方平太阳时进行测量。00 时 00 分 00 秒代表一天的开始，24

时 00 分 00 秒代表一天的结束。

直接辐射的日辐照量，由直接辐射的时辐照量累加求得，时辐照量由分钟辐照量累加求得。直接辐射应做月总量、月平均统计，月总量值由逐日记录的量值累加求得，月平均值由月总量值除以该月天数求得。

直接辐射的最大辐照度应小于 $1376W/m^2$，相邻两个瞬时值的最大变化量应小于 $1000W/m^2$。

应对直接辐射的相关数据进行以下相关性检查：

1）时（日）直接辐射辐照量应大于时（日）水平面直接辐射辐照量。

2）日总辐射辐照量减去日散射辐射辐照量与日水平面直接辐射辐照量之和的差的绝对值应不大于总辐射日辐照量的 20%。

3）观测站的观测值与周边观测站的观测值的趋势应保持一致。

4. 散射辐射

散射辐射为太阳辐射被空气分子、云和空气中的各种微粒分散成无方向性的、但不改变其单色组成的辐射。

散射辐射测量通常采用地方平太阳时进行测量。00 时 00 分 00 秒代表一天的开始，24 时 00 分 00 秒代表一天的结束。

散射辐射相邻两个瞬时值的最大变化量应小于 $1000W/m^2$。

应对散射辐射的相关数据进行以下相关性检查：

1）时（日）散射辐射辐照量应小于时（日）总辐射辐照量。

2）日总辐射辐照量减去日散射辐射辐照量与日水平面直接辐射辐照量之和的差的绝对值应不大于总辐射日辐照量的 20%。

3）观测站的观测值与周边观测站的观测值的趋势应保持一致。

散射辐射的日辐照量，由散射辐射的时辐照量的量值累加求得，时辐照量由分钟辐照量累加求得。

散射辐射应做月总量、月平均统计，月总量值由逐日记录的量值累加求得，月平均值由月总量值除以该月天数求得。

5. 日照时数

日照时数为在给一定时段内太阳直接辐射度大于或等于 $120W/m^2$ 的各分段时间的总和。

1.1.3 地形图和基础地理信息资料

地理信息资料包括规划区域 1:50000 及以上地形图资料及水体、道路、政域边界等基础地理信息资料。地形图范围应在场址范围基础上向四周延伸 10km。

1. 地形图

地形图指的是地表起伏形态和地理位置、形状在水平面上的投影图。具体来讲，将地面上的地物和地貌按水平投影的方法（沿铅垂线方向投影到水平面上），并按一定的比例尺缩绘到图纸上，这种图称为地形图。

地形图是根据地形测量或航摄资料绘制的，误差和投影变形都极小。

地形图指比例尺大于 1:100 万的着重表示地形的普通地图（根据经纬度进行分幅，常用有 1:100 万、1:50 万、1:25 万、1:15 万、1:10 万、1:5 万等）。由于制图的区域范围比较小，因此能比较精确而详细地表示地面地貌水文、地形、土壤、植被等自然地理要素，以及居民点、交通线、境界线、工程建筑等社会经济要素。

2. 基础地理信息

基础地理信息作为统一的空间定位和进行空间分析的基础地理单元，主要由自然地理信息中的地貌、水系、植被以及社会地理信息中的居民地、交通、境界、特殊地物、地名等要素构成，另外，还有用于地理信息定位的地理坐标系格网，并且其具体内容也同所采用的地图比例尺有关，随着比例尺的增大，基础地理信息的覆盖面应更加广泛。

基础地理信息的承载形式也是多样化的，可以是各种类型的数据、卫星相片、航空相片、各种比例尺地图，甚至声像资料等。

1.1.4 地质、地震、卫星资料

地质、地震、卫星资料包括规划区域地质图、地震资料、有关辐射的卫星资料及其他有关的工程地质勘查资料。

1. 区域地质图

地质图是将沉积岩层、火成岩体、地质构造等的形成时代和相关等各种地质体、地质现象，用一定图例表示在某种比例尺地形图上的一种图件，是表示地壳表层岩相、岩性、地层年代、地质构造、岩浆活动、矿产分布等的地图的总称，是显示制图区域地质组成及构造特征的专题地图，通常包括普通地质图、大地构造图、古地理图等。

区域地质图是指根据较大范围内的地质、地形、地貌调查资料编制而成的图件。其作用是说明矿区所在区域的地质特征（如地层、构造、岩浆岩等）和成矿地质环境，反映该区的矿产远景，为进一步发现新的矿床提供线索。

区域地质图是研究区域地质背景的主要图件，对其进行识读的主要内容如下：

1）区域地貌形态类型、地貌单元、水系变迁情况，与现代构造活动有关的洪积扇、阶地。

2）区域内岩浆岩、变质岩和沉积岩的分布。

3）区域地质构造基本情况。

4）区域水文地质情况。

5）工程场地位置等。

2. 地震资料

地震又称地动、地振动，是在地壳快速释放能量过程中造成振动，期间会产生地震波的一种自然现象。地球上板块与板块之间相互挤压碰撞，造成板块边沿及板块内部产生错动和破裂，是引起地震的主要原因。

地震开始发生的地点称为震源，震源正上方的地面称为震中。破坏性地震的地面振动最烈处称为极震区，极震区往往也就是震中所在的地区。地震常常造成严重人员伤亡，能引起火灾、水灾、有毒气体泄漏、细菌及放射性物质扩散，还可能造成海啸、滑坡、崩塌、地裂缝等次生灾害。

地震科学数据按照其获取途径可以划分为五大类：

1）观测数据：包括地震、地磁、重力、地形变、地电、地下流体、强震动、现今地壳运动等数据。这是地震科学数据中数量最大的一类数据。

2）探测数据：包括人工地震、大地电磁、流动地震台阵等数据。

3）调查数据：包括地震地质、地震灾害、地震现场科考、工程震害、震害预测、地震遥感等数据。

4）实验数据：包括构造物理实验、新构造年代测试、建筑物结构抗震实验、岩土地震工程实验等数据。

5）专题数据：这类数据为综合性数据，主要服务于某一重要研究专题、重大工程项目、某一特定区域综合研究等工作目标而建立的，如地学大断面探测研究、火山监测研究、水库地震监测研究、矿震监测研究、典型大震震害、中国大陆地壳应力环境、三峡工程、青藏铁路、建筑物地震安全性评价等方面的数据。

3. 工程地质勘查资料

工程地质勘查是为查明影响工程建筑物的地质因素而进行的地质调查研究工作。

工程地质条件通常是指建设场地的地形、地貌、地质构造、地层岩性、不良地质现象以及水文地质条件等。

按工程建设的阶段，工程地质勘查一般分为规划选点至选址的工程地质勘查、初步设计工程地质勘查和施工图设计工程地质勘查。

（1）选址勘查阶段

选址勘查工作对于大型工程是非常重要的环节，其目的在于从总体上判定拟建场地的工程地质条件能否适宜工程建设项目。一般通过取得几个候选场址的工程地质资料进行对比分析，对拟选场址的稳定性和适宜性做出工程地质评价。本阶段主要工作如下：

1）搜集区域地质、地形地貌、地震、矿产和附近地区的工程地质资料及当地的建筑经验。

2）在收集和分析已有资料的基础上，通过踏勘，了解场地的地层、构造、岩石和土的性质、不良地质现象及地下水等工程地质条件。

3）对工程地质条件复杂，且已有资料不能符合要求，但其他方面条件较好且倾向于选取的场地，应根据具体情况进行工程地质测绘及必要的勘探工作。

选择场址时，应进行技术经济分析，一般情况下宜避开下列工程地质条件恶劣的地区或地段：

① 不良地质现象发育，对场地稳定性有直接或潜在威胁的地段。

② 地基土性质严重不良的地段。

③ 对建筑抗震不利的地段，如设计地震烈度为8度或9度且邻近发震断裂带的场区。

④ 洪水或地下水对建筑场地有威胁或有严重不良影响的地段。

⑤ 地下有未开采的有价值矿藏或不稳定的地下采空区的地段。

（2）初步勘查阶段

初步勘查阶段是在选定的建设场址上进行的。根据选址报告书了解建设项目类型、规模、建设物高度、基础的形式及埋置深度和主要设备等情况。

初步勘查的目的是：对场地内建筑地段的稳定性做出评价；为确定建筑总平面布置、主要建筑物地基基础设计方案以及不良地质现象的防治工程方案做出工程地质论证。

本阶段的主要工作如下：

1）搜集本项目可行性研究报告（附有建筑场区的地形图，一般比例尺为1∶5000～

1∶2000）、有关工程性质及工程规模的文件。

2）初步查明地层构造、岩石和土的性质；地下水埋藏条件、冻结深度、不良地质现象的成因和分布范围及其对场地稳定性的影响程度和发展趋势。当场地条件复杂时，应进行工程地质测绘与调查。

3）对抗震设防烈度为7度或7度以上的建筑场地，应判定其场地和地基的地震效应。

初步勘查时，在搜集分析已有资料的基础上，根据需要和场地条件还应进行工程勘探、测试以及地球物理勘探工作。

（3）详细勘查阶段

在初步上勘查完成之后进行详细勘查，它是为施工图设计提供资料的。此时场地的工程地质条件已基本查明。

详细勘查的目的是提出设计所需的工程地质条件的各项技术参数，对建筑地基做出岩土工程评价，为基础设计、地基处理和加固、不良地质现象的防治工程等具体方案进行论证并做出结论。

本阶段的主要工作要求：

1）取得附有坐标及地形的建筑物总平面布置图，各建筑物的地面整平标高、建筑物的性质和规模，可能采取的基础形式与尺寸和预计埋置的深度，建筑物的单位荷载和总荷载、结构特点和对地基基础的特殊要求。

2）查明不良地质现象的成因、类型、分布范围、发展趋势及危害程度，提出评价与整治所需的岩土技术参数和整治方案建议。

3）查明建筑物范围各层岩土的类别、结构、厚度、坡度、工程特性，计算和评价地基的稳定性和承载力。

4）对需进行沉降计算的建筑物，提出地基变形计算参数，预测建筑物的沉降、差异沉降或整体倾斜。

5）对抗震设防烈度大于或等于6度的场地，应划分场地土类型和场地类别。对抗震设防烈度大于或等于7度的场地，尚应分析预测地震效应，判定饱和砂土和粉土的地震液化可能性，并对液化等级做出评价。

6）查明地下水的埋藏条件，判定地下水对建筑材料的腐蚀性。当需基坑降水设计时，尚应查明水位变化幅度与规律，提供地层的渗透性系数。

7）提供深基坑开挖的边坡稳定性计算和支护设计所需的岩土技术参数，论证和评价基坑开挖、降水等对邻近工程和环境的影响。

8）选择桩的类型、长度，确定单桩承载力，并计算群桩的沉降以及为选择施工方法提供岩土技术参数。

详细勘查的手段以勘探、原位测试和室内土工试验为主，必要时可以补充一些地球物理勘探、工程地质测绘和调查工作。详细勘查的勘探工作量，应按场地类别、建筑物特点及建筑物的安全等级和重要性来确定。对于复杂场地，必要时可选择具有代表性的地段布置适量的探井。

1.1.5 其他规划资料

其他规划资料包括规划区域国民经济发展规划、土地利用规划、电网规划、交通规划、已查明重要矿产资源分布、自然环境保护、军事用地、文物保护等敏感区的资料。

规划光伏电站所的其他规划资料主要包括：

1）规划光伏电站所在地区已有的其他大型工程项目（如工厂、工业园区、道路交通等）的规划。

2）规划光伏电站所在地区的工程地质资料。

3）规划光伏电站所在地区交通运输现状和规划的资料。

4）规划光伏电站所在地区电网地理接线图，各级开关站、变电站的分布图，电力系统现状及发展规划。

5）规划光伏电站所在地区的土地利用规划、环境保护、军事用地、文物保护用地、已查明的重要矿产资源分布等资料。

6）规划光伏电站所在地区国民经济和社会发展的相关资料。

1.2 太阳能资源分析和评估

1.2.1 太阳能资源分析

规划区域太阳能资源分析应首先根据太阳能资源资料，分析规划区域太阳总辐射、直接辐射、散射辐射和日照时数的时间、空间分布特征，再绘制出总辐射、直接辐射、散射辐射和日照时数的年际变化曲线图、年变化曲线图和空间分布图。

1. 一般规定

光伏发电站设计应对站址所在地的区域太阳能资源基本状况进行分析，并对相关的地理条件和气候特征进行适应性分析。

当对光伏发电站进行太阳能总辐射量及其变化趋势等太阳能资源分析时，应选择站址所在地附近有太阳辐射长期观测记录的气象站作为参考气象站。

当利用现场观测数据进行太阳能资源分析时，现场观测数据应连续，且不应少于一个完整年。

大型光伏发电站建设前期，宜先在站址所在地设立太阳辐射现场观测站，现场观测记录的周期不应少于一个完整年。

2. 参考气象站的基本条件和数据采集

参考气象站应具有连续 10 年以上的太阳辐射长期观测记录。

参考气象站所在地与光伏发电站站址所在地的气候特征、地理特征应基本一致。

参考气象站的辐射观测资料与光伏发电站站址现场太阳辐射观测装置的同期辐射观测资料应具有较好的相关性。

参考的气象站采集的信息应包括下列内容：

1）气象站长期观测记录所采用的标准、辐射仪器型号、安装位置、高程、周边环境状况，以及建站以来的站址迁移、辐射设备维护记录、周边环境变动等基本情况和时间。

2）最近连续 10 年以上的逐年各月的总辐射量、直接辐射量、散射辐射量、日照时数的观测记录，且与站址现场观测站同期至少一个完整年的逐小时的观测记录。

3）最近连续 10 年的逐年各月最大辐照度的平均值。

4）近30年来的多年月平均气温、极端最高气温、极端最低气温、昼间最高气温、昼间最低气温。

5）近30年来的多年平均风速、多年极大风速及发生时间、主导风向，多年最大冻土深度和积雪厚度，多年年平均降水量和蒸发量。

6）近30年来的连续阴雨天数、雷暴日数、冰雹次数、沙尘暴次数、强风次数等灾害性天气情况。

3. 太阳辐射现场观测站基本要求

在光伏发电站站址处宜设置太阳能辐射现场观测站，观测内容应包括总辐射量、直射辐射量、散射辐射量、最大辐照度、气温、湿度、风速、风向等的实测时间序列数据，且应按照现行行业标准 GB/T 35231—2017《地面气象观测规范辐射》的规定进行安装和实时观测记录。

对于按最佳固定倾角布置光伏方阵的大型光伏发电站，宜增设在设计确定的最佳固定倾角面上的日照辐射观测项目。

对于有斜单轴或平单轴跟踪装置的大型光伏发电站，宜增设在设计确定的斜单轴或平单轴跟踪受光面上的日照辐射观测项目。

对于高倍聚光光伏发电站，应增设法向直接辐射辐照度（DNI）的观测项目。

现场实时观测数据宜采用有线或无线通信信道直接传送。

4. 太阳辐射观测数据验证与分析

1）对太阳辐射观测数据应进行完整性检验，观测数据应符合下列要求：

① 观测数据的实时观测时间顺序应与预期的时间顺序相同。

② 按某时间顺序实时记录的观测数据量应与预期记录的数据量相等。

2）对太阳辐射观测数据应依据日天文辐射量等进行合理性检验，观测数据应符合下列要求：

① 总辐射最大辐照度小于 $2kW/m^2$。

② 散射辐射数值小于总辐射数值。

③ 日总辐射量小于可能的日总辐射量，可能的日总辐射量应符合相关规定。

太阳辐射观测数据经完整性和合理性检验后，应对其中不合理和缺测的数据应进行修正，并补充完整。其他可供参考的同期记录数据经过分析处理后，可填补无效或缺测的数据，形成完整的长序列观测数据。

3）光伏发电站太阳能资源分析宜包括下列内容：

① 长序列的年总辐射量变化和各月总辐射量年际变化。

② 10年以上的年总辐射量平均值和月总辐射量平均值。

③ 最近三年内连续12个月各月辐射量日变化及各月典型日辐射量小时变化。

④ 总辐射最大辐照度。

当光伏方阵采用固定倾角、斜单轴、平单轴、斜面垂直单轴或双轴跟踪布置时，应依据电站使用年限内的平均年总辐射量预测值进行固定倾角、斜单轴、平单轴、斜面垂直单轴或双轴跟踪受光面上的平均年总辐射量预测。

5. 区域太阳能资源

部分主要城市太阳能资源数据见表1-1。

表1-1 部分主要城市太阳能资源数据表

城市	纬度	年平均气温/℃	水平面		斜面		斜面修正系数
			年平均总太阳能辐射量/[MJ/(m²·a)]	年平均日太阳能辐射量/[kJ/(m²·d)]	年平均总太阳能辐射量/[MJ/(m²·a)]	年平均日太阳能辐射量/[kJ/(m²·d)]	
北京	39°57′	12.3	5570.32	15261.14	6582.78	18035.01	1.0976
天津	39°08′	12.7	5239.94	14356.01	6103.55	16722.05	1.0692
石家庄	38°02′	13.4	5173.60	14174.24	6336.40	17360.00	1.0521
哈尔滨	45°45′	4.2	4636.58	12702.97	5780.88	15838.03	1.1400
长春	43°53′	5.7	4953.78	13572.00	6251.36	17127.02	1.1548
沈阳	41°46′	8.4	5034.46	13793.03	6045.52	16563.06	1.0671
呼和浩特	40°49′	6.7	6049.51	16574.01	7327.37	20074.98	1.1468
太原	37°51′	10.0	5497.27	15061.02	6348.82	17394.03	1.1005
乌鲁木齐	43°47	7.0	5279.36	14464.01	6056.82	16594.02	1.0092
西宁	36°35′	6.1	6123.64	16777.08	7160.22	19617.04	1.1360
银川	38°25′	9.0	6041.84	16553.00	7159.46	19614.97	1.1559
西安	34°15′	13.7	4665.06	12780.99	4727.48	12952.01	0.9275
上海	31°12′	16.1	4657.39	12759.98	4997.23	13691.05	0.9900
南京	32°04′	15.5	4781.12	13098.97	5185.55	14205.98	1.0249
合肥	31°53′	15.8	4571.64	12525.04	4854.13	13298.99	0.9988
杭州	30°15′	16.5	4258.84	11668.04	4515.77	12371.97	0.9362
南昌	28°40′	17.6	4779.32	13094.04	5005.62	13714.03	0.8640
福州	26°05′	19.8	4380.37	12001.02	4544.60	12450.97	0.8978
济南	36°42′	14.7	5125.72	14043.06	5837.83	15994.06	1.0630
郑州	34°43′	14.3	4866.19	13332.03	5313.67	14558.01	1.0467
武汉	30°38′	16.6	4818.35	13200.95	5003.06	13707.00	0.9039
长沙	28°11′	17.0	4152.64	11377.08	4230.00	11589.00	0.8028
广州	23°00′	22.0	4420.15	12110.01	4636.22	12701.98	0.8850
海口	20°02′	24.1	5049.79	13835.05	4931.14	13509.96	0.8761
南宁	22°48′	21.8	4567.97	12514.98	4647.92	12734.04	0.8231
重庆	29°36′	17.7	3058.81	8684.08	3066.62	8401.71	0.8021
成都	30°40′	16.1	3793.07	10391.97	3760.96	10303.99	0.7553
贵阳	26°34′	15.3	3769.38	10327.07	3735.79	10235.05	0.8135
昆明	25°02′	14.9	5180.83	14194.06	5596.56	15333.04	0.9216
拉萨	29°43′	8.0	7774.85	21300.95	8815.10	24150.97	1.0964

1.2.2 太阳能资源评估

采用太阳总辐射年辐照度、稳定度和直射比三个指标对太阳能资源（总辐射）进行分级。

1. 评估标准

与太阳能资源有关的标准见表1-2。

表1-2　与太阳能资源有关的标准

序号	标准号	标准名称	实施日期
1	GB/T 31163—2014	《太阳能资源术语》	2015-01-01
2	GB/T 31156—2014	《太阳能资源测量 总辐射》	2015-01-01
3	GB/T 31155—2014	《太阳能资源等级 总辐射》	2015-01-01
4	GB/T 34325—2017	《太阳能资源数据准确性评判方法》	2018-04-01
5	GB/T 33872—2017	《太阳能资源观测站分类指南》	2018-02-01
6	GB/T 33677—2017	《太阳能资源等级 直接辐射》	2017-12-01
7	GB/T 33698—2017	《太阳能资源测量 直接辐射》	2017-12-01
8	GB/T 33699—2017	《太阳能资源测量 散射辐射》	2017-12-01
9	NB/T 32012—2013	《光伏发电站太阳能资源实时监测技术规范》	2014-04-01
10	QX/T 89—2018	《太阳能资源评估方法》	2018-10-01
11	GD 003—2011	《光伏发电工程可行性研究报告编制办法（试行）》	2011-04-08

准确的太阳能资源分析结果，是计算发电量、计算项目投资收益的基础。

2. 太阳能直接辐射资源等级

采用三个指标对太阳能直接辐射资源进行分级：年法向直接辐射辐照量、法向直接辐射稳定度和直射比。

法向直接辐射是在与太阳光线垂直的平面上接收到的直接辐射。从数值上而言，直接辐射与法向直接辐射是相同的；两者的区别在于直接辐射是从太阳发射的角度而定义，法向直接辐射则是从接收面的角度而定义。在太阳能资源领域，常用法向直接辐射这一术语，以区分于水平面直接辐射。

水平面直接辐射为水平面上接收到的直接辐射。法向直接辐射与水平面直接辐射的关系为

$$D_{\mathrm{H}} = D_{\mathrm{N}}\sin h = D_{\mathrm{N}}\cos h_{\mathrm{z}}$$

式中　D_{H}——水平面直接辐射；

D_{N}——法向直接辐射；

h——太阳高度角；

h_{z}——太阳天顶角。

年法向直接辐射辐照量划分为四个等级：一类资源区（A）、二类资源区（B）、三类资源区（C）、四类资源区（D）。划分标准见表1-3，其中分级阈值采用两种辐照量单位，其换算关系为 $1\mathrm{kW \cdot h/m^2} = 3.6\mathrm{MJ/m^2}$，$1\mathrm{MJ/m^2} \approx 0.28\mathrm{kW \cdot h/m^2}$。

法向直接辐射稳定度用全年中各月平均日法向直接辐射辐照量的最小值与最大值的比表示；反映太阳能直接辐射资源年内变化的状态和幅度。在实际大气中，其数值在（0，1）区间变化，越接近于1越稳定。

表1-3 年法向直接辐射辐照量（H_{DN}）等级

等级名称	分级阈值/（kW·h/m²）	分级阈值/（MJ/m²）	等级符号
一类资源区	$H_{DN} \geqslant 1700$	$H_{DN} \geqslant 6120$	A
二类资源区	$1400 \leqslant H_{DN} < 1700$	$5040 \leqslant H_{DN} < 6120$	B
三类资源区	$1000 \leqslant H_{DN} < 1400$	$3600 \leqslant H_{DN} < 5040$	C
四类资源区	$H_{DN} < 1000$	$H_{DN} < 3600$	D

注：H_{DN}表示年法向直接辐射辐照量，采用多年平均值（一般取30年平均）。

法向直接辐射稳定度划分为四个等级：很稳定（A）、稳定（B）、一般（C）、欠稳定（D）。划分标准见表1-4。

表1-4 法向直接辐射稳定度（R_{wd}）等级

等级名称	分级阈值	等级符号
很稳定	$R_{wd} \geqslant 0.7$	A
稳定	$0.5 \leqslant R_{wd} < 0.7$	B
一般	$0.3 \leqslant R_{wd} < 0.5$	C
欠稳定	$R_{wd} < 0.3$	D

注：R_{wd}表示太阳直接辐射稳定度，计算R_{wd}时，首先计算多年平均（一般取30年平均）的各月平均日法向直接辐射辐照量，然后求最小值与最大值之比。

直射比为水平面直接辐射辐照量与同期总辐射辐照量之比，用百分比或小数表示。实际大气中，其数值在［0，1］区间变化，越接近于1，水平面直接辐射所占总辐射的比例越高。

按照GB/T 31155—2014《太阳能资源等级 总辐射》的分级方法，将直射比划分为四个等级：很高（A）、高（B）、中（C）、低（D）。划分标准见表1-5。

表1-5 水平面直射比（R_D）等级

等级名称	分级阈值	等级符号	等级说明
很高	$R_D \geqslant 0.6$	A	直接辐射主导
高	$0.5 \leqslant R_D < 0.6$	B	直接辐射较多
中	$0.35 \leqslant R_D < 0.5$	C	散射辐射较多
低	$R_D < 0.35$	D	散射辐射主导

注：R_D表示年直射比，计算R_D时，首先计算年水平面直接辐射辐照量和年总辐射辐照量的多年平均值（一般取30年平均），然后求两者之比。

3. 太阳能资源丰富程度评估

以太阳总辐射的年总量为指标，进行太阳能资源丰富程度评估。在进行评估时，所用数据应采用具有气象意义的30年气候的平均值。

以太阳总辐射量的年总量为指标，具体的资源丰富程度等级见表1-6。

表 1-6 太阳能资源丰富程度等级

资源丰富程度	资源代号	年总辐射量 /[MJ/(m²·a)]	年总辐射量 /[kW·h/(m²·a)]	平均日辐射量 /[kW·h/(m²·d)]
资源丰富	I	≥6300	≥1750	≥4.8
资源较丰富	II	5040~6300	1400~1750	3.8~4.8
资源较贫乏	III	3780~5040	1050~1400	2.9~3.8
资源贫乏	IV	<3780	<1050	<2.9

根据光伏上网电价，结合光伏系统造价的要求，目前光伏电站需要建设在光照资源很丰富的地方，年总辐射量要求在 5800MJ/m²（大约 1600kW·h/m²）以上。

4. 太阳能资源利用价值评估

利用各月日照时数大于 6h 的天数为指标，反映一天中太阳能资源的利用价值。日照时数如小于 6h，其太阳能一般没有利用价值。

5. 太阳能资源稳定程度评估

一年中各月日照时数大于 6h 的天数最大值与最小值的比值（即太阳能资源稳定程度指标），可以反映当地太阳能资源全年变幅的大小，比值越小说明太阳能资源全年变化越稳定，就越利于太阳能资源的利用。

$$K = \frac{\max(Day_1, Day_2, \cdots, Day_{12})}{\min(Day_1, Day_2, \cdots, Day_{12})}$$

式中　　　　　　　K——太阳能资源稳定程度指标，$K<2$ 为稳定，$K=2\sim4$ 为较稳定，$K>4$ 为不稳定；

$Day_1, Day_2, \cdots, Day_{12}$——1~12 月各月日照时数大于 6h 的天数，单位为天（d）；

　　　　　　$\max(\ )$——求最大值标准函数；

　　　　　　$\min(\ )$——求最小值标准函数。

此外，最大值与最小值出现的季节也反映了太阳能资源的一种特征。

6. 太阳能资源日最佳利用时段评估

利用太阳能日变化的特征作为指标，评估太阳能资源日变化规律。

以当地正太阳时 9~10 时的年平均日照时数作为上午日照情况的代表，以正太阳时 11~13 时的年平均日照时数作为中午日照情况的代表，以正太阳时 14~15 时的年平均日照时数作为下午日照情况的代表。哪一段时期的年平均日照时数长，则表示该段时间是一天中最有利于太阳能资源利用的时段。

1.3　光伏电站站址选择、建设条件和规划容量

1.3.1　站址选择

1. 选址原则

光伏发电站的站址选择应根据国家可再生能源中长期发展规划、地区自然条件、太阳能资源、交通运输、接入电网、地区经济发展规划、其他设施等因素全面考虑。在选址工作

中，应从全局出发，正确处理与相邻农业、林业、牧业、渔业、工矿企业、城市规划、国防设施和人民生活等各方面的关系。

光伏发电站选址时，应结合电网结构、电力负荷、交通、运输、环境保护要求、出线走廊、地质、地震、地形、水文、气象、占地拆迁、施工以及周围工矿企业对电站的影响等条件，拟订初步方案，通过全面的技术经济比较和经济效益分析，提出论证和评价。当有多个候选站址时，应提出推荐站址的排序。

2. 站址初选

光伏电站站址选择需根据规划区域太阳能资源分布情况，结合规划区域土地利用规划，初拟光伏电站的站址范围，并进行现场查勘。

1）根据建设地区的太阳能资源普查成果及其他相关资料，分析本地区太阳能资源及其分布特点。

2）结合光伏电站的建设特点以及我国现行的可再生能源政策，提出光伏电站规划选址的原则。

3）根据收集的土地利用规划资料，简述规划所在地区的土地性质及其利用情况，重点叙述可用于建设光伏电站的土地情况。

4）根据工程所在地的地形、地貌、太阳能资源条件、气候特征、电网、交通运输等条件，按照选址原则，初步选定具有开发潜力的规划光伏电站场址。

3. 站址筛选

1）分析初选光伏电站场址范围与其他大型工程项目（如工厂、工业园区、交通运输等）规划的地理位置关系。

2）复核各初选光伏电站场址是否避开基本农田、自然保护区、军事敏感区、文物保护区、已查明存在重要矿产资源区，以及重要的供水、电力、通信、燃气、石油等管线。

4. 站址确定

确定站址的范围坐标，说明站址用地类型、站址区及其周边主要建（构）筑物情况，并绘制站址地理位置图和规划站址范围图。

1）对各初选光伏电站场址的极端气象条件、太阳能资源、地形、地貌、工程地质、交通运输及施工安装等建设条件进行分析，经综合比较确定各规划光伏电站场址，并绘制各光伏电站站址范围示意图。

2）对规划选址的各光伏电站场址，征求土地、环保、电网等职能部门及军事部门意见，并将各部门意见作为规划报告的附件。

5. 防洪设计

光伏发电站防洪设计应符合下列要求：

1）按不同规划容量，光伏发电站的防洪等级和防洪标准应符合表1-7的规定。对于站内地面低于表1-7中规定高水位的区域，应有防洪措施。防排洪措施宜在首期工程中按规划容量统一规划，分期实施。

2）位于海滨的光伏发电站设置防洪堤（或防浪堤）时，其堤顶标高应依据表1-7中防洪标准（重现期）的要求，应按照重现期为50年波列累计频率1%的浪爬高加上0.5m的安全超高确定。

表1-7 光伏发电站的防洪等级和防洪标准

防洪等级	规划容量/MW	防洪标准（重现期）
Ⅰ	>500	≥100年一遇的高水（潮）位
Ⅱ	30~500	≥50年一遇的高水（潮）位
Ⅲ	<30	≥30年一遇的高水（潮）位

3）位于江、河、湖旁的光伏发电站设置防洪堤时，其堤顶标高应按表1-7中防洪标准（重现期）的要求，加0.5m的安全超高确定；当受风、浪、潮影响较大时，尚应再加重现期为50年的浪爬高。

4）在以内涝为主的地区建站并设置防洪堤时，其堤顶标高应按50年一遇的设计内涝水位加0.5m的安全超高确定；难以确定时，可采用历史最高内涝水位加0.5m的安全超高确定。如有排涝设施时，则应按设计内涝水位加0.5m的安全超高确定。

5）对位于山区的光伏发电站，应设防山洪和排山洪的措施，防排设施应按频率为2%的山洪设计。

6）当站区不设防洪堤时，站区设备基础顶标高和建筑物室外地坪标高不应低于表1-7中防洪标准（重现期）或50年一遇最高内涝水位的要求。

6. 其他要求

地面光伏发电站站址宜选择在地势平坦的地区或北高南低的坡度地区。坡屋面光伏发电站的建筑主要朝向宜为南或接近南向，宜避开周边障碍物对光伏组件的遮挡。

选择站址时，应避开空气经常受悬浮物严重污染的地区。

选择站址时，应避开危岩、泥石流、岩溶发育、滑坡的地段和发震断裂地带等地质灾害易发区。

当站址选择在采空区及其影响范围内时，应进行地质灾害危险性评估，综合评价地质灾害危险性的程度，提出建设站址适宜性的评价意见，并应采取相应的防范措施。

光伏发电站宜建在地震烈度为9度及以下地区。在地震烈度为9度以上地区建站时，应进行地震安全性评价。

光伏发电站站址应避让重点保护的文化遗址，不应设在有开采价值的露天矿藏或地下浅层矿区上。

站址地下深层压有文物、矿藏时，除应取得文物、矿藏有关部门同意的文件外，还应对站址在文物和矿藏开挖后的安全性进行评估。

光伏发电站站址选择应利用非可耕地和劣地，不应破坏原有水系，做好植被保护，减少土石方开挖量，并应节约用地，减少房屋拆迁和人口迁移。

光伏发电站站址选择应考虑电站达到规划容量时接入电力系统的出线走廊。

1.3.2 建设条件和建设方案

1. 建设条件

建设条件指分析并说明各光伏电站站址的太阳能资源、气象灾害风险、工程地质、交通运输、电力系统接入、工程施工、航空敏感等条件。

1）光伏发电站设计应综合考虑日照条件、土地和建筑条件、安装和运输条件等因素，并应满足安全可靠、经济适用、环保、美观、便于安装和维护的要求。

2）光伏发电站设计在满足安全性和可靠性的同时，应优先采用新技术、新工艺、新设备、新材料。

3）大、中型光伏发电站内宜装设太阳能辐射现场观测装置。

4）光伏发电站的系统配置应保证输出电力的电能质量符合国家现行相关标准的规定。

5）接入公用电网的光伏发电站应安装经当地质量技术监管机构认可的电能计量装置，并经校验合格后投入使用。

6）建筑物上安装的光伏发电系统，不得降低相邻建筑物的日照标准。

7）在已有建筑物上增设光伏发电系统，必须进行建筑物结构和电气的安全复核，并应满足建筑结构及电气的安全性要求。

8）光伏发电站设计时应对站址及其周围区域的工程地质情况进行勘探和调查，查明站址的地形地貌特征、结构和主要地层的分布及物理力学性质、地下水条件等。

9）光伏发电站中的所有设备和部件，应符合国家现行相关标准的规定，主要设备应通过国家批准的认证机构的产品认证。

2. 建设方案

建设方案应初拟光伏发电电池组件类型、光伏方阵布置方案、主要建（构）筑物的总体布置方案。

1.3.3 规划容量和发电量预测

1. 规划容量

综合考虑规划光伏电站的太阳能资源和规划站址范围，结合工程地质等建设条件和初拟的光伏发电电池组件类型，在初拟光伏方阵的基础上，初拟光伏电站装机容量。

2. 发电量预测

发电量预测可根据多年平均各月太阳总辐射量按光伏方阵固定斜面估算，固定斜面倾角可暂按站址所在纬度值估算，光伏发电系统综合效率可暂按80%计取。

第**2**章

太阳辐射量计算

2.1 太阳能资源

2.1.1 太阳能

太阳能是太阳以电磁波的形式投射到地球的辐射能,是太阳内部连续不断的核聚变反应过程产生的能量。

太阳能资源可转化成热能、电能、化学能等以供人类利用的能量。地球上绝大部分能源皆源自于太阳能。如风能、水能、生物质能、海洋温差能、波浪能和潮汐能等均来源于太阳。

2.1.2 太阳辐射

太阳的总辐射指水平面上、天空 2π 立体角内所接收到的太阳的直接辐射和散射辐射之和,即地球表面某一观测点水平面上接收太阳的直接辐射与散射辐射的总和,单位为兆焦每平方米(MJ/m^2)

太阳的直接辐射是从日面及其周围一小立体角内发出的辐射,也可理解为由太阳直接发出而没有被大气散射改变投射方向的太阳辐射,即经过大气散射和吸收的削弱之后,沿投射方向直接到达地表的太阳辐射。

太阳的散射辐射是太阳辐射被空气分子、云和空气中的各种微粒分散成无方向性的、但不改变其单色组成的辐射,即太阳辐射通过大气时,受到大气中气体、尘埃、气溶胶等的散射作用,从天空的各个角度到达地表的一部分太阳辐射。

太阳辐射构成如图 2-1 所示。

晴天以直接辐射为主,散射辐射约占总辐射的 15%,阴天或太阳被云遮挡时只有散射辐射。太阳总辐射量通常按日(或月、年)为周期计算,单位是 $MJ/[m^2 \cdot$ 日(或月、年)]。影响太阳能辐射的因素如图 2-2 所示。

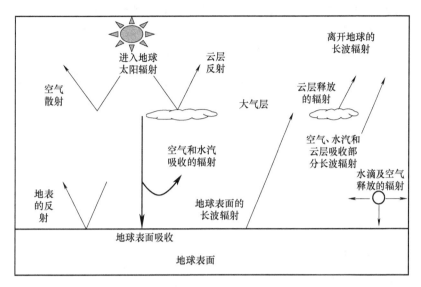

图 2-1　太阳辐射构成

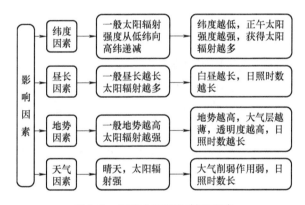

图 2-2　影响太阳能辐射的因素

2.2　太阳时

2.2.1　日地距离与太阳常数

1. 日地距离

地球的公转就是地球绕太阳的周期性旋转，其轨道为一椭圆形，太阳为一个焦点。地球的近日点是 1 月 3 日，远日点是 7 月 4 日。

地球的自转就是地球绕从北极到南极的地轴的周期性旋转。地球自转规律在气象上有非常重要的意义，地球自转有两个很重要的特点：

1）自转轴和公转轨道面不垂直，而成 66°33′的夹角。

2）自转轴的方向保持不变。

这两个特点是地球上产生温度变化、春夏秋冬季节变化和昼夜长短变化的根本原因。

日地距离又称太阳距离，指的是日心到地心的直线长度。由于地球绕太阳运行的轨道是个椭圆，太阳位于一个焦点上，所以这个距离是时刻变化着的。

日地距离的最大值为 15210 万 km（地球处于远日点），最小值为 14710 万 km（地球处于近日点），平均值为 14960 万 km。1976 年国际天文学联合会把该天文单位确定为149597870km，并从 1984 年起用。

2. 太阳常数

太阳常数是指在地球的大气层外，太阳在单位时间内投射到距太阳平均日地距离处垂直于射线方向的单位面积上的全部辐射能。太阳常数与日地距离如图 2-3 所示。

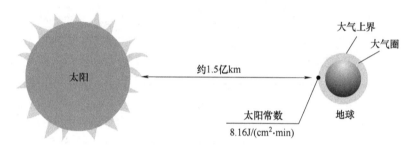

图 2-3　太阳常数与日地距离

太阳常数是进入地球大气的太阳辐射在单位面积内的总量，要在地球大气层之外，垂直于入射光的平面上测量。人造卫星测得的数值是大约 1366W/m^2，地球的截面积是127400000km^2，因此整个地球接收到的能量是 $1.74 \times 10^{17}\text{W}$。由于太阳表面常有黑子等太阳活动的缘故，所以太阳常数并不是固定不变的，一年当中的变化幅度在 1% 左右。

太阳常数是一个相对稳定的常数，依据太阳黑子的活动变化，所影响到的是气候的长期变化，而不是短期的天气变化。

2.2.2　时间

1. 时角

时角是指图 2-4 中 OP 线在地球赤道平面上的投影与当地时间 12 点时，地中心连线在赤道平面上的投影之间的夹角。

时角是天体相对于子午圈的角距离，由太阳赤纬角 δ 和时角 ω 组成。天赤道为基圈，上点 Q 为原点。天体的经度称为时角（ω），以上点为原点（起点）沿地平圈向西度量，直接用时间单位时（h）、分（min）、秒（s）表示。上点（南）、西点、下点（北）、东点的时角分别为 0h、6h、12h、18h。

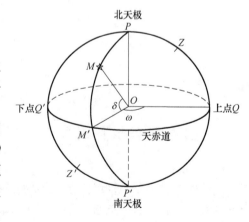

图 2-4　时角

$$\omega = (T_s - 12) \times 15° \tag{2-1}$$

式中　$T_s(0 \sim 24\text{h})$——每日时间。时角上午为负，下午为正。

2. 时差

随着地球自转，太阳经过某地天空的最高点时为此地的地方时 12 点，因此，不同经线上具有不同的地方时。同一时区内所用的同一时间是区时（本区中央经线上的地方时），全世界所用的同一时间是世界时（0°经线的地方时）。区时经度每隔 15°差 1h，地方时经度每隔 1°差 4min。

各地的标准时间为格林尼治时间（G. M. T）加上（＋）或减去（－）时区中所标的小时和分钟数时差。时差 E_Q 的计算公式为

$$E_Q = 0.0028 - 1.9857\sin x + 9.9059\sin 2x - 7.0924\cos x - 0.6882\cos 2x \tag{2-2}$$

其中

$$x = \frac{2\pi \times 57.3 \times (N + \Delta N - N_0)}{365.2422}$$

式中　N——日数，自 1 月 1 日开始计算，1 月 1 日为 0；1 月 2 日为 1；其余类推，12 月 31日为 364（平年）或 365（闰年）；

ΔN——积日订正值，由观测地点与格林尼治经度差产生的时间差订正值 ±L（东经取负号，西经取正号）和观测时刻与格林尼治 0 时时间差订正值 W 两项组成。

$$\Delta N = \frac{W \pm L}{24}$$

$$\pm L = \frac{D + \dfrac{M}{60}}{15}$$

式中　D——观测点经度的度值；

M——观测点经度的分值。

换算成与格林尼治时间差 L。东经取负号，西经取正号。

$$W = S + \frac{F}{60}$$

式中　S——观测时刻的时值；

F——观测时刻的分值。

最后两项时值再合并化为日的小数。我国处于东经，L 取负值，所以

$$N_0 = 79.6764 + 0.2422(Y - 1985) - \text{INT}\left[0.25 \times (Y - 1985)\right] \tag{2-3}$$

式中　Y——年份；

$\text{INT}(X)$——不大于 X 的最大整数的标准函数。

2.2.3　太阳时

1. 真太阳时

日常用的计时是平太阳时，平太阳时假设地球绕太阳运行的轨道是标准的圆形，一年中每天都是均匀的。北京时间是平太阳时，每天都是 24h。而如果考虑地球绕太阳运行的轨道是近似椭圆的，则地球相对于太阳的自转并不是均匀的，每天并不都是 24h，有时候少有时候多。考虑到该因素得到的是真太阳时。

真太阳时与平太阳时如图 2-5 所示。

2. 平均时

地球自转一圈是一天的日夜，地球绕行太阳公转一周是一年，绕行太阳的轨迹并非一

个正圆，加上地球是以地轴倾斜方式自转，因此绕行所需的时间并非一个规律的整数，平均而言，地球绕行太阳一周所需的实际时间为365.2422日。为了将时间分隔得更精确以及规则化，将每年规定为365日，每一天是24h，再往下分割，即平均时。

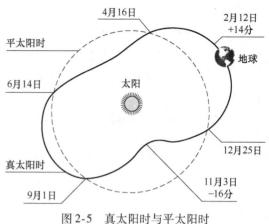

图 2-5　真太阳时与平太阳时

3. 计算

真太阳时 T_T 要求每天的中午 12 点，太阳处在头顶最高。把平太阳时调整为真太阳时的方法为

$$T_T = T_M + E_Q = C_T \pm L_C + E_Q \tag{2-4}$$

式中　T_M——地方平太阳时（地平时）；

C_T——地方标准时（时区时），中国以 120°E 地方时为标准，即以北京时为标准；

L_C——经度订正（$L_C = \pm 4\text{min}/$度），如果地方子午圈在标准子午圈的东边，则 L_C 为正，反之为负；

E_Q——时差。

2.3　太阳角度

2.3.1　赤纬角

1. 定义

太阳直射点就是太阳中心和地球中心的连线与地面的交点。在这一点处，太阳垂直照射地面，这一点在全球太阳辐射最强。太阳直射点所在的纬度称为太阳赤纬。

2. 变化规律

太阳赤纬角简称赤纬角，是地球赤道平面与太阳和地球中心的连线之间的夹角。赤纬角 δ 以年为周期，在 ±23°27′ 之间变化，成为季节的标志。二分二至时地球与太阳的相对位置如图 2-6 所示。图 2-6 中，AU（Astronomical Unit，AU）是一个长度单位，约等于地球跟太阳的平均距离，$1\text{AU} = 1.496 \times 10^8 \text{km}$，大约是 1.5 亿公里（约 9300 万英里）。

每年 6 月 21 日或 22 日赤纬角达到最大值 +23°27′，称为夏至，该日中午太阳位于地球北回归线正上空，是北半球日照时数最长、南半球日照时数最短的一天。随后赤纬角逐渐减小至 9 月 21 日或 22 日等于零时，全球的昼夜时间均相等，为秋分。至 12 月 21 日或 22 日赤纬角减至最小值 −23°27′，为冬至，此时阳光斜射北半球，昼短夜长，而南半球则相反。当赤纬角又回到零度时为春分，即 3 月 21 日或 22 日，如此周而复始形成四季。

3. 计算

因赤纬值日变化很小，一年内任何一天的赤纬角 δ 可用下式计算：

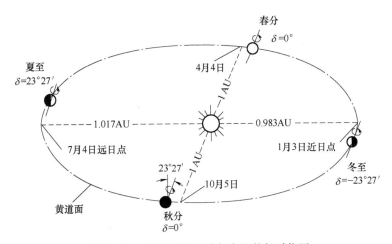

图 2-6 二分二至时地球与太阳的相对位置

$$\delta = 0.3723 + 23.2567\sin x + 0.1149\sin 2x - 0.1712\sin 3x -$$
$$0.7580\cos x + 0.3656\cos 2x + 0.0201\cos 3x \tag{2-5}$$
$$\sin\delta = 0.39795\cos\left[0.98563\left(N-173\right)\right]$$

赤纬角 δ 的近似计算公式：

$$\delta = 23.45° \times \sin\left(360 \times \frac{284+N}{365}\right)$$

式中 N——日数；

δ——赤纬角（°）。

各月代表日及其赤纬角见表 2-1。

表 2-1 各月代表日及其赤纬角

月 份	代 表 日	N（平年/闰年）	$\delta/(°)$（平年/闰年）
1 月	17 日	17	-21.1
2 月	16 日	47	-13.0
3 月	16 日	75/76	-2.5/-2.1
4 月	15 日	105/106	9.1/9.5
5 月	15 日	135/136	18.4/18.7
6 月	11 日	162/163	22.9/23.0
7 月	17 日	198/199	21.5/21.3
8 月	16 日	228/229	14.3/14.0
9 月	15 日	258/259	3.7/3.3
10 月	15 日	288/289	-7.8/-8.2
11 月	14 日	318/319	-17.8/-18.0
12 月	10 日	344/345	-22.7/-22.8

2.3.2 太阳高度角

1. 定义

由于地球绕太阳运动，所以从地球上看似乎是太阳在绕地球运动，而对这种运动，太阳在天空中任一点的位置可以用两个坐标来表示，这两个坐标就是太阳高度角 h 和太阳方位角 A。

太阳以平行光束射向地面,太阳光线与地平面的夹角就是太阳高度角。一日内中午最热,早晚比较凉,就是因为早晚太阳高度角小,中午太阳高度角大,太阳辐射随太阳高度角增大而加大的缘故。一年中冬季最冷,夏季最热,也同样是冬季太阳高度角小,夏季太阳高度角大的缘故。因此,太阳高度角在一定意义上,决定了到达地面的太阳辐射强度的大小。

在太阳辐射测量中,太阳高度角有着十分重要的作用。由图2-7可知,垂直于太阳光线的辐射与水平面辐射之间的关系是太阳高度角的正弦函数,即

$$S' = S\sin h$$

式中 S'——水平面上的太阳直接辐射;

S——垂直于太阳光线的太阳直接辐射;

h——太阳高度角。

在北半球,夏季比冬季的太阳高度角要大,低纬度地区要比中、高纬度地区的太阳高度角大,这说明太阳高度角的变化是随时间、地理纬度和太阳倾角(天文上称视赤纬,一年中变动在 ±23°27′范围内)而变化的。

2. 地平坐标系

地平坐标系由太阳高度角 h 和太阳方位角 A 组成。地平圈为基圈,以南点 S 为原点,如图2-8所示。天体 M 的纬度称为太阳高度角 h,即天体的仰角。以地平圈为起点,沿天体所在的地平经圈向上或向下度量0° ~ ±90°,向上为正,向下为负。

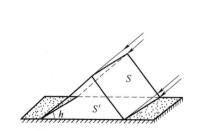

图2-7　垂直面与水平面的辐射关系

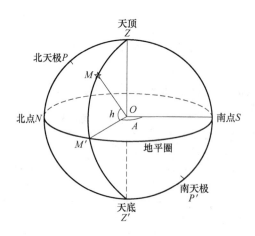

图2-8　地平坐标系

3. 变化规律

正午太阳高度角 h 随纬度的变化规律:春、秋分日正午太阳高度从赤道向两侧递减;夏至日正午太阳高度从北回归线向两侧递减;冬至日正午太阳高度从南回归线向两侧递减。

正午太阳高度角 h 随季节的变化规律:春、秋分日赤道上正午太阳高度达到一年中最大值,其他地区介于最大值与最小值之间;夏至日北回归线及其以北地区正午太阳高度达到一年中最大值,南半球各纬度达到一年中最小值;冬至日南回归线及其以南地区正午太阳高度达到一年中最大值,北半球各纬度达到一年中最小值。

不同纬度正午太阳高度角随季节变化规律如图2-9所示。

4. 计算

任意时刻太阳高度角计算示意图如图2-10所示。

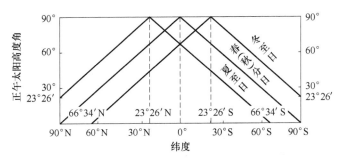

图 2-9 不同纬度正午太阳高度角随季节变化规律

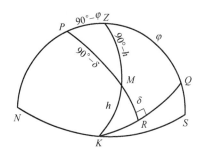

图 2-10 任意时刻太阳
高度角计算示意图

若任意时刻太阳不恰好处在当地子午面上，M 为太阳移转的位置，$NPZQS$ 为天子午圈，KQ 为赤道截面，KZ 为天顶距，RP 为赤道天顶距。赤道截面与天顶的交角为纬度角，故有 $ZQ=\varphi$，则 $MR=\delta$，$PM=90°-\delta$，$PZ=90°-\varphi$，太阳与地平面的交角为太阳高度角，则 $MK=h$，天顶角 $ZM=90°-h$。在 PMZ 球面三角形中，根据球面三角公式则有

$$\cos(90°-h)=\cos(90°-\varphi)\cos(90°-\delta)+\sin(90°-\varphi)\sin(90°-\delta)\cos\omega \tag{2-6}$$

太阳高度角 h 的大小取决于纬度、季节和一天中的时间。太阳高度角 h 与纬度 φ、赤纬角 δ 和时角 ω 之间的关系为

$$\sin h=\sin\varphi\sin\delta+\cos\varphi\cos\delta\cos\omega$$

式中　δ——赤纬角（与太阳直射点纬度相等，北纬为正，南纬为负）；

　　　φ——地理纬度（北纬为正，南纬为负）；

　　　ω——时角。

正午时的时角 $\omega=0$，太阳高度角为

$$\sin h=\sin\varphi\sin\delta+\cos\varphi\cos\delta$$
$$\sin h=\cos|\varphi-\delta|=\sin(90°-|\varphi-\delta|)$$
$$h=90°-|\varphi-\delta|$$

例如，武汉 $\varphi=30°$，冬至时 $h=90°-|\varphi-\delta|=90°-|30°-(-23.5°)|=36.5°$，夏至时 $h=90°-|\varphi-\delta|=90°-|30°-23.5°|=83.5°$。

2.3.3 太阳方位角

1. 定义

太阳方位角 A 就是太阳光线在地面上的投影与当地子午线的夹角。所谓子午线，就是指通过当地的经线，即正南方和正北方的连线。

天体的经度称为方位角，是天体相对于子午圈的角距离，以南点为原点（起点）沿地平圈向西度量（因天体周日视运动向西）$0°\sim360°$，南、西、北、东四点方位角分别为 $0°$、$90°$、$180°$、$270°$。

2. 变化规律

北半球 A 的季节变化规律：除北极外，一年中只有春分和秋分，日出正东，日没正西；夏季半年内，日出东偏北方向，日没西偏北方向，且越近夏至，日出日没太阳方位角越偏

北；冬季半年内，日出东偏南方向，日没西偏南方向，且越近冬至，日出日没太阳方位角越偏南。南半球的季节变化规律相反。

3. 计算

在夏至太阳方位角是一年中的最大值，冬至太阳高度角是一年中的最小值。

$$\sin A = \frac{\cos\delta\sin\omega}{\sin h_z} = \frac{\cos\delta\sin\omega}{\cos h}$$

$$\cos A = \frac{\sin h\sin\varphi - \sin\delta}{\cos h\cos\varphi}$$

$$A = \arcsin\frac{\cos\delta\sin\omega}{\cos h} \qquad (2\text{-}7)$$

式中　A——太阳方位角；

　　　δ——赤纬角（北纬为正，南纬为负）；

　　　ω——时角；

　　　h_z——天顶角；

　　　φ——地理纬度（北纬为正，南纬为负）；

　　　h——太阳高度角。

由此可求出两个 A 值，第一个 A 值是午后的太阳方位角，当 $\cos A \leqslant 0$ 时，$90° \leqslant A \leqslant 180°$，当 $\cos A \geqslant 0$ 时，$0° \leqslant A \leqslant 90°$。第二个 A 值为午前的太阳方位角，取 $360° - A$。

正午时太阳方位角 $A = 0°$，正南以西 $A > 0°$，正南以东 $A < 0°$。

任何一个地区日出日落时太阳高度角都为 $0°$。在日出、日落时，太阳方位角 A 满足

$$\cos A = -\frac{\sin\delta}{\cos\varphi}$$

例如，我国山东德州位于东经 116.3°、北纬 37.5°，在北京时间 09：35：47 时，德州的赤纬角 $\delta = 14°16'$，真太阳时为 09：45：43。

求时角：$\omega = (T_s - 12) \times 15° = (09：45：43 - 12) \times 15° = -2：14：17 \times 15°$

$\approx -2.2381 \times 15 \approx -33.6°$

求太阳高度角：因为 $\varphi = 37.5°$，将 δ、ω、φ 代入，得

$$\sin h = \sin 14°16'\sin 37.5° + \cos 14°16'\cos 37.5°\cos\ (-33.6°)$$

$$\approx \sin 14°\sin 38° + \cos 14°\cos 38°\cos\ (-34°)$$

$$= 0.241922 \times 0.615661 + 0.970296 \times 0.788011 \times 0.829038$$

$$= 0.148942 + 0.633886$$

$$= 0.782828$$

$$h = 51.52°$$

太阳方位角：将 δ、ω、φ 代入，得

$$\sin A = \frac{\cos\delta\sin\omega}{\cos h} = \frac{\sin\ (-33.6°)\cos 14°16'}{\cos 51.52°} \approx \frac{\sin\ (-34°)\cos 14°}{\cos 52°}$$

$$\approx -\frac{0.559193 \times 0.970296}{0.615661}$$

$$= -0.881301$$

$$A = -61.8°$$

即太阳高度角和太阳方位角分别为 51.52°、 -61.8°。

2.4 日照

2.4.1 日出日没时角

1. 计算

日出日没时角，表示太阳高度角为 0°，即

$$\sin h = \sin\varphi\sin\delta + \cos\varphi\cos\delta\cos\omega = 0 \tag{2-8}$$

式中 δ——赤纬角（北纬为正，南纬为负）；

  ω——时角；

  φ——地理纬度（北纬为正，南纬为负）；

  h——太阳高度角。

日出日没时角的计算：

$$\omega = \pm\arccos(-\tan\varphi\tan\delta)$$

式中，负值表示日出时角，正值表示日没时角。

2. 变化规律

将 $\omega = (T_s - 12) \times 15°$ 代入，得

$$T_s = 12 \pm \frac{1}{15°}\arccos(-\tan\varphi\tan\delta)$$

2.4.2 可照时数

1. 可照时数定义

在没有天气气象影响的条件下，日出到日没太阳的可能光照时数就是可照时数。可照时数根据本地的纬度和季节可以进行计算。

在北半球，夏季可照时间一般随纬度增加而增加，冬季则相反。

2. 计算

可照时数是计算日照百分率时要用到的参数。

$$\sin\frac{T_B}{2} = \sqrt{\frac{\sin\left(45° + \frac{\varphi - \delta + \gamma}{2}\right)\sin\left(45° + \frac{\varphi - \delta - \gamma}{2}\right)}{\cos\varphi\cos\delta}} \tag{2-9}$$

$$T_A = 2T_B$$

式中 T_A——一日可照时数（h）；

  T_B——半日可照时数（h）；

  γ——蒙气差，取值为 34′；

  φ——地理纬度；

  δ——赤纬角。

2.4.3 日照时数

1. 日照时数定义

日照时数是指太阳每天在垂直于其光线的平面上的辐射强度大于或等于 120W/m² 的时

间长度。

日照时数为地表给定地区每天实际接收日照的时间，以日照记录仪记录的结果累计计算，单位为小时（h）。

2. 计算

设日出日没时的时角为 ω_0，而日出日没时的太阳高度角 $h=0°$，所以

$$\sin h = \sin\varphi\sin\delta + \cos\varphi\cos\delta\cos\omega_0 = 0$$

可得

$$\cos\omega_0 = -\tan\delta\tan\varphi$$

日照时数

$$T = \frac{2\omega_0}{15°}$$

已知北京的纬度为 $40°$，求北京冬至和夏至时的日出、日没时间和日照时数。

冬至 $\delta = -23.5°$，$\cos\omega_0 = -\tan\delta\tan\varphi = 0.363981$，$\omega_0 = 68.65514°$。

日出 $t = 12 - \frac{\omega_0}{15°} \approx 7.42299$，即日出时间约为上午 $7:25$。

日没 $t = \frac{\omega_0}{15°} \approx 4.57701$，即日没时间约为下午 $4:35$。

日照时数 $T = \frac{2\omega_0}{15°} \approx 9.15h$。

夏至 $\delta = 23.5°$，按以上步骤可得日出时间约为上午 $4:35$，日没时间约为下午 $7:25$。日照时数约为 $14.85h$。

2.4.4 日照百分率

1. 日照百分率定义

日照百分率即一个时段内观测站实际日照时数与当地的可能日照时数之比（百分比），它可以衡量一个地区的光照条件。

2. 月日照百分率

月日照百分率为

$$S_1 = \text{INT}\left(\frac{S}{T_M}\right) \times 100\% \tag{2-10}$$

式中 S——月实际日照时数（h）；

T_M——月可照时数（h），全月逐日可照时数累加；

INT( )——取整数的标准函数。

2.4.5 峰值日照时数

1. 辐照量

辐照量指一段时间内（如一小时、一天等）辐照度的累计量，单位为兆焦/平方米（MJ/m^2）。

地面入射太阳总辐射日辐照量是某地一天从日出到日没时段内，入射地面的太阳总辐射辐照度的累计量。

辐照度指在单位时间内，投射到单位面积上的辐射能，也就是通常观测到的瞬时值，单位是瓦/平方米（W/m^2，取整数）。

对太阳总辐射而言，称之为太阳总辐射辐照度，简称为总辐射辐照度。

可能的总辐射日辐照量见表2-2。

[单位：MJ/(m²·d)]

表 2-2　可能的总辐射日辐照量

纬度（北纬）/(°)	1月	2月	3月	4月	5月	6月	7月	8月	9月	10月	11月	12月
90	0.0	0.0	0.2	14.0	30.7	36.6	33.3	18.1	3.3	0.0	0.0	0.0
85	0.0	0.0	1.0	14.3	30.6	36.1	32.9	18.4	4.3	0.0	0.0	0.0
80	0.0	0.0	2.9	15.1	30.1	35.4	32.2	18.7	6.0	0.6	0.0	0.0
75	0.0	0.8	5.6	16.4	29.5	34.4	31.0	19.4	8.2	1.9	0.0	0.0
70	0.0	2.2	8.5	18.4	28.8	33.0	29.9	20.5	10.6	3.8	0.7	0.0
65	1.0	3.9	11.3	20.4	28.7	32.1	29.5	21.9	13.3	6.1	1.9	0.3
60	2.5	6.1	13.9	22.5	29.2	32.2	30.0	23.5	15.8	8.5	3.6	1.6
55	4.4	8.7	16.4	24.3	30.2	32.8	30.8	25.2	18.1	11.0	5.7	3.0
50	6.8	11.5	18.7	26.0	31.1	33.3	31.7	26.8	20.2	13.6	8.1	5.6
45	9.4	14.5	21.6	27.4	31.9	33.6	32.1	28.3	22.2	14.4	10.9	8.2
40	12.4	17.2	23.0	28.5	32.4	33.7	33.0	29.0	23.9	18.5	13.6	11.1
35	15.0	19.6	24.8	29.4	32.6	33.6	33.1	30.1	25.4	20.6	16.0	13.7
30	17.5	21.7	26.2	30.0	32.6	33.3	32.9	30.6	26.8	22.6	18.4	16.1
25	19.8	23.6	27.3	30.3	32.2	32.8	32.5	30.7	27.9	24.4	20.6	18.4
20	21.8	25.2	28.3	30.3	31.6	32.0	31.7	30.6	28.7	26.0	22.6	20.7
15	23.7	26.6	29.1	30.1	30.8	30.9	30.8	30.3	29.4	27.2	24.4	22.6
10	25.4	27.8	29.7	29.8	29.7	29.5	29.6	29.8	29.8	28.2	26.0	24.6
5	27.7	28.7	30.1	29.4	28.5	28.0	28.3	29.0	29.9	29.1	27.5	26.4
0	28.4	29.4	30.2	28.7	27.1	26.4	26.8	28.2	29.8	29.7	28.7	28.0

2. 峰值日照时数的定义

峰值日照时数为将当地的太阳辐射量折算成标准测试条件（辐照度 $1000 \mathrm{W/m^2}$）下的小时数。

$$T_\mathrm{P} = \frac{Q}{1000 \mathrm{W/m^2}} \qquad (2\text{-}11)$$

式中　T_P——一段时间的峰值日照时数（h）；

　　　Q——一段时间的总辐射辐照量（$\mathrm{kW \cdot h/m^2}$），由于总辐射日辐照量在气象站的测量单位是 $\mathrm{MJ/(m^2 \cdot d)}$，因此计算中应进行单位换算 $1\mathrm{MJ/m^2} = 0.28\mathrm{kW \cdot h/m^2}$。

$$\int_{t_1}^{t_2} Q(t)\,\mathrm{d}t = QT_\mathrm{P}$$

峰值日照时数如图 2-11 所示。

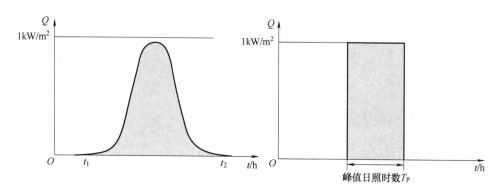

图 2-11　峰值日照时数

例如，上海地区冬至日的日照时数是 9.98h，但太阳的辐照量在这 9.98h 中并不都是 $1000\mathrm{W/m^2}$，而是随时变化的，一般在冬至日太阳的辐照量是达不到 $1000\mathrm{W/m^2}$ 的。如测得太阳的辐照量在某日累计量为 $2300\mathrm{W \cdot h/m^2}$，则该日的峰值日照时数就是 2.3h。

显然，在计算光伏方阵的发电量时应该使用峰值日照时数，而不是日照时数。

3. 水平面日峰值日照时数等级

以水平面日峰值日照时数为指标，进行并网发电适宜程度评估，其等级见表 2-3。

表 2-3　水平面日峰值日照时数等级

等　级	太阳总辐射年总量	日峰值日照时数	并网发电适宜程度
1	$>6660\mathrm{MJ/(m^2 \cdot a)}$ $>1850\mathrm{kW \cdot h/(m^2 \cdot a)}$	$>5.1\mathrm{h}$	很适宜
2	$6300 \sim 6660\mathrm{MJ/(m^2 \cdot a)}$ $1750 \sim 1850\mathrm{kW \cdot h/(m^2 \cdot a)}$	$4.8 \sim 5.1\mathrm{h}$	适宜
3	$5040 \sim 6300\mathrm{MJ/(m^2 \cdot a)}$ $1400 \sim 1750\mathrm{kW \cdot h/(m^2 \cdot a)}$	$3.8 \sim 4.8\mathrm{h}$	较适宜
4	$<5040\mathrm{MJ/(m^2 \cdot a)}$ $<1400\mathrm{kW \cdot h/(m^2 \cdot a)}$	$<3.8\mathrm{h}$	较差

4. 日地相对距离修正值

地球绕太阳公转的轨道是椭圆形的，太阳位于椭圆两焦点中的一个。太阳到达地球表面的辐射能量与日地间距离的二次方成反比。

日地平均距离 r_0 又可称为 1 个天文单位。$r_0 = 1.496 \times 10^8 km$，或者更准确地讲等于（149597890 ±500）km。

1 月 3 日日地距离的最小值（或称近日点）为 0.983 天文单位，而 7 月 4 日日地距离的最大值（或称远日点）为 1.017 天文单位。地球处于日地平均距离的日期为 4 月 4 日和 10 月 5 日。

由于日地距离对于任何一年的任何一天都是精确已知的，所以这个距离可用一个数学表达式表述。日地相对距离是计算日天文总辐射时使用的参数。日地平均距离修正值为

$$\rho^2 = \left(\frac{r_0}{r}\right)^2 = 1.000423 + 0.032359\sin x + 0.000086\sin 2x -$$
$$0.008349\cos x + 0.000115\cos 2x$$

2.5　太阳辐射量

2.5.1　大气对太阳辐射的减弱

1. 吸收作用

大气的主要吸收成分是氧、臭氧、水汽和 CO_2。

各成分的吸收波段见表 2-4。

表 2-4　各成分的吸收波段

气 体 成 分	强吸收波段	弱吸收波段
氧	<200nm 的紫外光	690～760nm 的可见光
臭氧	200～320nm 的紫外光	600nm 的可见光
水汽	930～1500nm 的红外光（三个强吸收带）	600～700nm 的可见光（三个弱吸收带）

2. 散射作用

当太阳辐射通过大气时，遇到大气中的各种质点，太阳辐射能的一部分散向四面八方，称为散射。

太阳辐射被空气分子、云和空气中的各种微粒分散成无方向性的，但不改变其单色组成的辐射。忽略大气的吸收作用，晴天条件下的散射辐射可用近似式表示为：

$$E_{sd} = \frac{E_0}{2}(1 - a^m)\sin h$$

式中　E_{sd}——散射辐射量；

　　　E_0——到达地球大气层上的太阳辐射日总量；

　　　a——大气透明系数；

　　　m——大气质量数；

　　　h——太阳高度角。

一般条件下的散射辐射十分复杂，其影响因素有：

1）随太阳高度角的增大而增大；

2）随透明系数的增大而减小；

3）云未遮日：随云量的增大而增大；云遮日：随云量的增大而减少；

4）随地面反射率的增大而增大。

3. 反射作用

参与反射作用的物质包括大气中较大的尘粒和云滴、云层。

云的反射作用，其反射能力随云状、云量和云厚而不同。云量越多，云层越厚，反射越强。云层平均反射率为50%~55%。

4. 大气对太阳辐射的减弱的关系

大气对太阳辐射的减弱的关系如图2-12所示。

2.5.2 大气质量

大气对地球表面接收太阳光的影响程度被定义为大气质量。

1. 大气质量数

太阳辐射路径上单位截面积空气柱的质量称为大气质量数 m。在标准状态下（气压为 $p = 760\mathrm{mmHg}$，气温为0℃），太阳光垂直投射到地面所经路程中，单位截面积空气柱的质量称为一个大气质量数。

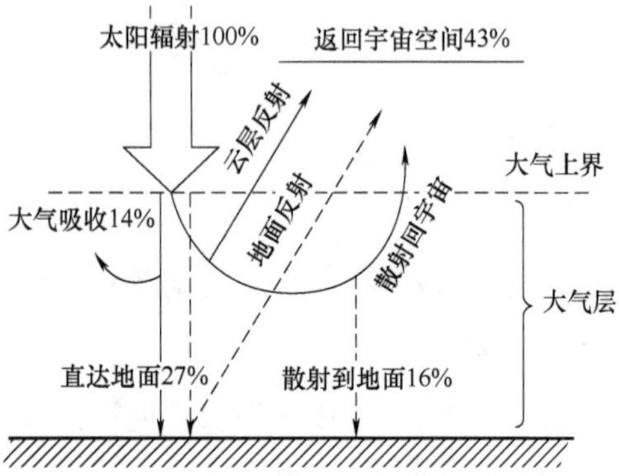

2. 变化规律

大气质量数 m 随太阳高度的增大而减小，当太阳高度小时，m 值的增大特别迅速，如图2-13所示。

图2-12 大气对太阳辐射的减弱的关系

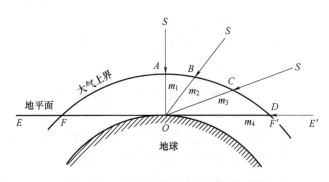

图2-13 不同太阳高度角下的大气质量

不同太阳高度角时的大气质量数见表2-5。

表2-5 不同太阳高度角时的大气质量数

太阳高度角 $h/(°)$	90	60	30	10	5	3	1	0
大气质量数 m	1	1.15	2	5.6	10.4	15.4	27	35.4

3. 计算

大气质量数是一个无量纲数。大气上界的大气质量数为 $m = 0$，如图 2-14 所示。

当太阳高度角 h 在 30°～90°时地面上一点的大气质量为

$$m = \csc h_z = \frac{1}{\sin h} \qquad (2\text{-}12)$$

式中　h_z——太阳天顶角。

4. 修正

对不同海拔，大气质量数应进行气压修正。

$$m = \frac{\dfrac{p}{p_0}}{\sin h} \qquad (2\text{-}13)$$

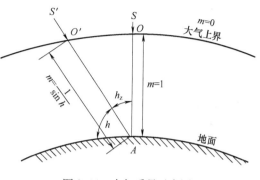

图 2-14　大气质量示意图

式中　p——观测点气压；

　　　p_0——海平面气压。

上式仅适用在太阳高度角较大（$h \geq 30°$）时计算大气质量数。

由于大气层顶是一个近似的球面，当太阳高度角 h 较小时计算的大气质量数 m 误差较大，应该用 Kasten 经验公式：

$$m = \frac{1}{\sin h + 0.1500\,(h + 3.885)^{-1.253}}$$

2.5.3　大气透明系数

1. 大气透明系数定义

大气透明系数 a 是辐射通过一个大气质量数气层的透过率。影响大气透明系数的因素有海拔、水汽、微尘、云雾等。

2. 计算

大气透明系数等于透过一个大气质量数（$m = 1$）后的太阳辐射强度 E_1 与透过前的太阳辐射强度 E_0 之比，即

$$a = \frac{E_1}{E_0}$$

3. 对太阳辐射量的影响

透过第 1 个 $m = 1$ 气层的辐射量　　　　　$E_1 = aE_0$

透过第 2 个 $m = 1$ 气层的辐射量　　　　　$E_2 = aE_1 = a^2 E_0$

透过第 m 个 $m = 1$ 气层的辐射量　　　　　$E_m = a^m E_0$

4. 到达地面的太阳辐射能量强度

到达地面的太阳辐射量为

$$E = a^m E_0 \qquad (2\text{-}14)$$

式中　m——大气质量数；

　　　a——大气透明系数；

E_0——到达地球大气层上的太阳辐射日总量。

式（2-14）为布格尔—兰勃特（Bouguer-Lambert）定律，表明地表垂直于太阳光线平面上的太阳辐射强度随大气透明系数增大而增大，随大气质量数增大而减小。

5. 水平面直接辐射能量强度

由水平面直接辐射能量强度的计算式

$$E_{sb} = a^m E_0 \sin h$$

可知影响直接辐射强度的主要因素有：

1）随太阳高度角的增大而增大。

2）随大气质量数的增大而减小。

3）随大气透明系数的增大而增大

6. 任意倾斜面直接辐射能量强度

任意倾斜面直接辐射能量强度的计算：

$$E_{坡} = a^m E_0 \sin\alpha$$

式中　α——太阳光线和倾斜面的夹角。

2.5.4　辐射量

1. 大气层外的太阳辐射

由于日地距离的变化，到达地球大气层上的太阳辐射日总量 E_0 为

$$E_0 = \frac{24 \times 3600}{\pi} \gamma E_{sc} \left(\frac{\pi\omega_s}{180°} \sin\varphi\sin\delta + \cos\varphi\cos\delta\cos\omega_s \right)$$

式中　E_{sc}——太阳常数；太阳常数是指平均日地距离时，在地球大气层外，垂直于太阳辐射地表面上，在单位面积和单位时间内所接收到的太阳辐射能；1957年国际地球物理年决定采用1380W/m²；世界气象组织（WMO）1981年公布的太阳常数值是（1367±7）W/m²；

　　ω_s——日出、日没时角；

　　δ——赤纬角；

　　γ——日地距离变化引起大气层上界的太阳辐射通量的修正值。

$$\gamma = 1 + 0.033\cos\frac{360N}{365}$$

式中　N——一年中的日期序号。

2. 太阳直接辐射日总量

从日面及其周围一小立体角内发出的太阳辐射。一天中到达地面的太阳直接辐射日总量 Q 为

$$Q = \int_{\omega_{sr}}^{\omega_{ss}} a^m E_0 \sin h \, d\omega$$

式中　ω_{sr}——日出时间；

　　ω_{ss}——日没时间。

对大气上界，有

$$Q = E_0 \int_{\omega_{sr}}^{\omega_{ss}} (\sin\varphi\sin\delta + \cos\varphi\cos\delta\cos\omega) \, d\omega$$

进行变量代换，得

$$\mathrm{d}t = \frac{T}{2\pi}\mathrm{d}\omega$$

$$Q = E_0 \frac{T}{\pi}(\omega_0 \sin\varphi\sin\delta + \cos\varphi\cos\delta\cos\omega_0)$$

式中　　T——$T = 86400\mathrm{s}$。

大气质量数 m 和太阳高度角 h 都是随时间而变的，因此这个积分无法用一个显函数表示，但可以写成以下形式后用数值积分法计算。

$$Q = E_0 \frac{T}{2\pi}\int_{-\omega_0}^{\omega_0} a^m(\sin\varphi\sin\delta + \cos\varphi\cos\delta\cos\omega)\mathrm{d}\omega$$

由计算结果可以分析大气上界太阳直接辐射日总量的时空分布规律，如图 2-15 所示。

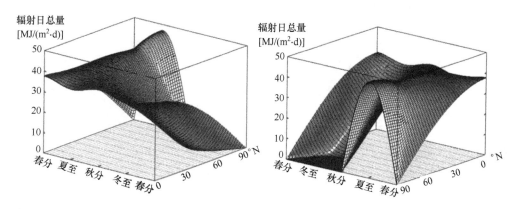

图 2-15　大气上界太阳直接辐射日总量的时空分布

设 $a = 0.7$（晴天一般为 0.7 左右），计算的结果如图 2-16 所示。

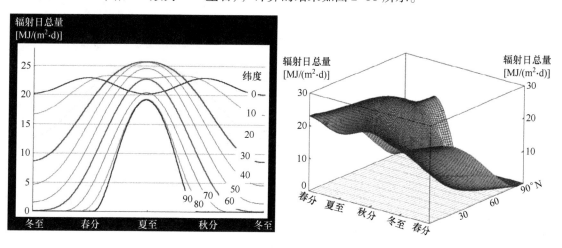

图 2-16　晴天 $a = 0.7$ 时大气上界太阳直接辐射日总量的时空分布

地面太阳直接辐射日总量分布的几个规律如下：

1）冬季小，夏季大。

2）低纬度年变幅很小，纬度越高，年变幅越大。

3）高、低纬度的差值冬季大，夏季小。

4）纬度越高，春季值增大速度和秋季值减小速度都越快。

5）赤道附近一年中有两个峰值，而其他地区均只有一个峰值。

地面太阳直接辐射日总量分布特点与全球温度的时空分布密切相关。

2.5.5 根据观测站资料计算太阳能总辐射量

1. 日天文总辐射量

日天文总辐射量

$$Q_n = \frac{TI_0}{\pi \rho^2}(\omega_0 \sin\varphi \sin\delta + \cos\varphi \cos\delta \sin\omega_0)$$

式中 Q_n——日天文总辐射量 $[MJ/(m^2 \cdot d)]$；

      T——时间周期 $T = 24 \times 60 min \cdot d^{-1}$；

      I_0——太阳常数，$I_0 = 0.0820 MJ/(m^2 \cdot min)$；

      ρ——日地距离系数，无量纲；

      φ——地理纬度（rad）；

      δ——赤纬角（rad）；

      ω_0——日出、日没时对应时角（rad）。

2. 月太阳总辐射量

1）对有太阳能辐射观测点的地点（日射站），月太阳辐射量为

$$Q_M = \sum_{d=1}^{M} Q_d$$

式中 Q_M——计算地点月太阳辐射量 $[MJ/(m^2 \cdot d)]$；

      Q_d——观测点日太阳总辐射量观测值 $[MJ/(m^2 \cdot d)]$；

      M——计算月的天数。

2）对无太阳能辐射观测点的地点，选择最近的有太阳能辐射观测站的观测资料，建立经验公式，利用最小二乘法求月太阳辐射量。

$$Q_M = Q_0(a + bS)$$

式中 S——月日照百分率；

   a, b——经验系数，根据计算点最近的日射站观测资料，利用最小二乘法计算求出。

$$a = \bar{y} - b\bar{S}'_1$$

$$b = \frac{\sum_{i=1}^{n}(S'_{1i} - \bar{S}'_1)(y_i - \bar{y})}{\sum_{i=1}^{n}(S'_{1i} - \bar{S}'_1)^2}$$

式中 S'_{1i}——参考点逐年月日照百分率；

      $\bar{S}'_1$——参考点月日照百分率平均值；

      y_i——参考点逐年月实际太阳能辐射量与月天文辐射总量的比值，$y_i = \frac{Q'_i}{Q'_0}$；

      Q'_i——参考点逐年月实际太阳能辐射量 $[MJ/(m^2 \cdot d)]$；

Q'_0——参考点逐年月天文辐射总量 $[MJ/(m^2 \cdot d)]$；

$\overline{y}$——参考点历年月实际太阳能辐射量与月天文辐射总量的比值；

n——观测资料的样本数；

Q_0——月天文太阳总辐射量 $[MJ/(m^2 \cdot d)]$；

$$Q_0 = \sum_{n=1}^{M} Q_n$$

式中　Q_n——观测点日天文总辐射量 $[MJ/(m^2 \cdot d)]$；

M——计算月的天数。

3. 年太阳总辐射量

年太阳总辐射量为

$$Q_Y = \sum_{M=1}^{12} Q_M$$

式中　Q_Y——计算地点年太阳总辐射量 $[MJ/(m^2 \cdot d)]$；

Q_M——计算地点逐月太阳总辐射量 $[MJ/(m^2 \cdot d)]$。

2.5.6　无观测站资料计算太阳能总辐射量

如果没有太阳总辐射和水平面直接敷设多年的观测值情况下，可以由下式求得

$$Q_Y = \left(a_g + b_g \frac{n}{N} \right) Q_n$$

$$E_{sb} = \left[a_d \left(\frac{n}{N} \right)^2 + b_d \left(\frac{n}{N} \right)^2 \right] Q_n$$

式中　　　　Q_Y——太阳总辐射量 $[MJ/(m^2 \cdot d)]$；

E_{sb}——水平面太阳直射辐射量 $[MJ/(m^2 \cdot d)]$；

a_g、b_g、a_d、b_d——参数，通过有太阳辐射和日照时数观测站点统计确定，并采用统计方法空间推广到无太阳辐射观测的地区；

n——实际日照时数（h）；

N——可能日照时数（h）；

$\dfrac{n}{N}$——日照百分率（%）；

Q_n——地外太阳辐射量 $[MJ/(m^2 \cdot d)]$。

2.5.7　光伏方阵太阳总辐射量

通常气象台提供的只是水平面上的太阳辐射量，而光伏方阵一般是倾斜放置的，需要将水平面上的太阳辐射量换算成倾斜面上的辐照量。不过在计算平均值时要取合适的时间间隔。

在太阳能应用系统的设计中，通常是进行逐月能量平衡计算，只要计算倾斜面上的月平均太阳辐射量即可，所以要将水平面上的月平均太阳辐射量换算成倾斜面上月平均太阳辐射量。

根据水平面上的太阳总辐射量结果，按照推荐的计算方法可以计算不同角度（10°～90°）倾斜面上各月太阳总辐射量。从气象站得到的资料，均为水平面上的总太阳辐射量，

需要换算成光伏阵列倾斜面的辐射量才能进行发电量的计算。目前国际上普遍采用的是 Klien 和 Theilacker 在 1981 年提出的计算方法，可以比较精确地算出在不同太阳方位角的情况下，各种倾斜面上的月平均太阳辐射量。

光伏方阵倾斜面上的总辐射量为倾斜面上的直接辐射量、散射辐射量以及地面反射辐射量之和。可由以下公式计算：

$$H_t = H_{bt}(s) + H_{dt}(s) + H_{rt}(s)$$

$$H_{bt} = H_b R_b$$

$$H_{dt} = H_d \left[\frac{H_b}{H_0} \times R_b + 0.5 \times \left(1 - \frac{H_b}{H_0} \right)(1 + \cos s) \right]$$

$$H_{rt} = 0.45 \rho H (1 - \cos s)$$

$$R_b = \frac{\cos(\varphi - s)\cos\delta \sin\omega_s' + \frac{\pi}{180}\omega_s' \sin(\varphi - s)\sin\delta}{\cos\varphi\cos\delta \sin\omega_s + \frac{\pi}{180}\omega_s \sin\varphi\sin\delta}$$

式中　　H_{bt}——倾斜面上的太阳直接辐射量；

H_{dt}——倾斜面上的太阳散射辐射量；

H_{rt}——倾斜面上的地面反射辐射量；

R_b——倾斜面与水平面上直接辐射量的比值；

ω_s——水平面上的日没时角；

ω_s'——倾斜面上的日没时角；

H_b——水平面上的直接辐射量，气象站原始观测数据；

H_d——水平面上的散射辐射量，气象站原始观测数据；

H_0——大气层外水平面上的太阳辐射量；

H——水平面上的总辐射量，为水平面上的直接辐射量与散射辐射量之和，是气象站原始观测数据；

ρ——地面反射率，一般计算时，可取 $\rho = 0.2$。地面反射率的数值取决于地面状态。不同地面状态的反射率可参照表 2-6 取值；

φ——电站地理纬度；

s——光伏方阵安装倾角；

δ——赤纬角。

表 2-6　不同地面状态的反射率

地面状态	反射率	地面状态	反射率	地面状态	反射率
沙漠	0.24～0.28	干湿土	0.14	湿草地	0.14～0.26
干燥地带	0.1～0.2	湿黑土	0.08	新雪	0.81
湿裸地	0.08～0.09	干草地	0.15～0.25	冰面	0.69

对于一般的独立光伏系统，各月的发电量与用电量要力求均衡，所以应该重点关注最低辐射度月份的发电能力，可通过提高最低辐射度月份的发电量来均衡发电输出，保证全年各月发电量均能满足用电需求。

第**3**章

光伏并网的技术要求

3.1 光伏发电技术

3.1.1 光伏发电分类

1. 离网、并网分类

在国标 GB 50797—2012《光伏发电站设计规范》中，光伏发电系统按是否接入公共电网可分为光伏离网发电系统和光伏并网发电系统。

光伏发电系统的分类如图 3-1 所示。

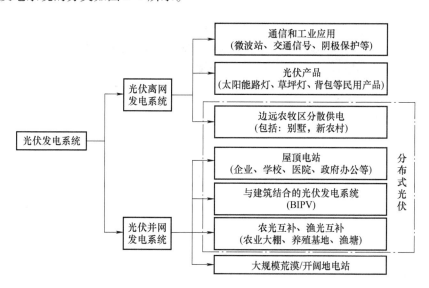

图 3-1　光伏发电系统的分类

注：目前的分布式光伏发电一般是指并网型系统，不包括离网系统。

2. 结算模式分类

根据《国家发展改革委关于发挥价格杠杆作用促进光伏产业健康发展的通知》（发改价格

[2013] 1638 号），光伏发电项目补贴政策分为两大类。一类为光伏发电站，光伏发电站作为公共电源建设及运行管理，进行"全额上网"，实行标杆上网电价；另一类是分布式光伏发电站，分布式光伏发电实行"自发自用、余电上网、就近消纳、电网调节"的运营模式。

分布式光伏发电系统自用有余上网的电量，由电网企业按照当地燃煤机组标杆上网电价收购。

1）自发自用。这种模式一般应用于用户侧用电负荷较大、用电负荷持续、用户的用电维持负荷大小也足以消纳光伏发电站发出的绝大部分电力的场所。自发自用模式如图 3-2 所示。

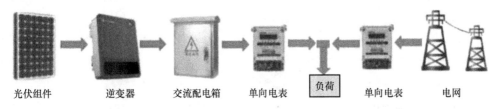

图 3-2　自发自用模式

在低压侧并网系统中，如果用户用电无法消纳，会通过变压器反送到上一级电网，而配电变压器设计是不允许用于反送电能的，其最初潮流方向设计是固定的。所以需要安装防逆流装置来避免电力的反送。

2）自发自用/余电上网。对于大多数看好分布式发电的用户来说，选择自发自用余电上网是最理想的模式。光伏发电在自发自用/余电上网模式时，用户所发电量尽可能在企业内部消耗掉，剩余容量可以送入电网。自发自用/余电上网模式如图 3-3 所示。

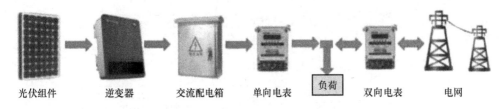

图 3-3　自发自用/余电上网模式

自发自用/余电上网模式要求地方电力公司进行区域配网容量计算（允许反向送电负荷）、增加管理的电源点、进行用户用电计量改造（需要通过电表的数值换算得出用户实际用电负荷曲线和用电量）。

3）全额上网。全额上网模式指光伏发电全部并入电网，如图 3-4 所示。

图 3-4　全额上网模式

3.1.2 光伏离网发电系统

光伏离网发电系统包含一个或多个光伏组件、支撑结构、储能电池组、功率调节器和负荷的离网型光伏发电系统，包括便携式光伏离网发电系统和非便携式光伏离网发电系统。

1. 组成

光伏离网发电系统根据负荷的特点可分为直流系统、交流系统和交直流混合系统。其主要区别在于系统中是否有逆变器。光伏离网系统如图 3-5 所示。

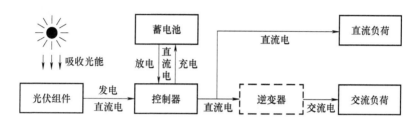

图 3-5 光伏离网发电系统

光伏离网发电系统从功能上主要包括下列子系统：

1）光伏子系统：将入射太阳辐射能直接转化为直流电能的单元。

2）功率调节器：把电能变换为一种或多种适于后续负荷使用的系统。

3）储能子系统：用于存储电能、满足负荷连续用电的要求，包括储能装置及输入、输出控制装置。

4）主控和监控子系统：用于监控光伏离网发电系统总体运行和各子系统间的相互配合。

在某一特定光伏离网发电系统设计中，上述子系统的某些部分可以省略，而子系统的部分元件可以以单个或组合的形式出现。

系统主要设备包括光伏组件、线缆、汇流箱、蓄电池、控制器和逆变器（或控制逆变一体机）等。

2. 分类

光伏离网发电系统分类见表 3-1。

表 3-1 光伏离网发电系统分类

原 则	分 类	特 点
直流系统	无储能	用电负荷是直流负荷，光伏方阵与用电负荷直接连接，无储能装置，不需要使用控制器，最典型的应用是太阳能光伏水泵
	有储能	由光伏方阵、充放电控制器、蓄电池以及直流负荷等组成。应用到太阳能草坪灯、庭院灯、远离电网的移动通信基站、微波中转站、边远地区农村供电等
交流系统	交流	与直流光伏发电系统相比，增加了交流逆变器，用以把直流电转换成交流电。交、直流混合光伏发电系统既能为直流负荷供电，也能为交流负荷供电
	交、直流混合	

光伏离网发电系统的光伏发电采用不与电网连接的发电方式，典型特征为需要蓄电池来存储夜晚用电的能量。光伏离网发电系统一般应用于远离公共电网覆盖的区域，如山区、岛屿等边远地区，光伏离网发电系统的安装容量（包括储能设备）须满足用户最大电力负荷的需求。

3.1.3 光伏并网系统

1. 组成

光伏发电并网直接并入公共电网，接入高压输电系统供给远距离负荷。特点是所发电能被直接输送到大电网，由大电网统一调配向用户供电，与大电网之间的电力交换是单向的。

并网型光伏发电系统主要由光伏方阵、汇流箱、逆变器、计量装置等单元组成，如图3-6所示如果采用高压并网，则需要配置变压器及与之对应的高低压电气装置。

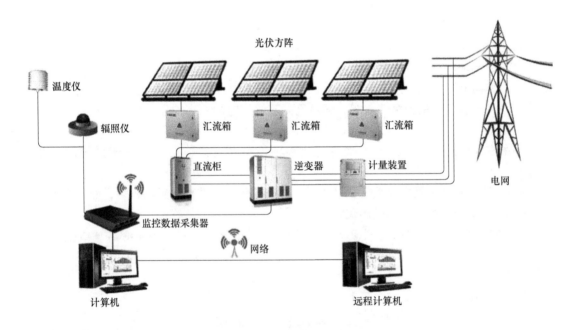

图3-6 光伏并网发电系统

光伏并网发电系统选址灵活，光伏出力稳定性较好，对系统的削峰作用明显；运行方式较为灵活，相对于分布式光伏可以更方便地进行无功和电压控制，易实现电网频率调节；建设周期短，环境适应能力强，不需要燃煤运输等原料保障，运行成本低，便于集中管理，受到空间的限制小，可以很容易地实现扩容。其缺点是需要依赖长距离输电线路送电入网，同时自身也是电网的一个较大的干扰源，导致输电线路的损耗、电压跌落、无功补偿等问题将会凸显。大容量的光伏发电站由多台变换装置组合实现，这些设备的协同工作需要进行统一管理。为保证电网安全，大容量的集中式光伏接入需要有低电压穿越（LVRT）等功能，这一技术往往与孤岛存在冲突。

2. 分类

光伏并网发电系统的分类见表 3-2。

表 3-2 光伏并网发电系统的分类

原则	分类		特点
并网点	用户侧	自发自用 + 逆功率控制型	即纯粹的用户侧并网,并配置逆功率保护系统保证不向上一级电网供电区域逆流
		自发自用 + 剩余电力型	用户侧并网,有多余光伏电力
	电网侧	全部并网	需要升压接入配电网,由电力公司对其电力进行全收购
		自发自用 + 并网型	整个电站系统中部分自发自用,部分升压并网卖电
装机容量	小型		≤1MWp
	中型		1~30MWp
	大型		>30MWp
电压等级	小型		0.4kV
	中型		10~35kV
	大型		>66kV
逆功率	通过公共连接点(PCC)向公用电网送电	可逆流	当光伏发电系统发出的电能充裕时,可将剩余电能馈入公共电网,向电网供电;当光伏发电系统提供的电力不足时,由电网向负荷供电。由于向电网供电时与电网供电的方向相反,所以称为有逆流光伏发电系统 光伏发电系统总容量原则上不宜超过上一级变压器供电区域的最大负荷的30%,有双向计量系统
		不可逆流	光伏发电系统即使发电充裕也不向公共电网供电,但当光伏发电系统供电不足时,则由公共电网向负荷供电 光伏发电系统发出的电能只给本地负荷供电,多余的电量需通过防逆流装置控制逆变器的发电功能,不允许通过配电变压器向公用电网馈电
		切换型	具有自动运行双向切换的功能 当光伏发电系统因多云、阴雨天及自身故障等导致发电量不足时,切换器能自动切换到电网供电一侧,由电网向负荷供电 当电网因为某种原因突然停电时,光伏发电系统可以自动切换使电网与光伏发电系统分离,转换为光伏离网发电系统工作状态。有些切换型光伏发电系统,还可以在需要时断开为一般负荷的供电,接通对应急负荷的供电。一般切换型光伏并网发电系统都带有储能装置
储能	储能装置		带有储能装置的光伏发电系统主动性较强,当电网出现停电、限电及故障时,可独立运行,正常向负荷供电。可作为紧急通信电源、医疗设备、加油站、避难场所指示及照明等重要或应急负荷的供电系统

3. 应用

光伏发电站的应用类型见表 3-3。

表 3-3 光伏发电站的应用类型

序号	类型	实物图	说明
1	地面电站		利用地面发电
2	山地光伏		山地光伏选址需考虑太阳能资源、当地行政要求、交通运输条件、电网结构及年负荷量、接入系统的电压等级、送出线路长度等 最好是选择平地、南坡（坡度小于35°）地块，如果正南方坡度大于35°，则选择东南坡、西南坡、东坡、西坡（坡度小于20°）
3	水上光伏		指渔业养殖和光伏发电互融互补，在鱼塘水面上方架设光伏组件，光伏组件下方水域可以进行鱼虾养殖，光伏阵列还可以为养鱼提供良好的遮挡作用，形成"上可发电、下可养鱼"的发电新模式
4	林光互补		光伏发电方阵禁止使用有林地、疏林地、未成林造林地、采伐迹地、火烧迹地，以及年降雨量400mm以下区域覆盖度高于30%的灌木林地和年降雨量400mm以上区域覆盖度高于50%的灌木林地
5	光伏农业		将光伏发电、现代农业种植和养殖、高效设施农业相结合，依托农业大棚建造的光伏发电站，上方发电，下方种养，不占用地面，不改变土地性质。利用棚顶发电可以满足农业大棚的电力需求，如温控、灌溉、照明补光等，还可以将电网并网销售给电网公司

（续）

序号	类型	实　物　图	说　明
6	工商业光伏		将企业闲置的屋顶资源合理化用于开发大型屋顶电站。大型的工厂平房、商场、民企等都有着极具优势的屋顶资源，大部分这类企业都是"用电大户"，适合建造屋顶电站

3.1.4　光伏建筑一体化

目前对光伏建筑一体化的定义有两种：

1）构件型光伏建筑一体化（Building Integrated Photovoltaic，BIPV）。构件型光伏建筑一体化（BIPV）技术是将光伏发电（光伏）产品集成到建筑上的技术，其不但具有外围护结构的功能，同时又能产生电能供建筑使用。光伏组件以一种建筑材料的形式出现，光伏方阵成为建筑不可分割的一部分，如光伏瓦屋顶、光伏幕墙和光伏采光屋顶等。

2）安装型光伏建筑一体化（Building Attached Photovoltaic，BAPV）。安装型光伏建筑一体化（BAPV）是将建筑物作为光伏方阵载体，起支承作用。将光伏发电方阵安装在建筑的围护结构外表面来提供电力。

从光伏方阵与建筑墙面、屋顶的结合来看，主要为屋顶光伏发电系统和墙面光伏发电系统。而光伏组件与建筑的集成来讲，主要有光伏幕墙、光伏采光顶、光伏遮阳板等形式。目前光伏建筑一体化主要有 8 种形式。光伏建筑的安装方式见表3-4。

表 3-4　光伏建筑的安装方式

序号	示意图	实　物　图	说　明
1			采用普通光伏组件，安装在倾斜屋顶的建筑材料之上
2			采用普通或特殊的光伏组件，作为建筑材料安装在斜屋顶上

（续）

序号	示意图	实物图	说明
3			采用普通光伏组件，安装在平屋顶原来的建筑材料之上
4			采用特殊的光伏组件，作为建筑材料安装在平屋顶上
5			采用普通或特殊的光伏组件，作为幕墙安装在南立面上
6			采用普通或特殊的光伏组件，作为建筑幕墙镶嵌在南立面上
7			采用普通的光伏组件，作为安装在屋顶上

（续）

序号	示意图	实 物 图	说　明
8			采用普通或特殊的光伏组件，作为遮阳板安装在建筑上

3.2　一般要求

3.2.1　基本规定

光伏发电站应满足 GB/T 19964—2012《光伏发电站接入电力系统技术规定》的要求。

接入配电网的光伏发电站应满足 Q/GDW 1480—2015《分布式电源接入电网技术规定》的要求，应具备由相应资质的单位或机构出具的测试报告，测试项目和测试方法应符合 Q/GDW 666—2011《分布式电源接入配电网测试技术规范》的规定。

光伏发电站采用的所有逆变器均应通过电能质量、有功/无功功率调节能力、低电压穿越能力、电网适应性检测和电气模型验证。

3.2.2　协议/合同

光伏发电站接入配电网前需要签订并网调度协议和/或发用电合同。接入 10kV 及以上电压等级电网的光伏发电站需要签订并网调度协议和发用电合同。接入 220V/380V 电压等级电网的光伏发电站只需签订供用电合同即可。

3.2.3　并网开关

接入 10（6）~35kV 配电网的光伏发电站，并网点应安装易操作、可闭锁、具有明显开断点、可开断故障电流的开断设备，应能够就地或远方操作，电网侧应带接地功能。

接入 220V/380V 配电网的光伏发电站，并网点应安装易操作、具有明显开断指示、可开断故障电流的并网专用开断设备，应能够就地或远方操作；并网专用开断设备还应具有失压跳闸和检有压合闸功能。

出于检修安全的考虑，接入 10（6）~35kV 配电网的光伏发电站，并网点开断设备电网侧应带接地功能；考虑到目前开断设备通常具有五防功能，若光伏发电站并网点开断设备没有防误操作闭锁功能，则将并网点开断设备更换为具有防误操作闭锁功能的开关。

3.2.4　接入

对于接入10（6）~35kV电压等级电网的光伏发电站，应以三相平衡方式接入。

对于接入低压配电网的光伏发电站，可以三相平衡方式接入，也可以单相接入，但无论是以何种方式接入，都必须满足接入点三相平衡要求。

光伏发电站单相接入220V配电网前，应校核接入各相的总容量。

光伏发电站中性点接地方式应与其所接入配电网的接地方式相适应。

一般总容量在8kW以下以220V接入，8~400kW以380V接入，400~6000kW以10kV接入，5000~30000kW以35kV接入。接入形式有专线接入（接入点处设置分布式电源专用的开关设备（间隔））、T接（接入点处未设置专用的开关设备（间隔）），如图3-7所示。

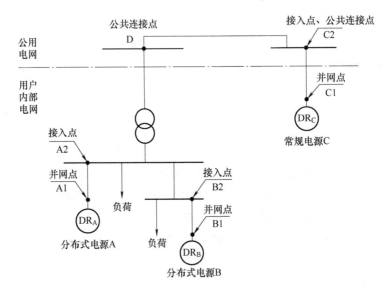

图3-7　并网点与公共连接点示意图

1）公共连接点，指用户系统（发电或用电）接入公用电网的电气连接点，即电力系统中一个以上用户的连接处。

图3-7中，C2、D点均为公共连接点，A2、B2点不是公共连接点。

2）并网点，对于有升压站的分布式电源，指升压站高压侧母线或节点。对于无升压站的分布式电源，指分布式电源的输出汇总点。

图3-7中，A1、B1点分别为分布式电源A、B的并网点，C1点为常规电源C的并网点。

3）接入点，指电源接入电网的连接处，该电网既可能是公共电网，也可能是用户电网。

图3-7中，A2、B2点分别为分布式电源A、B的接入点，C2为常规电源C的接入点。

4）产权分界点，指电网企业与用户分布式电源电气设备的资产分界点。

图3-7中，A1—A2、B1—B2和C1—C2输变电工程以及相应电网改造工程分别为分布式电源A、B和常规电源C接入系统工程。其中，A1—A2、B1—B2输变电工程由用户投

资，C1—C2 输变电工程由电网企业投资。

3.2.5　管理

由于光伏发电站出力具有波动性、间歇性和随机性的特点，接入电网会对电网可靠性、稳定运行带来诸多问题，给电网调度增加困难。为此，规定接入 10（6）~35kV 电压等级电网的光伏发电站，其运营管理方宜进行电力预测与申报工作，向电网调度机构报送次日发电计划。

接入配电网的光伏发电站，发生故障时，其运行管理方应收集相关信息并报送电网运营管理部门。接入 10（6）~35kV 配电网的光伏发电站，应确保设备的运行维护具有 24h 技术保障。

3.3　电能质量要求

光伏发电站发出电能质量的指标包括谐波、电压偏差、电压不平衡度、电压波动和闪变。

通过 10（6）~35kV 电压等级并网的光伏发电站应在公共连接点装设满足 GB/T 19862—2016《电能质量监测设备通用要求》要求的 A 级电能质量在线监测装置，该电能质量在线监测装置，一般可安装于上一级变电站的低压侧。电能质量监测历史数据应至少保存一年。

3.3.1　谐波

1. 谐波电压限值

光伏发电站接入电网后，公共连接点的谐波电压应满足 GB/T 14549—1993《电能质量　公用电网谐波》的规定，见表 3-5。

表 3-5　公用电网谐波电压（相电压）

电网标称电压/kV	电压总谐波畸变率（%）	各次谐波电压含有率（%）	
		奇　次	偶　次
0.38	5.0	4.0	2.0
6	4.0	3.2	1.6
10			
35	3.0	2.4	1.2
66			
110	2.0	1.6	0.8

2. 谐波电流

1）光伏发电站接入电网后，公共连接点处的总谐波电流分量（方均根值）应满足 GB/T 14549—1993《电能质量　公用电网谐波》的规定，公共连接点的该点注入的谐波电流分量（方均根值）不应超过表 3-6 中规定的允许值。

表 3-6　注入公共连接点的谐波电流允许值

标准电压 /kV	基准短路容量 /MV·A	谐波次数及谐波电流允许值/A										
		2	3	4	5	6	7	8	9	10	11	12	13
0.38	10	78	62	39	62	26	44	19	21	16	28	13	24
6	100	43	34	21	34	14	24	11	11	8.5	16	7.1	13
10	100	26	20	13	20	8.5	15	6.4	6.8	5.1	9.3	4.3	7.9
35	250	15	12	7.7	12	5.1	8.8	3.8	4.1	3.1	5.6	2.6	4.7
66	500	16	13	8.1	13	5.4	9.3	4.1	4.3	3.5	5.9	2.7	5.0
110	750	12	9.6	6.0	9.6	4.0	6.8	3.0	3.2	2.4	4.3	2.0	3.7

标准电压 /kV	基准短路容量 /MV·A	谐波次数及谐波电流允许值/A										
		14	15	16	17	18	19	20	21	22	23	24	25
0.38	10	11	12	9.7	18	8.6	16	7.8	8.9	7.1	14	6.5	12
6	100	6.1	6.8	5.3	10	4.7	9	4.3	4.9	3.9	7.4	3.6	6.8
10	100	3.7	4.1	3.2	6 2	8 5	4	2.6	2.9	2.3	4.5	2.1	4.1
35	250	2.2	2.5	1.9	3.6	1.7	3.2	1.5	1.8	1.4	2.7	1.3	2.5
66	300	2.3	2.6	2	3.8	1.8	3.4	1.5	1.9	1.5	2.8	1.4	2.6
110	750	1.7	1.9	1.5	2.8	1.3	2.5	1.2	1.4	1.1	2.1	1	1.9

2）当公共连接点处的最小短路容量不同于基准短路容量时，按式（3-1）修正表 3-6 中的谐波电流允许值。

$$I_h = \frac{S_{k1}}{S_{k2}} I_{hp} \tag{3-1}$$

式中　S_{k1}——公共连接点的最小短路容量（MV·A）；

$\quad\quad S_{k2}$——基准短路容量（MV·A）；

$\quad\quad I_{hp}$——表 3-6 中的第 h 次谐波电流允许值（A）；

$\quad\quad I_h$——短路容量为 S_{k1} 时的第 h 次谐波电流允许值（A）。

3）光伏发电站向电网注入的谐波电流允许值按此光伏发电站安装容量与其公共连接点的供电设备容量之比进行分配。

4）两个谐波源的同次谐波电流在一条线路的同一相上叠加，当相位角已知时

$$I_h = \sqrt{I_{h1}^2 + I_{h2}^2 + 2I_{h1}I_{h2}\cos\theta_h} \tag{3-2}$$

式中　I_{h1}——谐波源 1 的第 h 次谐波电流（A）；

$\quad\quad I_{h2}$——谐波源 2 的第 h 次谐波电流（A）；

$\quad\quad \theta_h$——谐波源 1 和谐波源 2 的第 h 次谐波电流之间的相位角。

当相位角不确定时

$$I_h = \sqrt{I_{h1}^2 + I_{h2}^2 + K_h I_{h1} I_{h2}} \tag{3-3}$$

式中　K_h——系数，按表 3-7 选取。

表 3-7　K_h 系数的值

h	3	5	7	11	13	9 | >13 | 偶次
K_h	1.62	1.28	0.72	0.18	0.08	0

两个以上同次谐波电流叠加时，首先将两个谐波电流叠加，然后再与第三个谐波相叠加，以此类推。

两个及以上谐波源在同一节点同一相上引起的同次谐波电压叠加的计算式与式（3-2）、式（3-3）类同。

5）在公共连接点处第 i 个用户的第 h 次谐波电流允许值（I_{hi}）的计算

$$I_{hi} = I_h \left(\frac{S_i}{S_t} \right)^{\frac{i}{a}} \tag{3-4}$$

式中　I_h——按 $I_h = \frac{S_{k1}}{S_{k2}} I_{hp}$ 换算的第 h 次谐波电流允许值（A）；

　　S_i——第 i 个用户的用电协议容量（MV·A）；

　　S_t——公共连接点的供电设备容量（MV·A）；

　　a——相位叠加系数，按表3-8取值。

表3-8　谐波的相位叠加系数

h	3	5	7	11	13	9 ｜ >13 ｜ 偶次
a	1.1	1.2	1.4	1.8	1.9	2

3. 间谐波

1）间谐波分量是对周期性交流量进行傅里叶级数分解，得到频率不等于基波频率整数倍的分量。

2）间谐波次数 ih 是间谐波频率与基波频率的比值。

间谐波如图3-8所示。

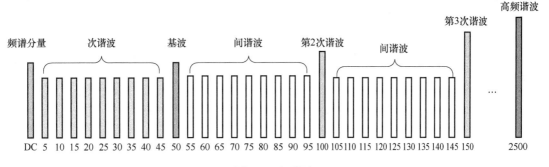

图3-8　间谐波

3）间谐波含有率是周期性交流量中含有的第 ih 次间谐波分量的方均根值与基波分量的方均根之比（用百分数表示）。

4）第 ih 次间谐波含有率以 $IHRU_{ih}$ 表示。

5）拍频是两个不同频率正弦波电压合成时，其频率（例如公共电网中间谐波频率和基波频率）之差的绝对值，如图3-9所示。

6）电压含有率是220kV及以下电力系统公共连接点各次间谐波电压含有率不大于表3-9限值。

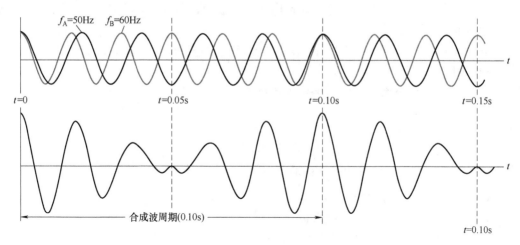

图 3-9　拍频

表 3-9　间谐波电压含有率限值（%）

电压等级	频率	
	<100Hz	100～800Hz
1000V 及以下	0.2	0.5
1000V 以上	0.16	0.4

　　频率 800Hz 以上的间谐波电压限值还处于研究中，频率低于 100Hz 限值的主要依据为间谐波电压含有率与拍频关系曲线。

　　间谐波的主要危害之一是引起照明闪烁，$P_{st}=1$ 为闪变通用限值，在此条件下的各间谐波电压含有率与拍频的关系曲线如图 3-10 所示。

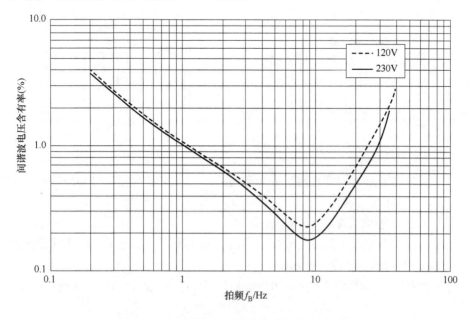

图 3-10　间谐波电压含有率与拍频的关系曲线

$P_{st}=1$ 条件下间谐波电压含有率与间谐波次数（间谐波频率）关系数值表见表 3-10。

表 3-10　$P_{st}=1$ 条件下间谐波电压含有率与间谐波次数（间谐波频率）关系数值表

间谐波次数 ih	间谐波频率 f_{ih}/Hz	间谐波电压含有率（%）
$0.2 < ih < 0.6$	$10 < f_{ih} \leqslant 30$	0.51
$0.60 < ih < 0.64$	$30 < f_{ih} \leqslant 32$	0.43
$0.64 < ih < 0.68$	$32 < f_{ih} \leqslant 34$	0.35
$0.68 < ih < 0.72$	$34 < f_{ih} \leqslant 36$	0.28
$0.72 < ih < 0.76$	$36 < f_{ih} \leqslant 38$	0.23
$0.76 < ih < 0.84$	$38 < f_{ih} \leqslant 42$	0.18
$0.84 < ih < 0.88$	$42 < f_{ih} \leqslant 44$	0.18
$0.88 < ih < 0.92$	$44 < f_{ih} \leqslant 46$	0.24
$0.92 < ih < 0.96$	$46 < f_{ih} \leqslant 48$	0.36
$0.96 < ih < 1.04$	$48 < f_{ih} \leqslant 52$	0.64
$1.04 < ih < 1.08$	$52 < f_{ih} \leqslant 54$	0.36
$1.08 < ih < 1.12$	$54 < f_{ih} \leqslant 56$	0.24
$1.12 < ih < 1.16$	$56 < f_{ih} \leqslant 58$	0.18
$1.16 < ih < 1.24$	$58 < f_{ih} \leqslant 62$	0.18
$1.24 < ih < 1.28$	$62 < f_{ih} \leqslant 64$	0.23
$1.28 < ih < 1.32$	$64 < f_{ih} \leqslant 66$	0.28
$1.32 < ih < 1.36$	$66 < f_{ih} \leqslant 68$	0.35
$1.36 < ih < 1.40$	$68 < f_{ih} \leqslant 70$	0.43
$1.4 < ih < 1.8$	$70 < f_{ih} \leqslant 90$	0.51

注：1. 此表中含有率对应的间谐波频率 f_{ih} 与图 3-10 的横坐标拍频 f_B 的关系为 $f_{ih}=50\text{Hz}\pm f_B$。

　　2. 系统频率 50Hz，标称电压 230V。

7）接于公共连接点的单一用户引起的各次间谐波电压含有率一般不得小于表 3-11 限值。根据连接点的负荷状况，此限值可以做适当变动，但必须满足 220kV 及以下电力系统公共连接点各次间谐波电压含有率限值的规定。

表 3-11　单一用户间谐波电压含有率限值（%）

电压等级	频率	
	<100Hz	100~800Hz
1000V 及以下	0.16	0.4
1000V 以上	0.13	0.32

8）同一节点上，多个间谐波源同次间谐波电压按式（3-5）合成。

$$U_{ih} = \sqrt[3]{U_{ih1}^3 + U_{ih2}^3 + \cdots + U_{ihk}^3} \tag{3-5}$$

式中　U_{ih1}——第 1 个间谐波源的第 ih 次间谐波电压（V）；

　　　U_{ih2}——第 2 个间谐波源的第 ih 次间谐波电压（V）；

　　　U_{ihk}——第 k 个间谐波源的第 ih 次间谐波电压（V）；

U_{ih}——k 个间谐波源共同产生的第 ih 次间谐波电压（V）。

3.3.2 电压偏差

光伏发电站接入系统后引起电压偏差如图 3-11 所示。

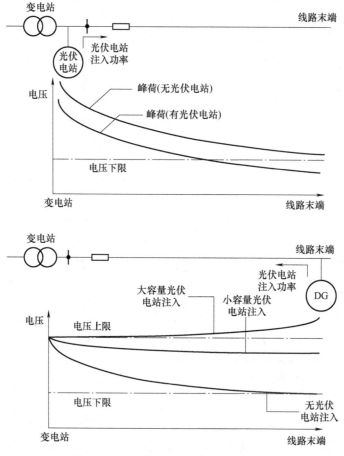

图 3-11　光伏发电站接入对电压的影响

光伏发电站接入电网后，公共连接点的电压偏差应满足 GB/T 12325—2008《电能质量　供电电压偏差》的规定，即

1）35kV 及以上公共连接点电压正、负偏差的绝对值之和不超过标称电压的 10%（如公共连接点电压上下偏差同号（均为正或负）时，按较大的偏差绝对值作为衡量依据）。

2）20kV 及以下三相公共连接点电压偏差为标称电压的 ±7%。

3）220V 单相供电电压偏差为标称电压的 +7%，−10%。

4）对供电点短路容量较小、供电距离较长以及对供电电压偏差有特殊要求的用户，由供、用电双方协议确定。

3.3.3 三相电压不平衡

1. 不平衡度

不平衡度指三相电力系统中三相不平衡的程度，用电压、电流负序基波分量或零序基波分量与正序基波分量的方均根值百分比表示。

正序分量是将不平衡的三相系统的电量按对称分量法分解后，其正序对称系统中的分量。

负序分量是将不平衡的三相系统的电量按对称分量法分解后，其负序对称系统中的分量。

零序分量是将不平衡的三相系统的电量按对称分量法分解后，其零序对称系统中的分量。

2. 电压不平衡度限值

光伏发电站接入电网后，公共连接点的三相电压不平衡度应不超过 GB/T 15543—2008《电能质量　三相电压不平衡》规定的限值。不平衡度为在电力系统正常运行的最小方式（或较小方式）下、最大的生产（运行）周期中负荷所引起的电压不平衡度的实测值。公共连接点的负序电压不平衡度应不超过 2%，短时不得超过 4%。

低压系统零序电压限值暂不规定，但各项电压必须满足 GB/T 12325—2008《电能质量　供电电压偏差》的要求。

电压不平衡度允许值一般可根据连接点的正常最小短路容量换算为相应的负序电流值作为分析或测算依据。

3.3.4　电压波动和闪变

光伏发电站接入电网后，公共连接点处的电压波动和闪变应满足 GB/T 12326—2008《电能质量　电压波动和闪变》的规定。

1. 电压变动

电压变动 d 指的是电压方均根值曲线上相邻两个极值电压之差，以系统标称电压的百分数表示。

$$d = \frac{\Delta U}{U_N} \times 100\% \tag{3-6}$$

式中　ΔU——电压方均根值曲线上相邻两个极值电压之差；

　　　U_N——系统标称电压。

当电压变动频度较低且具有周期性时，可通过电压方均根曲线 $U(t)$ 的测量，对电压波动进行评估，单次电压变动可通过系统和负荷参数进行估算。电压方均根值曲线 $U(t)$ 是每半个基波电压周期方均根值（有效值）的时间函数。

当已知三相负荷的有功功率和无功功率的变化量分别为 ΔP_i 和 ΔQ_i 时，可用式（3-7）计算：

$$d = \frac{R_L \Delta P_i + X_L \Delta Q_i}{U_N^2} \times 100\% \tag{3-7}$$

式中　R_L、X_L——电网线路阻抗的电阻、电抗分量。

在高压电网中，一般 $X_L \gg R_L$，则

$$d \approx \frac{\Delta Q_i}{S_{SC}} \times 100\%$$

式中　S_{SC}——考查点（一般为 PCC）在正常较小运行方式下的短路容量。

在无功功率的变化量为主要成分时（例如大容量电动机起动），可粗略估算。

对于平衡的三相负荷

$$d \approx \frac{\Delta S_i}{S_{SC}} \times 100\% \qquad (3-8)$$

式中　ΔS_i——三相负荷的变化量。

对于相间单相负荷

$$d \approx \frac{\sqrt{3}\Delta S_i}{S_{SC}} \times 100\% \qquad (3-9)$$

式中　ΔS_i——相间单相负荷的变化量。

当缺少正常较小运行方式的短路容量时，设计所取的系统短路容量可以用投产时系统最大短路容量乘以 0.7 进行计算。

2. 电压变动频度

电压变动频度 r 指的是单位时间内电压波动的次数（电压由大到小或由小到大各算一次变动）。不同方向的若干次变动，如间隔时间小于 30ms，则算一次变动。

3. 电压波动

电压波动是电压方均根值一系列的变动或连续的改变。

光伏发电站单独引起公共连接点处的电压变动限值与变动频度、电压等级有关。对于电压变动频度较低（如 $r < 1000$ 次/h）或规则的周期性电压波动，可通过测量电压方均根值曲线 $U(t)$ 确定其电压变动频度和电压变动值。

电压变动限值见表 3-12。

表 3-12　电压变动限值

电压变动频度 r/(次/h)	电压变动 d(%)	
	低压（LV），中压（MV）	高压（HV）
$r \leqslant 1$	4	3
$1 < r \leqslant 10$	3 *	2.5 *
$10 < r \leqslant 100$	2	1.5
$100 < r \leqslant 1000$	1.25	1

注：1. 很少的变动频度 r（每日少于一次），电压变动限值 d 还可以放宽。

2. 对于随机性不规则的电压波动，表中标有"*"的值为其限值。

3. 系统标称电压 U_N 等级按以下划分：低压（LV），$U_N \leqslant 1kV$；中压（MV），$1kV < U_N \leqslant 35kV$；高压（HV），$35kV < U_N \leqslant 220kV$；对于 220kV 以上超高压（EHV）系统的电压波动限制可参照高压（HV）系统执行。

4. 电压闪变

闪变是灯光照度不稳定造成的视感，如图 3-12 所示。

短时间闪变值 P_{st} 主要用来衡量短时间（若干分钟）内闪变强弱的一个统计量值，短时间闪变的基本记录周期为 10min。

长时间闪变 P_{lt} 由短时间闪变值 P_{st} 推算出，反映长时间（若干小时）闪变强弱的量值，长时间闪变的基本记录周期为 2h。

光伏发电站接入电网公共连接点，在系统正常运行的较小运行方式下，以一周（168h）

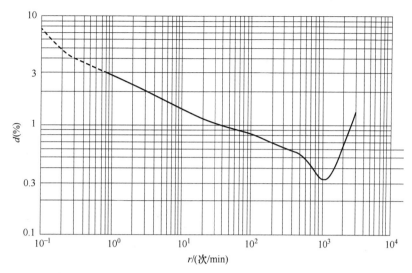

图 3-12　周期性矩形（或阶跃波）电压变动的单位变动的单位闪变（$P_{st}=1$）曲线

为测量周期，所有长时间闪变值 P_{lt} 应满足表 3-13 闪变限值的要求。

表 3-13　闪变限值

电　　压	≤110kV	>110kV
闪 变 限 值	1	0.8

任何一个波动负荷在电网公共连接点单独引起的闪变值一般应满足下列要求。

1）电力系统正常运行的较小方式下，波动负荷处于正常、连续工作状态，以一天（24h）为测量周期，并保证波动负荷的最大工作周期包括在内，测量获得的最大长时间闪变值和波动负荷退出时的背景闪变值，通过式（3-10）计算获得波动负荷单独引起的长时间闪变值。

$$P_{lt2}=\sqrt[3]{P_{lt1}^3-P_{lt0}^3} \tag{3-10}$$

式中　P_{lt1}——波动负荷投入时的长时间闪变测量值；

　　　P_{lt0}——背景闪变值，是波动负荷退出时一段时间内的长时间闪变测量值；

　　　P_{lt2}——波动负荷单独引起的长时间闪变值。

波动负荷单独引起的闪变值根据负荷大小，其协议用电容量占供电容量的比例以及电力系统公共连接点的状况，分别按三级做不同的规定和处理。

2）第一级规定。满足本级规定，可以不经闪变核算允许接入电网。

对于 LV 和 MV 用户，第一级限值见表 3-14。

表 3-14　LV 和 MV 用户第一级限值

$r/$（次/min）	$k=(\Delta S/S_{SC})_{max}$　（ % ）[①]
$r<10$	0.4
$10\leqslant r\leqslant200$	0.2
$r>200$	0.1

① 表中 ΔS 为波动负荷视在功率的变动；S_{SC} 为公共连接点短路容量。

对于 HV 用户，满足 $(\Delta S/S_{SC})_{max}<0.1\%$。

满足 $P_{lt} < 0.25$ 的单个波动负荷用户。

负荷应满足 GB 17625.2—2007《电磁兼容　限值　对每相额定电流 ≤16A 且无条件接入的设备在公用低压供电系统中产生的电压变化、电压波动和闪烁的限制》和 GB/Z 17625.3—2000《电磁兼容　限值　对额定电流大于 16A 的设备在低压供电系统中产生的电压波动和闪烁的限制》的规定的低压用电设备。

3）第二级规定。波动负荷单独引起的长时间闪变值须小于该负荷用户的闪变限值。

每个用户按其协议用电容量 S_i（$S_i = P_i / \cos\varphi_i$）和总供电容量 S_t 之比，考虑上一级对下一级闪变传递的影响（下一级对上一级的传递一般忽略）等因素后确定该用户的闪变限值。单个用户闪变限值的计算方法如下。

首先求出接于公共连接点的全部负荷产生闪变的总限值 G：

$$G = \sqrt[3]{L_P^3 - T^3 L_H^3}$$

式中　L_P——公共连接点占对应电压等级的长时间闪变值 P_{lt} 限值；

　　　　L_H——上一电压等级的长时间闪变值 P_{lt} 限值；

　　　　T——上一电压等级对下一电压等级的闪变传递系数，推荐为 0.8。不考虑超高压（EHV）系统对下一级电压系统的闪变传递。各电压等级的闪变限值见表 3-13。

单个用户闪变限值 E_i 为

$$E_i = G \cdot \sqrt[3]{\frac{S_i}{S_t} \cdot \frac{1}{F}}$$

式中　F——波动负荷的同时系数，其典型值 $F = 0.2 \sim 0.3$（但必须满足 $S_i / F \leqslant S_t$）。

4）第三级规定。不满足第二级规定的单个波动负荷用户，经过治理后仍超过闪变限值，可根据公共连接点实际闪变状况和电网的发展预测适当放宽限值，但公共连接点的闪变值必须符合光伏发电站接入电网公共连接点，在系统正常运行的较小运行方式下，以一周（168h）为测量周期，所有长时间闪变值 P_{lt} 应满足闪变限值的要求。

3.3.5　直流分量

光伏发电站接入电网，向公共连接点注入的直流分量不应超过其交流额定值的 0.5%。

3.4　有功功率控制

3.4.1　并网要求

1. 接入电网

1）光伏发电站应具备参与电力系统的调频和调峰的能力，并符合 GB/T 31464—2015《电网运行准则》的相关规定。

光伏发电站有功功率控制基本要求：一是控制最大功率变化，二是在电网特殊情况下限制光伏发电站的输出功率。

光伏发电站接入电网的最大容量不同程度地受到所接入电网条件及系统调峰能力的限制。考虑到光伏发电是一种间歇性电源，输出功率超过额定值 80% 的概率一般不超过 10%。

2）光伏发电站应配置有功功率控制系统，具备有功功率连续平滑调节的能力，并能够参与系统有功功率控制。

3）光伏发电站有功功率控制系统应能够接收并自动执行电网调度机构下达的有功功率及有功功率变化的控制指令。

2. 接入配电网

通过 10（6）~35kV 电压等级并网的光伏发电站应具有有功功率调节能力，输出功率偏差及功率变化率不应超过电网调度机构的给定值，并能根据电网频率值、电网调度机构指令等信号调节电源的有功功率输出。

通过 380V 电压等级并网的光伏发电站容量一般都非常小，功率控制对电网的支持非常有限，考虑到成本和技术因素，在有功功率控制上不做出要求。

3.4.2　控制模型

1. 约束方程

电力系统的状态模型可分为等式约束和不等式约束方程。

$$\begin{cases} \sum P_{Gi} = \sum P_{Li} \\ \sum Q_{Gi} = \sum Q_{Li} \end{cases}$$

$$\begin{cases} U_{i,\min} \leqslant U_i \leqslant U_{i,\max} \\ f_{s,\min} \leqslant f_s \leqslant f_{s,\max} \\ P_{Gi,\min} \leqslant P_{Gi} \leqslant P_{Gi,\max} \\ Q_{Gi,\min} \leqslant Q_{Gi} \leqslant Q_{Gi,\max} \\ |I_{ij}| \leqslant I_{ij,\max} \end{cases}$$

式中　P_{Gi}、$P_{Gi,\min}$、$P_{Gi,\max}$——发电机组 i 的有功功率、最小有功功率、最大有功功率；

$\quad\quad\quad$ Q_{Gi}、$Q_{Gi,\min}$、$Q_{Gi,\max}$——发电机组 i 的无功功率、最小无功功率、最大无功功率；

$\quad\quad\quad\quad\quad$ P_{Li}、Q_{Li}——负荷 i 消耗的有功功率和无功功率；

$\quad\quad$ U_i、$U_{i,\min}$、$U_{i,\max}$——节点 i 的电压、最小电压、最大电压；

$\quad\quad\quad$ f_s、$f_{s,\min}$、$f_{s,\max}$——系统的频率、最小频率、最大频率；

$\quad\quad\quad\quad\quad$ I_{ij}、$I_{ij,\max}$——节点 i 与节点 j 之间线路的电流、最大电流。

2. 运行状态

电力系统典型的 5 种状态包括：正常运行状态、警戒状态、紧急状态、崩溃状态、恢复状态。上述等式、不等式及安全性标准与电力系统状态的关系见表 3-15。

表 3-15　电力系统的 5 种运行状态

系统状态	等式约束	不等式约束	安全性	有功控制目标
正常	√	√	√	维持正常运行，使发电成本最经济
警戒	√	√	×	采取预防性控制措施，使系统状态恢复到正常状态
紧急	√	×	×	采取紧急控制措施，使系统状态恢复到警戒或正常状态
崩溃	×	×	×	维持子系统功率供求平衡，维持部分供电。解列后小系统，可能处于正常、警戒或紧急状态
恢复	√	√或×	×	迅速平稳恢复对用户的供电

注：√表示电力系统状态的等式约束和不等式约束方程成立；×表示电力系统状态的等式约束和不等式约束方程不成立。

技术规范 Q/GDW 1617—2015《光伏电站接入电网技术规定》仅规定了光伏电站参与系统在正常状态和紧急状态下的有功调节。警戒状态可作为正常状态的一个子状态（不安全状态）存在，如图 3-13 所示。

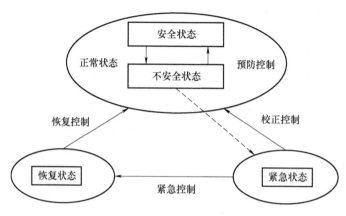

图 3-13　电力系统典型状态

3.4.3　功率预测

光伏发电功率预测是根据气象条件、统计规律等技术和手段，对光伏发电站有功功率进行预报。

1. 基本要求

1）光伏发电站应配置发电功率预测系统，系统具有 0～72h 短期光伏发电功率预测以及 15min～4h 超短期光伏发电功率预测功能。

2）预测曲线上报。光伏发电站应每 15min 自动向电力系统调度机构滚动上报未来 15min～4h 的光伏发电站发电功率预测曲线，预测值的时间分辨率为 15min。

光伏发电站每天按照电力系统调度机构规定的时间应上报次日 0～24h 光伏发电站发电功率预测曲线，必要时按照电力系统调度机构要求，上报 0～72h 光伏发电站发电功率预测曲线，预测值的时间分辨率为 15min。

3）预测精度。光伏发电站发电功率预测精度应满足 GB/T 19964—2012《光伏发电站接入电力系统技术规定》要求。

NB/T 32011—2013《光伏发电站功率预测系统技术要求》规定，光伏发电站发电时段（不含出力受控时段）的短期预测月方均根误差应小于 0.15，月合格率应大于 80%；超短期预测第 4 小时月方均根误差应小于 0.10，月合格率应大于 85%。

预测系统月可用率应大于 99%。

2. 预测数据要求

光伏发电站功率所需的数据至少应包括数值天气预报数据、实时气象数据、实时功率数据、运行状态、计划检修信息等。

3. 数据采集

1）数值天气预报数据应满足以下要求：

① 应至少包括次日零时起未来 3 天的数值天气预报数据，时间分辨率为 15min。

② 数据至少应包括总辐射辐照度、云量、气温、湿度、风速、风向、气压等参数。

③ 每日至少提供两次数值天气预报数据。

2）实时气象数据应满足以下要求：

① 实时气象信息采集设备的技术指标应满足 GB/T 30153—2013《光伏发电站太阳能资源实时监测技术要求》的要求。

② 实时气象数据应包括总辐射辐照度（水平和倾斜）、环境温度、湿度、风速、风向等，宜包括直射辐照度、散射辐照度、气压等参数。

③ 传输时间间隔不应大于 5min。

④ 采集数据可用率应大于 95%。

3）实时功率数据、设备运行状态（含光伏组件温度）应取自光伏发电站计算机监控系统，采集时间间隔不应大于 5min。

4）所有数据的采集应能自动完成，并能通过手动方式补充录入。

5）所有实时数据的时间延迟应不大于 1min。

4. 短期功率预测

短期功率预测应满足下列要求：

1）应能预测次日 0 时起至未来 72h 的光伏发电站输出功率，时间分辨率为 15min。

2）短期预测输入包括数值天气预报等数据，从而获得预测功率。

3）短期预测应考虑检修、故障等不确定因素对光伏发电站输出功率的影响。

4）预测模型应具有可扩展性，可满足新建、已建、扩建光伏发电站的功率预测。

5）宜采用多种预测方法建立预测模型，形成最优预测策略。

6）根据数值天气预报的发布次数进行短期预测，单次计算时间应小于 5min。

5. 超短期功率预测

超短期功率预测应满足下列要求：

1）能预测未来 15min ~ 4h 的光伏发电站输出功率，时间分辨率为 15min。

2）超短期预测模型的输入应包括实测功率数据、实测气象数据及设备状态数据等。

3）宜采用实测数据进行分析，判断云层对光伏发电站的遮挡情况，进而实现对超短期功率波动的预测。

4）超短期预测应 15min 执行一次，动态更新预测结果，单次计算时间应小于 5min。

6. 数据统计

数据统计要求：

1）应能对光伏发电站运行参数、实测气象数据及预测误差进行统计。

2）运行参数统计应包括发电量、有效发电时间、最大出力及其发生时间、利用小时数及平均负荷率等。

3）气象数据统计应包括各气象要素的平均值及总辐射通量、日照时数等。

4）预测误差统计指标至少应包括方均根误差、平均绝对误差、皮尔逊相关性系数、最大预测误差、合格率等。误差指标计算如下。

方均根误差（RMSE）为

$$RMSE = \sqrt{\frac{1}{n}\sum_{i=1}^{n}\left(\frac{P_{mi} - P_{pi}}{C_i}\right)^2}$$

式中 P_{mi}——i 时段的实际平均功率；

$\quad\quad P_{pi}$——i 时段的预测功率；

$\quad\quad C_i$——i 时段的开机总功率；

$\quad\quad n$——光伏发电站发电时段样本个数。

平均绝对误差（MAE）为

$$MAE = \frac{1}{n}\sum_{i=1}^{n}\left(\frac{|P_{mi} - P_{pi}|}{C_i}\right)$$

皮尔逊相关性系数（r）为

$$r = \frac{\sum_{i=1}^{n}\left[(P_{mi} - \overline{P}_m)\cdot(P_{pi} - \overline{P}_p)\right]}{\sqrt{\sum_{i=1}^{n}(P_{mi} - \overline{P}_m)^2 \cdot \sum_{i=1}^{n}(P_{pi} - \overline{P}_p)^2}}$$

式中 $\overline{P}_m$——所有样本实际功率的平均值；

$\quad\quad \overline{P}_p$——所有预测功率样本的平均值。

最大预测误差（δ_{max}）为

$$\delta_{max} = \max(|P_{mi} - P_{pi}|)$$

合格率（Q）为

$$Q = \frac{1}{n}\sum_{i=1}^{n}B_i \times 100\%$$

$$B = \begin{cases} 1 & \left(1 - \dfrac{|P_{mi} - P_{pi}|}{C_i}\right) \geqslant 0.75 \\ 0 & \left(1 - \dfrac{|P_{mi} - P_{pi}|}{C_i}\right) < 0.75 \end{cases}$$

5）参与统计数据的时间范围应能任意选定，可根据光伏发电站所处地理位置的日出日落时间自动剔除夜间时段。

6）各指标的统计计算时间应小于1min。

3.4.4 参与调度模式

当光伏电站并网后，在参加系统有功功率调度的情况下，以光伏电站在调度视角，可将光伏电站分为负荷模式和电源模式。

1. 负荷模式

负荷特性是指电力负荷从电力系统的电源吸取的有功功率和无功功率随负荷端点的电压及系统频率变化而改变的规律。

光伏电站参与系统有功调度，其有功出力被视为一个负的负荷。在负荷模式参与系统调度的过程中，光伏电站将被视为一个不可控负荷，其有功出力的波动将由系统平抑。

当光伏电站以负荷模式参与调度时，其出力值电站确定，通过上报发电计划曲线供调度中使用。

当光伏电站以负荷模式参与系统调度时，为了降低系统发电成本，同时又由于系统所处的状态可以承受光伏电站有功功率波动，因此光伏电站按所能达到的最大功率方式输出。光伏电站按照最大功率方式控制时，电站出力值受自然条件和发电设备约束，包括太阳辐射值、光伏组件安装容量、安装方式、直流系统效率、逆变器效率以及交流系统效率。

储能系统安装在光伏电站侧，由光伏电站直接进行控制。此种安装方式一方面可以减少系统调度的工作量，另一方面也便于实时控制工作的开展。由于储能系统的存在，电站内的光伏发电系统可通过与储能系统的配合，降低光伏电站出力波动率。电站有功控制系统在考虑储能系统物理约束的限制下，将电站出力波动限制在规定的范围内。这种控制模式定义为波动率控制。

储能系统采用单独设立储能电站的方式时，储能系统可以配合系统的调度对光伏电站出力波动进行平抑。另一方面，在储能电站容量足够的情况下，其也可以主动参与到系统调频调峰控制过程中，参与系统实时控制。

2. 电源模式

光伏电站以电源模式参与系统有功调度，等效为一个电源。光伏电站在参加系统调度过程中，主动向调度上报各时段的有功出力范围，参与调度中心的优化调度，由调度中心确定其在各个调度时段的有功出力值，光伏电站通过站内功率控制系统实现对调度计划的跟踪。

当光伏电站以电源模式参与调度时，电站有功出力将由系统确定即由调度中心确定，光伏电站执行调度中下达的功率曲线。

3.4.5　正常运行情况

在光伏发电站并网、正常停机以及太阳能辐照度增长过程中，光伏发电站有功功率变化速率应满足电力系统安全稳定运行的要求，其限值应根据所接入电力系统的频率调节特性，由电力系统调度机构确定。

光伏发电站最大功率变化需结合实际电网的调频能力及其他电源调节特性来确定，很难给出一个统一的确定限值，适用于各种情况下的各种电网运行要求。

光伏发电站有功功率变化速率应不超过 10% 装机容量/min，具体数值应由电力系统调度机构根据当地电网情况核对给出，允许出现因太阳能辐照度降低而引起的光伏发电站有功功率变化速率超出限值的情况。

光伏发电站最大功率变化的限制与光伏发电站接入系统的电网状况、电网中其他电源的调节特性、光伏发电单元运行特性及其技术性能指标等因素有关外，还应要求在电网紧急情况下，光伏发电站应根据电力系统调度部门的指令来控制其输出的有功功率，实现紧急控制的能力。

3.4.6　紧急控制

在电网发生故障或者在电网特殊的运行方式下，为了防止电网中线路、变压器等输电设备过负荷，确保系统稳定性，此时需要对光伏发电站有功功率提出要求。

在电力系统事故或紧急情况下，光伏发电站应按下列要求运行：

1）电力系统事故或特殊运行方式下，按照电力系统调度机构的要求降低光伏发电站有功功率。

2）当电力系统频率在 50.2 ~ 50.5Hz 之间时，频率每次高于 50.2Hz，光伏发电站应能至少运行 2min，并按照电力系统调度机构指令降低光伏发电站有功功率或执行高周切机策略，严重情况下切除整个光伏发电站；不允许处于停运状态的光伏发电站并网。

3）当电力系统频率大于50.5Hz时，光伏发电站应立刻终止向电网送电，且不允许处于停运状态的光伏发电站并网。

4）出现事故时，若光伏发电站的运行危及电力系统安全稳定，电力系统调度机构按相关规定暂时将光伏发电站切除。

事故处理完毕，电力系统恢复正常运行状态后，光伏发电站应按调度指令并网运行。

3.5　无功功率控制

光伏发电站需要向电网提供无功功率以在电压降落情况下支持电网电压。

光伏电站配置的无功调节设备应能够满足各种发电出力水平和接入系统各种运行工况下的稳态、暂态、动态过程的无功和电压自动控制要求。

3.5.1　无功电源

1. 定义

光伏发电站的无功电源包括光伏并网逆变器及光伏发电站中的集中无功补偿装置。应该充分利用光伏发电并网逆变器的无功容量及其调节能力，仅靠光伏发电并网逆变器的无功容量不能满足系统电压调节需要的，应在光伏发电站集中加装无功补偿装置。光伏发电站无功补偿装置能够实现动态的连续调节以控制并网点电压，其调节速度应能满足电网电压调节的要求。

光伏发电站应有多种无功控制模式，包括电压控制、功率因数控制和无功功率控制等，其具备根据运行需要在线切换模式的能力；光伏发电单元的并网逆变器无功出力范围应满足图3-14要求，需在所示矩形框内动态可调。

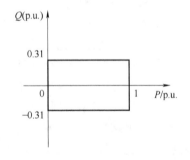

图3-14　并网逆变器无功出力范围
注：图中基准值为逆变器额定有功功率。

2. 接入位置

对于直接接入电网的光伏发电站，其配置的无功补偿容量应该能够补偿光伏发电站满发时送出线路上的部分无功损耗（约50%）以及光伏发电站空载时送出线路上的部分充电无功功率（约50%）。

对于通过220kV（或330kV）光伏发电汇集系统升压至500kV（或750kV）电压等级接入公共电网的光伏发电站群，其每个光伏发电站配置的容性无功容量除能够补偿并网点以下光伏发电站汇集系统及主变压器的无功损耗外，还要能够补偿光伏发电站满发时送出线路的全部无功损耗；其光伏发电站配置的感性无功容量能够补偿光伏发电站送出线路的全部充电功率。

3. 响应时间

光伏发电站的无功电源应能够跟踪光伏出力的波动及系统电压控制要求并快速响应。

光伏发电站的无功调节需求不同，所配置的无功补偿装置也就不同，则其响应时间应根据光伏发电站接入后电网电压的调节需求确定。

光伏发电站动态无功响应时间应不大于30ms。

3.5.2　无功容量配置

1. 配置原则

光伏发电站的无功容量应满足分（电压）层和分（电）区基本平衡的原则，无功补偿容量应在充分考虑优化调压方式及降低线损的原则下进行配置，并满足检修备用要求。

按电力系统无功分层分区平衡的原则，光伏发电站所消耗的无功负荷需要光伏发电站配置无功电源来提供；并且在系统需要时，光伏发电站能向电网中注入所需要的无功容量，以维持光伏发电站并网点稳定的电压水平。

光伏并网逆变器功率因数应能在0.95（超前）~0.95（滞后）范围内连续可调。

光伏发电站的无功容量配置应满足GB/T 19964—2012《光伏发电站接入电力系统技术规定》的有关规定。

2. 直接接入公共电网

对于直接接入公共电网的光伏发电站，无功容量配置应满足下列要求：

1）容性无功容量能够补偿光伏发电站满发时站内汇集线路及箱式变压器、主变压器的感性无功及光伏发电站送出线路的一半感性无功功率之和。

2）感性无功容量能够补偿光伏发电站自身的容性充电无功功率及光伏发电站送出线路的一半充电无功功率之和。

3. 通过汇集系统升压接入电网

对于通过110kV光伏发电汇集系统升压至330kV电压等级或者通过220kV（或330kV）光伏发电汇集系统升压至500kV（或750kV）电压等级接入电网的光伏发电站群中的光伏发电站，无功容量配置应满足下列要求：

1）容性无功容量能够补偿光伏发电站满发时汇集线路及箱式变压器、主变压器的感性无功及光伏发电站送出线路的全部感性无功之和。

2）感性无功容量能够补偿光伏发电站自身的容性充电无功功率及光伏发电站送出线路的全部充电无功功率之和。

4. 其他

光伏发电站配置的无功装置类型及其容量范围应结合光伏发电站实际接入情况，通过光伏发电站接入电网无功电压专题研究来确定。计算时应充分考虑无功设备检修及系统特殊运行工况等情况。

3.5.3　无功补偿装置

1. 配置

光伏发电站可在升压变压器低压侧配置集中无功补偿装置。无集中升压变压器光伏发电站可在汇集点集中安装无功补偿装置。

光伏发电站无功补偿装置配置应根据光伏发电站实际情况，如安装容量、安装形式、站内汇集线分布、送出线路长度、接入电网情况等，进行无功电压研究后确定。

2. 适应性

在电网正常运行情况下，光伏发电站的无功补偿装置应适应电网各种运行方式变化和运行控制要求。

光伏发电站处于非发电时段，光伏发电站安装的无功补偿装置也应按照电力系统调度机构的指令运行。

当光伏发电站安装并联电抗器/电容器组或调压式无功补偿装置，且在电网故障或异常情况下，引起光伏发电站并网点电压在高于1.2倍标称电压时，无功补偿装置容性部分应在0.2s内退出运行，感性部分应能至少持续运行5min。

当光伏发电站安装动态无功补偿装置，且在电网故障或异常情况下，引起光伏发电站并网点电压高于1.2倍标称电压时，无功补偿装置可退出运行。

对于通过220kV（或330kV）光伏发电汇集系统升压至500kV（或750kV）电压等级接入电网的光伏发电站群中的光伏发电站，在电力系统故障引起光伏发电站并网点电压低于90%标称电压时，光伏发电站的无功补偿装置应配合站内其他无功电源按照GB/T 19964—2012《光伏发电站接入电力系统技术规定》中的低电压穿越无功支持的要求发出无功功率。

3. 有功功率和无功功率协调

对于接入10（6）~35kV电压等级电网的光伏电站，当需要同时调节有功功率和无功功率时，为提高光伏电站的利用率，宜优先保障有功功率的调节。

为保证接入电网的光伏电站满足功率因数的要求，当所输出的无功功率影响到有功功率输出时，宜安装就地无功补偿设备/装置，并优先使用其进行无功功率调节。

3.5.4 电压调节

光伏发电站并网逆变器应在其无功调节范围内按光伏发电站无功电压控制系统的协调要求进行无功/电压控制。

光伏发电站无功补偿装置应具备自动控制功能，应在其无功调节范围内按光伏发电站无功电压控制系统的协调要求进行无功/电压控制。

光伏发电站的主变压器应采用有载调压变压器，按照无功电压控制系统的协调要求通过调整变电站主变压器分接头控制站内电压。

光伏发电站参与电网电压调节的方式包括：调节光伏发电站并网逆变器的无功功率、无功补偿装置的无功功率和光伏发电站升压变压器的电压比。

在电网特殊运行方式下，当通过调节无功和有载调压变压器不能满足电压调节要求时，应根据电网调度机构的指令通过调节有功功率进行电压控制。

3.5.5 电压控制

1. 接入电网

（1）基本要求

光伏发电站应配置无功电压控制系统，且具备无功功率调节及电压控制能力，能在并网点电压范围0.9~1.1p.u.内正常运行。

根据电力系统调度机构指令，光伏发电站自动调节其发出（或吸收）的无功功率，实现对并网点电压的控制。

光伏发电站无功电压控制系统响应时间和控制精度应满足电力系统电压调节的要求，符合 GB/T 29321—2012《光伏发电站无功补偿技术规范》的要求。

（2）控制目标

当公共电网电压处于正常范围内时，对于接入 35kV 及以上、220kV（或 330kV）及以下电压等级公共电网的光伏发电站，光伏发电站应能够控制其并网点电压在标称电压的 97%~107% 范围内。

当公共电网电压处于正常范围内时，对于接入 500kV（或 750kV）电压等级变电站 220kV（或 330kV）母线侧的光伏发电站，光伏发电站应能够控制其并网点电压在标称电压的 100%~110% 范围内。

（3）主变压器选择

光伏发电站的变电站主变压器应采用有载调压变压器，其分接头选择、调压范围及每档调压值，应满足光伏发电站母线电压质量的要求。

2. 接入配电网

光伏发电站参与配电网电压调节的方式可包括：调节电源无功功率、调节无功补偿设备投入量以及调整电源变压器电压比。

1）通过 380V 电压等级并网的光伏发电站，并网点处功率因数应在 0.95（超前）~0.95（滞后）范围内具备可调节的能力。

2）通过 10（6）~35kV 电压等级并网的光伏发电站，在并网点处功率因数应在 0.95（超前）~0.95（滞后）范围内连续可调，并可参与并网点的电压调节。

有特殊要求时，光伏发电站可做适当调整以稳定电压水平，在其无功输出范围内，应具备根据并网点电压水平调节无功输出，参与电网电压调节的能力，其调节方式和参考电压、电压调差率等参数可由电网调度机构设定。

3.5.6　无功电压控制系统

光伏发电站应配置无功电压控制系统，系统应具有多种控制模式，包括恒电压控制、恒功率因数控制和恒无功功率控制等，能够按照电力系统调度机构指令，自动调节光伏发电站的无功功率，控制光伏发电站并网点电压在正常运行范围内，其调节速度和控制精度应能满足电力系统电压调节的要求。无功电压控制系统的功能要求如下：

1）应具备计算、自动调节、监视、闭锁、通信、启动/停止顺序控制、文件记录等功能。

2）应通过通信接口与站控和上级控制（或电力系统调度机构）保持相互传送信息和运行命令。

3）应能监控各部件的运行状态，统一协调控制并网逆变器、无功补偿装置以及升压变压器分接头。

4）响应时间应不超过 10s，无功功率控制偏差的绝对值不超过给定值的 5%，电压调节精度在 0.5% 标称电压内。

3.6　故障穿越

光伏发电站应具备低电压穿越能力和高电压穿越能力。

3.6.1 低电压穿越

低电压穿越能力为电网故障引起电压跌落时，光伏发电站在电网发生故障时及故障后，保持不脱网连续并网运行的能力。能够穿越低电压事件（或故障）的光伏发电站将产生故障电流，并且在故障后快速恢复到正常运行时可能出力的状态。

低电压穿越能力能为系统提供一些关键的支持：

1）提供故障电流有利于故障清除。

2）在故障期间提供无功和有功有利于维持系统电压。

3）提供有功和无功有利于系统从故障中恢复。

4）提供控制功能（电压控制/频率反应）有利于系统恢复正常运行状态。

1. 要求

通过10（6）kV电压等级直接接入公共电网，以及通过35kV电压等级并网的光伏电站，应具备以下低电压穿越能力。如图5-18所示。

光伏发电站应满足的低电压穿越要求：

1）电网故障引起节点电压跌落幅度与距离故障点的电气距离远近、节点固有的无功电压支撑能力和光伏发电功率的高低有关。

2）光伏发电站并网点电压跌至0时，光伏发电站应能不脱网连续运行0.15s，光伏发电站最低穿越电压为0p.u.。

3）光伏发电站并网点电压跌至图5-18曲线1以下时，光伏发电站可以从电网切出。

2. 故障类型及考核电压

电力系统发生不同类型故障时，若光伏发电站并网点考核电压全部在图5-18中电压轮廓线及以上的区域内，光伏发电站应保证不脱网连续运行；否则，允许光伏发电站切出。针对不同故障类型的考核电压见表3-16。

表3-16 光伏发电站低电压穿越考核电压

故障类型	考核电压
三相短路故障	并网点线电压
两相短路故障	并网点线电压
单相接地短路故障	并网点相电压

3. 有功功率恢复

对电力系统故障期间没有脱网的光伏发电站，要求能够确保实现低电压穿越的光伏发电站自故障清除时刻开始应快速恢复，自故障清除时刻开始，以至少30%额定功率/s的功率变化率恢复至正常发电状态。

4. 动态无功支撑能力

光伏发电站动态无功电流响应时间 t_r 为自并网点电压升高或者降低达到触发设定值开始，直到光伏发电站动态无功电流实际输出值的变化量达到控制目标值与初始值之差的90%所需的时间，如图3-15所示。

光伏发电站动态无功电流调节时间 t_s 为自并网点电压升高或者降低达到触发设定值开始，直到光伏发电站动态无功电流实际输出值的变化量达到并保持在控制目标值与初始值之

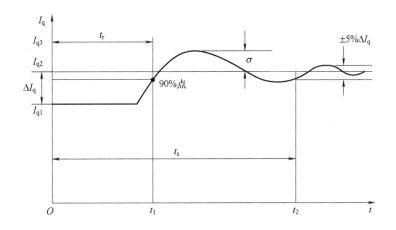

图 3-15　光伏发电站动态无功电流响应特性

注：1. 坐标原点为电网产生扰动的起始时刻；t_r 为动态无功电流响应时间；t_s 为动态无功电流调节时间；σ 为超调量。

　　2. I_{q1} 为被控量阶跃起始值；I_{q2} 为被控量的稳态值；I_{q3} 为被控量的最大过冲值；ΔI_q 为阶跃量。

差的 95%～105% 范围内所需的最短时间，如图 3-15 所示。

　　光伏发电站无功电压控制系统响应时间为光伏发电站无功电压控制系统自接收到电力系统调度机构实时下达（或预先设定）的无功功率/电压控制指令开始，直到光伏发电站实际无功功率/电压值的变化量达到控制目标值的 90% 所需的时间。

　　对于通过 220kV（或 330kV）光伏发电汇集系统升压至 500kV（或 750kV）电压等级接入电网的光伏发电站群中的光伏发电站，当电力系统发生短路故障引起电压跌落时，光伏发电站注入电网的动态无功电流应满足以下要求：

　　1）自并网点电压跌落的时刻起，动态无功电流的响应时间不大于 30ms。

　　2）自动态无功电流响应起直到电压恢复至 0.9p. u. 期间，光伏发电站注入电力系统的动态无功电流 I_T 应实时跟踪并网点电压变化，并应满足式（3-11）要求：

$$\begin{cases} I_T \geqslant 1.5 \times (0.9 - U_T) I_N & 0.2 \leqslant U_T \leqslant 0.9 \\ I_T \geqslant 1.05 \times I_N & U_T < 0.2 \\ I_T = 0 & U_T > 0.9 \end{cases} \tag{3-11}$$

式中　I_T——光伏发电站注入电力系统的无功电流；

　　　　U_T——光伏发电站并网点电压标幺值；

　　　　I_N——光伏发电站额定装机容量/（$\sqrt{3}$×并网点标称电压）。

3.6.2　高电压穿越

　　光伏发电站高电压穿越是指当电力系统事故或扰动引起光伏发电站并网点电压升高时，在一定的电压升高范围和时间间隔内，光伏发电站能够保证不脱网连续运行。

　　在光伏发电站具有一定的高电压穿越能力的同时，光伏发电站无功动态调整的响应速度应与光伏发电站高电压穿越能力相匹配，以防止电压调节过程中光伏发电站因为高电压而脱网。

光伏发电站高电压穿越的具体要求见表 3-17。

表 3-17 光伏发电站高电压穿越运行时间要求

并网点工频电压值/p. u.	运行时间
$1.10 < U_T \leqslant 1.20$	具有每次运行 10s 能力
$1.20 < U_T \leqslant 1.30$	具有每次运行 500ms 能力
$U_T > 1.30$	允许退出运行

光伏发电站高电压穿越期间，光伏发电站应具备有功功率连续调节能力。

3.7 运行适应性

光伏发电站运行适应性主要包括电压、电能质量、频率几个方面。

3.7.1 电压范围

当并网点电压在标称电压的 90%~110% 之间时，光伏发电站应能正常运行。当并网点电压低于标称电压的 90% 或者超过标称电压的 110% 时，光伏发电站应能按照相关标准规定的低电压和高电压穿越的要求运行。

3.7.2 电能质量范围

当光伏发电站并网点的谐波值满足 GB/T 14549—1993《电能质量 公用电网谐波》；三相电压不平衡度满足 GB/T 15543—2008《电能质量 三相电压不平衡》、间谐波值满足 GB/T 24337—2009《电能质量 公用电网间谐波》的规定时，光伏发电站应能正常运行。

3.7.3 频率范围

通过 10（6）kV 电压等级直接接入公共电网，以及通过 35kV 电压等级并网的光伏发电站应具备一定的耐受系统频率异常的能力，应能够在表 3-18 所示电网频率范围内按规定运行。

表 3-18 光伏发电站在不同电力系统频率范围内的运行规定

频率范围	运行要求
$f < 48\,\mathrm{Hz}$	根据光伏发电站逆变器允许运行的最低频率或电网调度机构要求而定
$48\,\mathrm{Hz} \leqslant f < 49.5\,\mathrm{Hz}$	频率每次低于 49.5 Hz，光伏发电站应能至少运行 10min
$49.5\,\mathrm{Hz} \leqslant f \leqslant 50.2\,\mathrm{Hz}$	正常连续运行
$50.2\,\mathrm{Hz} < f \leqslant 50.5\,\mathrm{Hz}$	频率高于 50.2 Hz 时，光伏发电站应具备降低有功输出的能力，实际运行可由电网调度机构决定；此时不允许处于停运状态的光伏发电站并入电网
$f > 50.5\,\mathrm{Hz}$	立刻终止向电网线路送电，且不允许处于停运状态的光伏发电站并网

对于特高压直流配套光伏发电站以及与其接入到同一汇集站的光伏发电站，其频率适应性要求应结合光伏发电站实际接入情况分析确定。

需要关注特殊情况下的光伏发电站的频率适应性要求，对于特高压直流配套光伏发电站以及与其接入到同一汇集站的光伏发电站，存在因送端交流发生故障系统频率波动高至 51.5Hz 的风险，因此其频率适应性要求应结合光伏发电站实际接入情况分析确定，以确保直流送端电网安全稳定运行。

3.7.4　无功装置适应性

在电网正常运行情况下，光伏发电站无功补偿装置应适应电网各种运行方式变化和运行控制要求。无功动态调整的响应速度应与光伏发电站电压适应性要求相匹配，以确保在调节过程中光伏发电站不因高电压而脱网。

光伏发电站内动态无功补偿装置应按照表 3-19 中的要求运行。

表 3-19　不同电压水平下动态无功补偿装置运行时间要求

并网点工频电压值/p. u.	运 行 时 间
$0.20 \leq U_T \leq 0.90$	不少于低电压持续时间
$0.90 < U_T \leq 1.10$	连续
$1.10 < U_T \leq 1.20$	具有每次运行 1min 能力
$1.20 < U_T \leq 1.30$	具有每次运行 5s 能力
$U_T > 1.30$	允许退出运行

3.8　电网异常响应

3.8.1　电压异常

1. 运行要求

通过 10（6）kV 电压等级直接接入公共电网的光伏发电站，以及通过 35kV 电压等级并网的光伏发电站，当并网点电压 U 发生异常时，应能够按照表 3-20 的要求运行。其中低电压穿越能力应满足 Q/GDW 1480—2015《分布式电源接入电网技术规定》的要求，低电压穿越要求曲线如图 5-18 所示，具备更高低电压穿越能力的光伏电站，可采用更高低电压穿越要求。

表 3-20　电压异常运行要求

并网点电压	运 行 时 间
$U < 85\% U_N$	应符合低电压穿越要求
$85\% U_N \leq U < 110\% U_N$	连续运行
$110\% U_N \leq U < 120\% U_N$	应逐步减少上网功率，应至少持续运行 10s
$120\% U_N \leq U < 130\% U_N$	应减少上网功率，应至少持续运行 0.5s

注：U_N 为光伏发电站并网点的电网标称电压。

2. 响应要求

光伏电站的无功动态调整的响应速度应与逆变器的高电压穿越能力相匹配，以确保在调节过程中逆变器不因高电压而脱网。

接入220V/380V配电网的光伏电站，以及通过10（6）kV电压等级接入用户侧的光伏电站，当并网点电压U发生异常时，其响应特性应满足Q/GDW 1480—2015《分布式电源接入电网技术规定》的要求，并应按表3-21所列方式运行；三相系统中的任一相电压发生异常，也应按此方式运行。

表3-21　电压异常响应要求

并网点电压	要　求
$U < 50\% U_N$	应减少上网功率，应在0.2s内断开与配电网的连接
$50\% U_N \leqslant U < 85\% U_N$	应逐步减少上网功率，应在2s内断开与配电网的连接
$85\% U_N \leqslant U < 110\% U_N$	连续运行
$110\% U_N \leqslant U < 135\% U_N$	应逐步减少上网功率，应在2s内断开与配电网的连接
$135\% U_N \leqslant U$	应减少上网功率，应在0.2s内断开与配电网的连接

注：U_N为光伏发电站并网点的电网标称电压。

3.8.2　频率异常

通过10（6）kV电压等级直接接入公共电网的光伏发电站，以及通过35kV电压等级并网的光伏发电站，应具备一定的耐受系统频率异常的能力，应能够在表3-22所示电网频率范围内按规定运行。

表3-22　频率响应要求

频率范围	要　求
$f < 48Hz$	电源根据变流器允许运行的最低频率或电网调度机构要求而定，有特殊要求时，可在满足电网安全稳定运行的前提下做适当调整
$48Hz \leqslant f < 48.5Hz$	每次至少能运行5min；且不允许处于停运状态的光伏发电站并网
$48.5Hz \leqslant f \leqslant 50.5Hz$	连续运行
$50.5Hz < f \leqslant 51.5Hz$	每次至少能运行30s；且不允许处于停运状态的光伏发电站并网

接入220V/380V配电网的光伏电站，以及通过10（6）kV电压等级接入用户侧的光伏电站，当电网频率在49~50.5Hz范围内时，应能正常运行。

3.9　并网和离网控制

3.9.1　启动

通过380V电压等级并网的光伏电站的启停方式应与电网企业协商确定；通过10（6）~

35kV 电压等级并网的光伏电站启停时应执行电网调度机构的指令。

光伏电站启动时需要考虑当前电网频率、电压偏差状态和本地测量的信号，当电网频率、电压偏差超出相关规定的正常运行范围时，电源不应启动。

光伏电站启动时，不应引起配电网电能质量超出规定范围，应确保其输出功率的变化率不超过电网所设定的最大功率变化率。

3.9.2 并网

接入 10 (6) ~35kV 配电网的光伏电站，其并网和离网应按照并网调度协议等相关协议执行；接入 220V/380V 配电网的光伏电站，其并网和离网应按照发用电合同执行，其并网和离网前应通知电网运营管理部门。

光伏电站首次并网以及其主要设备检修或更换后重新并网时，应进行并网调试和验收，试验项目和试验方法应满足 Q/GDW 666—2011《分布式电源接入配电网测试技术规范》的规定，试验报告应在并网前向电网运营管理部门提交。

光伏电站并网时应监测当前配电网频率、电压等电网运行信息，当配电网电压偏差、频率偏差超出 GB/T 12325—2008《电能质量 供电电压偏差》和 GB/T 15945—2008《电能质量 电力系统频率偏差》规定的正常运行范围时，光伏电站不得并网。

3.9.3 恢复并网

系统发生扰动脱网后，在电网电压和频率恢复到正常运行范围之前，光伏电站不允许并网。

配电网发生故障恢复正常运行后，接入 10 (6) ~35kV 配电网的光伏电站，在电网调度机构发出指令后方可并网。电网调度机构在给定并网延时值和允许光伏电站恢复并网时应避免大量光伏电站同时恢复并网，以减小对电网的冲击。

接入 220V/380V 配电网的光伏电站，在配电网恢复正常运行后应延时并网，延时值应大于 20s，并网延时值由电网调度机构给定。

3.9.4 停机

除发生故障或接收到来自于电网调度机构的指令以外，光伏电站同时切除引起的功率变化率不应超过电网调度机构规定的限值。

3.9.5 离网

接入配电网的光伏电站，非计划孤岛情况下与配电网断开时间应满足 Q/GDW 1480—2015《分布式电源接入电网技术规定》的要求，其动作时间应与电网侧重合闸动作时间相协调。

接入 10 (6) ~35kV 配电网的光伏电站，检修计划应上报电网调度机构，并应服从电网调度机构的统一安排。

光伏电站因故障停运时，应及时记录并通知电网运营管理部门。

3.10 二次系统

3.10.1 继电保护及安全自动装置

光伏电站应配置继电保护装置,保护功能主要针对电网安全运行对电源提出保护设置要求确定,包括电压、频率和防孤岛保护等。光伏电站保护装置的设置必须与电网侧线路保护设置相配合,以达到安全保护的效果。

1. 一般性要求

光伏发电站继电保护、安全自动装置以及二次回路应满足电力系统有关标准、规定和反事故措施的要求。

光伏电站的保护应符合可靠性、选择性、灵敏性和速动性的要求,其技术条件应满足GB/T 14285—2006《继电保护和安全自动装置技术规程》和 DL/T 584—2017《3kV～110kV电网继电保护装置运行整定规程》的要求。

接入配电网的光伏电站,其保护配置应满足 Q/GDW 1480—2015《分布式电源接入电网技术规定》、Q/GDW 11198—2014《分布式电源涉网保护技术规范》和 Q/GDW 11199—2014《分布式电源继电保护和安全自动装置通用技术条件》的规定。

光伏电站内汇集线系统应采用经电阻或消弧线圈接地方式,并配置相应保护快速切除汇集线路的单相故障。

汇集线系统中的母线应配置母差保护。

2. 电压和频率保护

1)通过 10(6)kV 电压等级直接接入公共电网,以及通过 35kV 电压等级并网的光伏电站,其电压保护配置应满足低电压穿越能力要求。

通过 10(6)kV 电压等级直接接入公共电网,以及通过 35kV 电压等级并网的光伏电站,其频率保护配置应满足频率适应性的要求。

2)通过 380V 电压等级并网,以及通过 10(6)kV 电压等级接入用户侧的的光伏电站,当并网点处电压超出表 3-23 规定的电压范围时,应在相应的时间内停止向电网线路送电。此要求适用于多相系统中的任何一相。

表 3-23 电压保护动作时间

并网点电压	要　　求
$U < 50\% U_N$	最大分闸时间不超过 0.2s
$50\% U_N \leq U < 85\% U_N$	最大分闸时间不超过 2.0s
$85\% U_N \leq U < 110\% U_N$	连续运行
$110\% U_N \leq U < 135\% U_N$	最大分闸时间不超过 2.0s
$U \geq 135\% U_N$	最大分闸时间不超过 0.2s

注:1. U_N 为并网点的电网标称电压。

　　2. 最大分闸时间是指异常状态发生到电源停止向电网送电时间。

通过 380V 电压等级并网,以及通过 10(6)kV 电压等级接入用户侧的的光伏电站,当并网点频率超过 50.2Hz 运行时，应在 0.2s 内停止向电网送电。

3. 线路保护

对光伏发电站送出线路，220kV 及以上电压等级应按照 GB/T 14285—2006《继电保护和安全自动装置技术规程》配置线路保护，110kV 及以下电压等级宜配置纵联电流差动保护。

通过 10（6）～35kV 电压等级并网的光伏电站，并网线路可采用两段式电流保护，必要时加装方向元件。当依靠动作电流整定值和时限配合，不能满足可靠性和选择性要求时，宜采用距离保护或光纤电流差动保护。

光伏发电站应具备快速切除站内汇集系统单相故障的保护措施。

装机容量 40MW 及以上的光伏发电站应配备故障录波设备，装机容量低于 40MW 的光伏发电站视接入电网情况而定是否配置故障录波设备，该设备应具有足够的记录通道并能够记录故障前 10s 到故障后 60s 的情况，并配备至电力系统调度机构的数据传输通道。

4. 防孤岛保护

防孤岛保护是针对电网失电压后光伏电站可能继续运行，且向电网线路送电的情况而提出的。

逆变器的防孤岛控制有主动式和被动式两种，主动防孤岛保护方式主要有频率偏离、有功功率变动、无功功率变动、电流脉冲注入引起阻抗变动等判断准则；被动防孤岛保护方式主要有电压相位跳动、3 次电压谐波变动、频率变化率等判断准则。

光伏电站应具备快速监测孤岛且立即断开与电网连接的能力，防孤岛保护动作时间不大于 2s，其防孤岛保护应与配电网侧线路重合闸和安全自动装置动作时间相配合。

针对防孤岛保护可能存在的保护死区情况，通过 380V 电压等级并网的光伏电站接入容量超过本台区配变额定容量 25% 时，配变低压侧应配备低压总开关，并在配变低压母线处装设反孤岛装置，在运维检修人员进行检修操作之前，先投入防孤岛装置，以保障检修人员人身安全。低压总开关应与反孤岛装置间具备操作闭锁功能，母线间有联络时，联络开关也应与反孤岛装置间具备操作闭锁功能。

5. 自动重合闸

通过 10（6）～35kV 电压等级并网的光伏电站采用专线方式接入时，专线线路可不设或停用重合闸。

接有通过 10（6）～35kV 电压等级并网的光伏电站的公共电网线路，投入自动重合闸时，宜增加重合闸检无压功能；不具备检无压功能时，应校核重合闸时间是否与光伏电站并、离网控制时间配合（重合闸时间宜整定为 $2s + \Delta t$，Δt 为保护配合级差时间）。

6. 调度

光伏电站应根据技术规程、电网运行情况、设备技术条件及电网调度机构要求进行继电保护及安全自动装置定值整定、校核涉网保护定值，并根据电网调度机构的要求，对所辖设备的整定值进行定期校核工作。当电网结构、线路参数和短路电流水平发生变化时，应及时审定涉网保护配置并校核定值。

接入 10（6）～35kV 配电网的光伏电站，其运营管理方应遵循继电保护及安全自动装置技术规程和调度运营管理要求，设专人负责对光伏电站继电保护及安全自动装置进行管理和运行维护；接入 220V/380V 配电网的光伏电站其继电保护装置应进行定期校验。

接入 10（6）~35kV 配电网的光伏电站，应将保护定期检验结果上报电网调度机构。涉网保护定值应在电网调度机构备案，备案内容应包括但不限于以下内容：

1）并网点开断设备技术参数。

2）保护功能配置。

3）过电压/欠电压保护定值。

4）过/欠频保护定值。

5）阶段式电流保护定值。

6）逆变器防孤岛保护定值。

接入电网的光伏电站发生涉网故障或异常时，光伏电站运营管理方应配合电网做好有关保护信息的收集和报送工作。继电保护及安全自动装置发生不正确动作时，应调查不正确动作原因，提出改进措施并报送电网调度机构。

光伏电站运营管理方应及时针对各类保护不正确动作情况，制定继电保护反事故措施，并应取得所接入电网运营管理部门的认可。

3.10.2 调度自动化

1. 基本要求

光伏发电站应配备计算机监控系统、电能量远方终端设备、二次系统安全防护设备、调度数据网络接入设备等，并满足电力二次系统设备技术管理规范要求。

2. 调度信息

光伏发电站调度自动化系统远动信息采集范围按电网调度自动化能量管理系统（EMS）远动信息接入规定的要求接入信息量。

光伏发电站向电力系统调度机构提供的信号至少应当包括以下方面：

1）每个光伏发电单元运行状态，包括逆变器和单元升压变压器运行状态等。

2）光伏发电站并网点电压、电流、频率。

3）光伏发电站主升压变压器高压侧出线的有功功率、无功功率、发电量。

4）光伏发电站高压断路器和隔离开关的位置及升压站的保护动作信息。

5）光伏发电站主升压变压器分接头档位。

6）光伏发电站气象监测系统采集的实时辐照度、环境温度、光伏组件温度。

3. 电能计量

光伏发电站电能计量点（关口）应设在光伏发电站与电网的产权分界处，产权分界处按国家有关规定确定。

产权分界点处不适宜安装电能计量装置，关口计量点由光伏发电站业主与电网企业协商确定。计量装置配置应符合 DL/T 448—2016《电能计量装置技术管理规程》的要求。

4. 通信方式

光伏发电站调度自动化、电能量信息传输应采用主/备信道的通信方式，直送电力系统调度机构。

5. 供电电源

光伏发电站调度管辖设备供电电源应采用不间断电源装置（UPS）或站内直流电源系统供电，在交流供电电源消失后，不间断电源装置带负荷运行时间应大于40min。

6. 测量单元

装机容量超过40MW的光伏发电站应配置相量测量单元（PMU），装机容量低于40MW的光伏发电站视接入电网情况而定是否配置相量测量单元（PMU）。

光伏发电站变电站需要安装故障记录装置，记录故障前10s到故障后60s的情况。该记录装置应该包括必要数量的通道，并配备至电力系统调度部门的数据传输通道。考虑到PMU系统（相量测量单元）在电网中的配置越来越普遍，为了更好地利用系统及光伏发电站历史数据分析各种情况下电网与光伏发电站的相互影响，光伏发电站配置PMU系统，保证其自动化专业调度管辖设备和继电保护设备等采用与电力系统调度部门统一的卫星对时系统。

3.10.3　电能质量监测

1. 监测记录

光伏并网电站应具备监测并记录其并网点处谐波、电压波动和闪变、电压偏差、三相不平衡等电能质量指标的能力。

接入10（6）~35kV电网的光伏电站，每10min保存一次电能质量指标统计值，并定期上传；接入220V/380V电网的光伏电站，每10min保存一次电能质量指标统计值，且应保存至少1个月。

2. 报警信息

光伏电站接入配电网后，当公共连接点的电能质量不满足Q/GDW 1480—2015《分布式电源接入电网技术规定》要求时，应产生报警信息。

接入10（6）~35kV电网的光伏电站，其运营管理方应将报警信息上报至所接入电网运营管理部门；接入220V/380V电网的光伏电站，其运营管理方应记录报警信息以备所接入电网运营管理部门查阅。

3. 改善措施

由于接入配电网的光伏电站导致公共连接点电能质量不满足Q/GDW 1480—2015《分布式电源接入电网技术规定》的要求时，其运营管理方应采取改善电能质量措施；采取改善措施后电能质量仍无法满足要求时，电网运营管理部门可直接断开该光伏电站。光伏电站运营管理方应进行整改，电能质量满足要求时方可重新并网。

3.10.4　电能计量

1. 计量点

光伏电站接入配电网前，应明确计量点，电能计量点原则上应设置在产权分界点处。除应考虑产权分界点外，还应考虑光伏电站出口与用户自用电线路处。

2. 电能计量装置

电能计量装置应具备双向有功和四象限无功计量功能、事件记录功能，应满足DL/T 448—2016《电能计量装置技术管理规程》的要求。其通信接口和通信协议应符合DL/T

645—2007《多功能电能表通信协议》的要求，具备本地通信和通过电能信息采集终端远程通信的功能。电能表采用智能电能表，技术性能应满足国家电网公司关于智能电能表的相关标准。用于结算和考核的光伏电站电能计量装置，应安装采集设备，接入用电信息采集系统，实现用电信息的远程自动采集。

计量装置应安装于公共位置并考虑相应的封闭措施，便于计量设备的检查和管理。光伏电站电能计量装置，应具备发用电、故障以及停电等信息的上传功能。

光伏电站并网前，应由具备相应资质的单位或部门完成电能计量装置的检定、安装、调试，电源产权方应提供工作上的方便。电能计量装置投运前，应由电网企业和电源产权归属方共同完成竣工验收。

3.10.5 通信与信息

1. 通信设备

光伏发电站至调度端应具备两路通信通道，宜采用光缆通道，通信光缆设计应符合相关要求。

光伏发电站与电力系统直接连接的通信设备（如光纤传输设备、脉码调制终端设备（PCM）、调度程控交换机、通信监测等）应具有与系统接入端设备一致的接口与协议。

接入10（6）~35kV配电网的光伏电站，其并入电力通信光纤传输网的光伏电站通信设备，应纳入电力通信网管系统统一管理。

2. 通信方式

通过380V电压等级并网的光伏电站，以及通过10（6）kV电压等级并网的光伏发电项目可采用无线公网通信方式（光纤到户的可采用光纤通信方式），但应采取信息通信安全防护措施。

接入10（6）~35kV配电网的光伏电站，其与电网调度机构之间的通信方式和信息传输应满足Q/GDW 1480—2015《分布式电源接入电网技术规定》的要求，并应符合电力监控系统安全防护的规定。

接入配电网的光伏电站，当具有遥控、遥调功能时，宜采用专网通信，在有条件时可采用专线通信。

3. 功能

接入配电网的光伏电站，其监控系统功能应满足Q/GDW 677—2011《分布式电源接入配电网监控系统功能规范》的要求。

接入10（6）~35kV配电网的光伏电站，应具备与电网调度机构进行双向通信的能力，能够实现远程监测和控制功能；接入220V/380V配电网的光伏电站，应具备就地监控功能，可只上传电流、电压和发电量信息，条件具备时，预留上传并网点开关状态能力。

4. 备用电源

接入10（6）~35kV配电网的光伏电站，应配置独立的通信和自动化备用电源，保证在失去外部电源时，其通信和自动化设备能够至少运行2h。

5. 信息

1）接入10（6）~35kV配电网的光伏电站，向电网调度机构提供的基本信息应包括但不限于以下内容：

① 电气模拟量：并网点的电压、电流、有功功率、无功功率、功率因数。

② 状态量：并网点的并网开断设备状态、故障信息、光伏电站远方终端状态信号和通信通道状态等信号。

③ 电能量：发电量、上网电量、下网电量。

④ 电能质量数据：并网点处谐波、电压波动和闪变、电压偏差、三相不平衡等。

⑤ 其他信息：光伏电站并网点的投入容量等。

2）接入 220V/380V 配电网的光伏电站，应具备以下信息的存储能力，至少存储 3 个月的数据，以备所接入电网管理部门现场查阅：

① 电气模拟量：并网点的电压、电流。

② 状态量：并网点的并网开断设备状态、故障信息等信号。

③ 电能量：发电量、上网电量、下网电量。

④ 其他信息：光伏电站并网点的投入容量等。

3.11 并网检测

3.11.1 检测要求

1. 接入电网

光伏发电站应向电力系统调度机构提供光伏发电站接入电力系统检测报告；当光伏发电站扩容后，应重新提交检测报告。

光伏发电站在申请接入电力系统检测前应向电力系统调度机构提供光伏组件及光伏发电站的模型、参数、特性和控制系统特性等资料。

光伏发电站接入电力系统检测应由具备相应资质的机构进行，并在检测前 30 日将检测方案报所接入地区的电力系统调度机构备案。

光伏发电站应在全部光伏组件并网调试运行后 6 个月内向电力系统调度机构提供有关光伏发电站运行特性的检测报告。

2. 接入配电网

通过 380V 电压等级并网的光伏电站，应在并网前向电网企业提供由具备相应资质的单位或部门出具的设备检测报告，检测结果应符合 NB/T 32015—2013《分布式电源接入配电网技术规定》规定的相关要求。

通过 10（6）~35kV 电压等级并网的光伏电站，应在并网运行后 6 个月内向电网企业提供运行特性检测报告检测结果应符合 NB/T 32015—2013《分布式电源接入配电网技术规定》规定的相关要求。

光伏电站接入配电网的检测点为电源并网点，应由具有相应资质的单位或部门进行检测，并在检测前将检测方案报所接入电网调度机构备案。

当光伏电站更换主要设备时，需要重新提交检测报告。

3.11.2 检测内容

检测应按照国家或有关行业对光伏电站并网运行制定的相关标准或规定进行，应包括但不仅限于以下内容：

1）功率控制和电压调节。

2）电能质量。

3）运行适应性。

4）安全与保护功能。

5）启停对电网的影响。

第 **4** 章

光伏方阵设计

4.1 光伏组件

4.1.1 分类

商用的光伏电池主要有晶硅光伏电池与薄膜电池两大类。晶硅光伏电池主要包括单晶硅光伏电池与多晶硅光伏电池，是目前市场上的主流产品。

光伏电池的分类如图 4-1 所示。

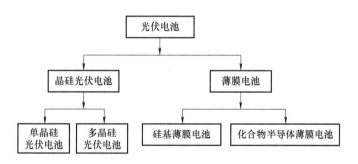

图 4-1　光伏电池分类

4.1.2 晶硅光伏电池

1. 结构

以高纯的单晶硅棒/多晶硅为原料的光伏电池，是当前开发得最快的一种光伏电池。其构造和生产工艺已定型，产品已广泛用于空间和地面。结构简图如图 4-2 所示。

2. 单晶硅光伏电池

单晶硅光伏电池以高纯度的单晶硅棒为原料，经过反复提拉制成光伏电池专用的单晶硅棒，锯割切片后制成 $350 \sim 450 \mu m$ 的硅片电池。单晶硅光伏电池的单体片，经过串联和并联的方法制成单晶硅光伏组件，形成输出电压和电流。

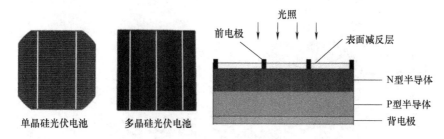

图4-2　单晶硅/多晶硅光伏电池结构示意图

虽然单晶硅光伏电池转换效率高，但由于原材料单晶硅棒是圆柱形的原因，切片后的电池片存在倒角，使得有效发电面积减小。

单晶硅光伏组件更适合于建设场地面积有限而对工程发电功率要求高的发电项目，即通过提高电池组件的效率来实现整个工程的发电容量。另外，根据试验室和工程中的测试数据，单晶硅光伏电池在工程投产的前期，功率衰减较多晶硅光伏电池快。

3. 多晶硅光伏电池

多晶硅光伏电池使用的多晶硅材料，多数是含有大量单晶颗粒的集合体，或用单晶硅材料和冶金级硅材料熔化，然后注入石墨铸模中，待慢慢凝固冷却后，即得多晶硅锭。这种硅锭可铸成立方体，以便切片加工成方形光伏电池片，可提高材料的利用率，组装较为方便。

多晶硅光伏电池的制作工艺与单晶硅光伏电池差不多，多晶硅光伏组件的转换效率稍低于单晶硅光伏电池。但其材料制造简便，电耗低，总的生产成本较低，组件价格略低于单晶硅光伏电池组件，因此得到广泛应用，尤其适合土地资源丰富地区的工程大面积应用。

4.1.3　薄膜电池

薄膜电池的种类如图4-3所示。

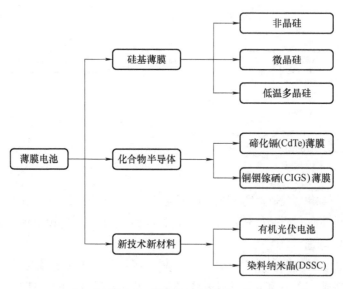

图4-3　薄膜电池的种类

1. 非晶硅薄膜光伏电池

非晶硅又称无定型硅，是单质硅的一种形态，棕黑色或灰黑色的微晶体。硅不具有完整的金刚石晶胞，纯度不高；熔点、密度和硬度也明显低于晶体硅；化学性质比晶体硅活泼。

非晶硅薄膜电池主要有单结和双结两种。单结非晶硅薄膜光伏电池仅含一种光吸收功能层，为非晶硅；而双结非晶硅薄膜光伏电池含两种光吸收功能层，一般为非晶硅和微晶硅。两者结构示意图如图 4-4 所示。

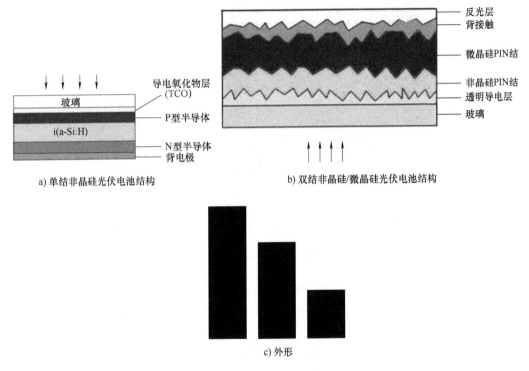

a) 单结非晶硅光伏电池结构　　　　b) 双结非晶硅/微晶硅光伏电池结构

c) 外形

图 4-4　薄膜光伏电池结构图

2. 碲化镉薄膜光伏电池

碲化镉薄膜光伏电池简称 CdTe 薄膜电池，是在玻璃或柔性衬底上依次沉积多层薄膜而形成的光伏器件，吸收率高，仅 $1\mu m$ 厚就可以吸收 90% 以上的可见光，非常适用于制作成薄膜光伏电池的吸收层，是实现低成本和低能耗的重要前提。

一般而言，这种电池是在玻璃衬底上由五层结构组成，即透明导电氧化物层（TCO层）、窗口层、碲化镉（CdTe）吸收层、背接触层和背电极层。碲化镉薄膜光伏电池构造示意图如图 4-5 所示。

在效率方面 CdTe 薄膜电池仍然落后于传统的晶硅面板。但是差距在不断缩小，目前实验室的转换效率已达到 22.1%。制造过程简单迅速，也促进了它的应用。更值得注意的是，它具有最小的碳排放以及投资回收期。

3. 铜铟镓硒薄膜光伏电池

铜铟镓硒（CIGS）薄膜光伏电池的主要组成有 Cu（铜）、In（铟）、Ga（镓）、Se（硒），薄膜厚度为 $1\sim2\mu m$ 就能吸收太阳光，大面积电池组件转化效率及产量根据各公司制备工艺不同而有所不同，一般在10%～15%范围内。其典型结构为多层膜，分别为减反膜、透明电极、窗口层、光吸收层、背电极、玻璃，如图4-6所示。

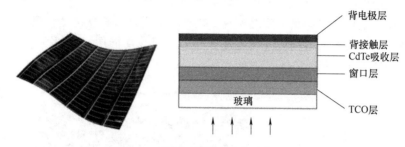

图4-5　碲化镉薄膜光伏电池构造图

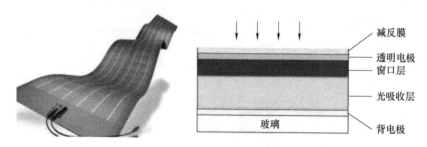

图4-6　铜铟镓硒薄膜光伏电池构造图

CIGS光伏薄膜电池具有生产成本低、污染小、不衰退、弱光性能好等特点，光电转换效率居各种薄膜光伏电池之首，接近晶体硅光伏电池，而成本则是晶体硅电池的1/3，被业内看作是非常有前途的薄膜光伏电池。并且由于其外观色调柔和，是对外观有较高要求场所的理想选择，如大型建筑物的玻璃幕墙、现代化高层建筑等。

4. 有机光伏电池

有机光伏电池按照半导体的材料可以分为单质结结构、P-N异质结结构、染料敏化纳米晶结构。

（1）单质结结构　单质结结构是以Schottky势垒为基础原理而制作的有机光伏电池。其结构为玻璃基底、阳极（金属）、有机层（染料）、阴极（金属），如图4-7所示。利用两个电极的功函（电子要脱离原子必须从费米能级跃迁到真空静止电子（自由电子）能级，这一跃迁所需要的能量叫功函。该定义和电子的逸出功一样，只是从不同的角度讲的而已）不同，可以产生一个电场，电子从低功函的金属电极传递到高功函电极从而产生光电流。由于电子-空穴均在同一种材料中传递，所以其光电转化率比较低。

（2）P-N异质结结构　P-N异质结结构是指这种结构具有给体（Donor）-受体（Acceptor）（N型半导体与P型半导体）的异质结结构，结构如图4-8所示。

其中给体、受体的材料多为染料，如酞菁类化合物、北四甲醛亚胺类化合物，利用半导体层间的D-A界面以及电子-空穴分别在不同的材料中传递的特性，使分离效率提高。Elias Stathatos等人结合无机以及有机化合物的优点制得的光伏电池的光电转化率为5%～6%。

（3）染料敏化纳米晶结构　染料敏化纳米晶结构的光伏电池主要是指以染料敏化的多

空纳米结构 TiO_2 薄膜为光阳极制作的一类光伏电池。其结构如图 4-9 所示。

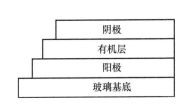

图 4-7　单质结有机光伏电池结构图

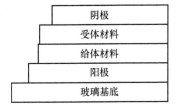

图 4-8　P-N 异质结电池结构图

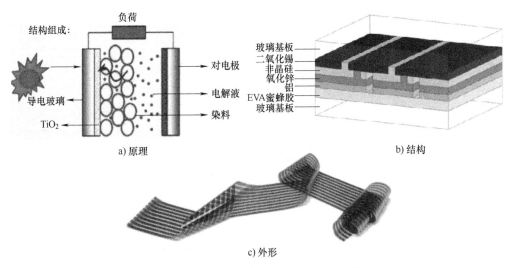

图 4-9　染料敏化纳米晶光伏电池结构图

　　染料敏化纳米晶光伏电池可选用适当的氧化还原电解质从而使光电效率提高，一般可稳定于 10%，并且纳米晶 TiO_2 制备简便，成本低廉。

　　有机光伏电池的优势非常明显，包括价格便宜、质轻、可以制成柔性器件等。影响其商业化的主要壁垒还是能量转换效率（PCE）太低，通常低于市场化所要求的 15%。

4.1.4　技术参数

　　光伏组件的技术参数见表 4-1。

表 4-1　光伏组件的技术参数

参数	符号	定　义
输出电压	U_0	光伏组件的输出电压是指把光伏组件置于标准测试条件（辐照度为 $100mW/cm^2$，电池温度 25℃，大气质量 AM1.5）下，且光伏组件输出两端开路时所测得的输出电压值
开路电压	U_{OC}	正负极间为开路状态时的电压。开路电压与入射光辐照度的对数成正比，与环境温度成反比，与电池面积的大小无关
峰值电压	U_{pm}	即最大工作电压或最佳工作电压，指光伏组件输出最大功率时的工作电压
短路电流	I_{SC}	正负极间为短路状态时流过的电流，指将光伏组件在标准光源的照射下，在输出短路时流过光伏组件两端的电流

（续）

参数	符号	定义
峰值电流	I_{pm}	即最大工作电流或最佳工作电流，指光伏组件输出最大功率时的工作电流
峰值功率	P_{max}	即最大输出功率或最佳输出功率，指光伏组件在正常工作或测试条件下的最大输出功率，也就是峰值电流与峰值电压的乘积 峰值功率（P_{max}）＝峰值电压（U_{pm}）×峰值电流（I_{pm}） 光伏组件的峰值功率取决于太阳辐照度、太阳光谱分布和组件的工作温度，因此光伏组件的测量要在标准条件下进行，测量标准为欧洲委员会的 101 号标准，其条件是辐照度 $1kW/m^2$、光谱 AM1.5、测试温度 25℃
转换效率	η	在光照下的光伏组件所产生的最大输出电功率与入射到该电池受光几何面积上全部光辐射功率的百分比 $$\eta = \frac{P_{max}}{P_{in}} = \frac{U_{pm}I_{pm}}{P_{in}}$$ 其中，P_{in} 为太阳能光入射功率（W） 光伏组件对光波中的短波的吸收系数较大，对长波的吸收系数则较小，也就是说太阳光不可能全部转换成电能。光伏组件是光电转换器件，能够通过光伏组件将光能转换成电能的太阳辐射波长范围在 $0.2 \sim 1.25\mu m$ 之间
填充因子	FF	即曲线因子，是指光伏组件的最大功率与开路电压和短路电流乘积的比值 $$FF = \frac{P_{max}}{U_{OC}I_{SC}} = \frac{U_{pm}I_{pm}}{U_{OC}I_{SC}}$$ 填充因子是评价光伏组件所用电池片输出特性好坏的一个重要参数，值越高，表明所用光伏组件输出特性越趋于矩形，光伏组件的光电转换效率越高。光伏组件的填充因子一般在 $0.5 \sim 0.8$ 之间，也可以用百分数表示。FF 取决于入射光辐照度、材料的禁带宽度、理想系数、串联电阻和并联电阻等
额定工作温度	T_n	光伏组件在辐照度为 $800W/m^2$、环境温度 20℃、风速为 $1m/s$ 的环境条件下，光伏电池的工作温度

4.1.5 选型

光伏组件的选型见表 4-2。

表 4-2 光伏组件的选型

项　目		要　求
应用等级	A 级	公众可接近的、危险电压、危险功率条件下应用 可用于公众可能接触的，大于直流 50V 或 240W 以上的系统
	B 级	限制接近的、危险电压、危险功率条件下应用 可用于以围栏、特定区划或其他措施限制公众接近的系统
	C 级	限定电压、限定功率条件下应用 只能用于公众有可能接触的，低于直流 50V 和 240W 的系统
耐火等级	A 级	最高耐火等级
	B 级	中等耐火等级
	C 级	最低耐火等级　C 级是建筑用组件所必需的

（续）

项 目	要 求
防护等级	如果直流侧使用的保护措施为双重或加强绝缘，光伏组件应按照Ⅱ类或相等绝缘选择
	如果直流侧使用的保护措施为 SELV（Safety Extra Low Voltage，安全特低电压）或 PELV（Protective Extra Low Voltage，保护特低电压）的特低电压，光伏组件应按照Ⅲ类、Ⅱ类或相等绝缘选择
外观要求	在不低于 1000lx 的照度下，对每一个组件仔细检查下列情况 1）开裂、弯曲、不规整或损伤的外表面 2）破碎的单体电池 3）有裂纹的单体电池 4）互连线或接头有毛病 5）电池互相接触或与边框相接触 6）密封材料失效
	在组件的边框和电池之间形成连续通道的气泡或脱层 1）在塑料材料表面有粘污物 2）引线端失效，带电部件外露 3）可能影响组件性能的其他任何情况
核心指标	1）玻璃-EVA 剥离强度：20N/cm 2）电池电极及背场的剥离强度 3）TPT（聚氟乙烯复合膜）-电池的剥离强度：20N/cm 4）TPT 层间剥离强度：4N/cm 5）铝边框的强度 6）承压：5400Pa
其他	合格的光伏组件应该达到一定的技术要求，相关部门也制定了光伏组件的国家标准和行业标准。下面是层压封装型硅光伏组件的一些基本技术要求 1）光伏组件在规定工作环境下，使用寿命应大于 20 年 2）组件功率衰降在 20 年寿命期内不得低于原功率的 80% 3）组件的电池上表面颜色应均匀一致，无机械损伤，焊点及互连条表面无氧化斑 4）组件的每片电池与互连条应排列整齐，组件的框架应整洁无腐蚀斑点 5）组件的封装层中不允许气泡或脱层在某一片电池与组件边缘形成一个通路，气泡或脱层的几何尺寸和个数应符合相应的产品详细规范规定 6）组件的功率面积比大于 $65W/m^2$，功率质量比大于 4.5W/kg，填充因子 FF > 0.65 7）组件在正常条件下的绝缘电阻不得低于 200MΩ 8）组件 EVA（Ethylene Vinyl Acetate）的交联度应大于 65%，EVA 与玻璃的剥离强度大于 30N/cm，EVA 与组件背板材料的剥离强度大于 15N/cm 9）每块组件都要有包括如下内容的标签 ① 产品名称与型号 ② 主要性能参数：包括短路电流 I_{SC}、开路电压 U_{OC}、峰值电流 I_{pm}、峰值电压 U_{pm}、峰值功率 P_{max} 以及 $I\text{-}U$ 曲线图、组件重量、测试条件、使用注意事项等 ③ 制造厂名、生产日期及品牌商标等

4.1.6 组件衰减

1. 分类

多晶硅光伏发电组件是由玻璃、EVA、电池片、背板、铝边框、接线盒、硅胶等主材，按照一定的生产工艺进行封装，在一定的光照条件下达到一定输出功率和输出电压的光伏发电器件。

组件功率的衰减是指随着光照时间的增加，组件输出功率逐渐下降的现象。其衰减现象可大致分为三类。

1) 由于破坏性因素导致的组件功率骤然衰减，破坏性因素主要指组件在焊接过程中焊接不良、封装工艺存在缺胶现象，或者由于组件在搬运、安装过程中操作不当，甚至组件在使用过程中受到冰雹的猛烈撞击而导致组件内部隐裂、电池片严重破碎等现象。

2) 组件初始的光致衰减，即光伏组件的输出功率在刚开始使用的最初几天内发生较大幅度的下降，但随后趋于稳定。

3) 组件的老化衰减，即在长期使用中出现极缓慢的功率下降现象。

2. 衰减测试

每年测试光伏组件 $I\text{-}U$ 特性衰减程度，使用光伏组件 $I\text{-}U$ 特性测试仪测试光伏组件及接入汇流箱的光伏组串的 $I\text{-}U$ 特性。

光伏组件及组串的 $I\text{-}U$ 特性应满足下列要求：

1) 同一组串的光伏组件在相同条件下的电流输出应相差不大于6%。
2) 同一组串的光伏组件在相同条件下的电压输出应相差不大于6%。
3) 相同条件下接入同一个直流汇流箱的各光伏组串的运行电流应相差不大于6%。
4) 相同条件下接入同一个直流汇流箱的各光伏组串的开路电压应相差不大于6%。
5) 光伏组件性能应满足生命周期内衰减见表4-3的要求。

表4-3 2018年工业和信息化部《光伏制造行业规范条件》规定的光伏组件生命周期内衰减（%）

2年内			后续每年			25年		
多晶硅	单晶硅	薄膜	多晶硅	单晶硅	薄膜	多晶硅	单晶硅	薄膜
2.5	3	5	0.7	0.7	0.4	20		15

4.2 光伏电池特性

4.2.1 等效电路

图4-10是光伏电池等效电路。

在恒定光照下，一个处于工作状态下的光伏电池，其光电流 I_L 不随工作状态变化而变化，在等效电路中，可看作恒流源，光电流的一部分流经负荷 R_L，同时在负荷两端产生端电压 U_L。U_L 反过来又正向偏置于 PN 结二极管，引起与光电流反向的暗电流 I_d。

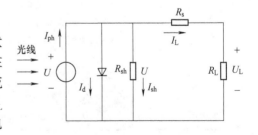

图4-10 光伏电池的等效电路

由于太阳板前表面和背表面的电极和接触，以及材料本身具有一定的电阻率，电流经过负荷时，必然引起损耗，在等效电路中可等效为一个串联电阻 R_s；同时，由于电池边沿的漏电阻，在电池的划痕、微裂痕等处形成的金属桥漏电等，使一部分本该通过负荷的电流短路，这种作用可用一个并联电阻 R_{sh} 来等效。

4.2.2 数学模型

根据图 4-10，就可以得到

$$I_L = I_{ph} - \frac{U}{R_{sh}} - I_d \tag{4-1}$$

暗电流 I_d 应为 PN 结电压 U 的函数，而 U 又与输出电压 U_L 存在函数关系

$$U = U_L + I_L R_s \tag{4-2}$$

经理论计算和大量的实验证实 I_d 均可整理成指数形式

$$I_d = I_0 \left[e^{\frac{q(U_L + I_L R_s)}{AKT}} - 1 \right] \tag{4-3}$$

式中　A——二极管指数；

　　I_0——反向饱和电流；

　　K——玻耳兹曼常数，$K = 1.38 \times 10^{-23} \text{J/K}$；

　　T——绝对温度（K）；

　　q——单位电荷。

将式（4-1）、式（4-2）、式（4-3）整理后得到 I_L 与 U_L 之间的关系：

$$I_L = I_{ph} - I_0 \left[e^{\frac{q(U_L + I_L R_s)}{AKT}} - 1 \right] - \frac{U_L + I_L R_s}{R_{sh}}$$

4.2.3 特性曲线

1. 负荷特性

当流进负荷 R_L 的电流为 I_L，负荷 R_L 的端电压为 U_L 时，可得

$$
\begin{aligned}
P_L &= U_L I_L \\
&= U_L \left\{ I_{ph} - I_0 \left[e^{\frac{q(U_L + I_L R_s)}{AKT}} - 1 \right] - \frac{U_L + I_L R_s}{R_{sh}} \right\} \\
&= R_L \left\{ I_{ph} - I_0 \left[e^{\frac{q(U_L + I_L R_s)}{AKT}} - 1 \right] - \frac{U_L + I_L R_s}{R_{sh}} \right\}^2
\end{aligned}
$$

式中　P_L——光伏组件被照射时在负荷 R_L 上得到的输出功率。当负荷 R_L 从 0 变到无穷大时，输出电压 U_L 则从 0 变到 U_{OC}，同时输出电流便从 I_{SC} 变到 0。

2. 峰值功率

调节负荷电阻 R_L 到某一值 R_m 时，在曲线上得到一点 M，对应的工作电流 I_{pm} 和工作电压 U_{pm} 之积最大，即

$$P_{max} = I_{pm} U_{pm}$$

一般称 M 点为该光伏组件的最大功率点，I_{pm} 为峰值电流，U_{pm} 为峰值电压，R_m 为最佳负荷电阻，P_{max} 为峰值功率。

3. 输出特性

光伏组件的输出特性具有明显的非线性特性，如图 4-11 所示。

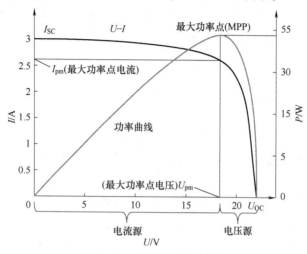

图 4-11　功率输出特性曲线

4. 光照强度特性

光伏组件的光照强度特性如图 4-12 所示。

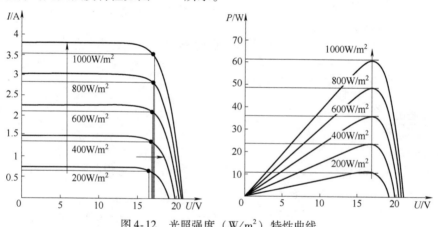

图 4-12　光照强度（W/m²）特性曲线

当光照强度增加，最大功率点电流增大，最大功率点电压缓慢增大，最大输出功率也不断增大。

某品牌光伏组件在不同辐照度条件下发电效率参数见表 4-4。

表 4-4　不同辐照度条件下发电效率

辐照度/（W/m²）	200	400	600	800	1000
效率（%）	15.8	16.2	16.2	16.1	16.0

5. 温度特性

光伏组件的温度特性如图 4-13 所示。

光伏组件温度增加，最大功率点电压降低，最大功率点电流轻微升高，最大输出功率则相对减小。

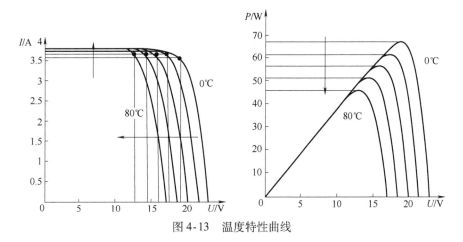

图 4-13　温度特性曲线

6. 发电输出功率特征

光伏组件的发电输出功率特征如图 4-14 所示。

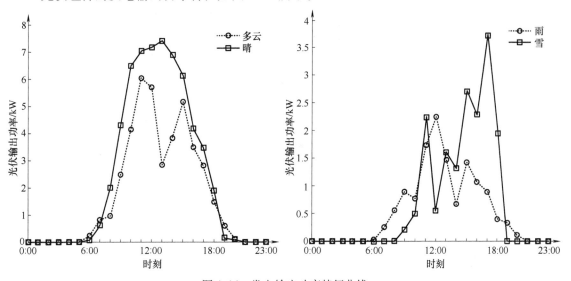

图 4-14　发电输出功率特征曲线

7. 衰减

光伏组件随着使用年限的增加，其功率衰减的规律如图 4-15 所示。

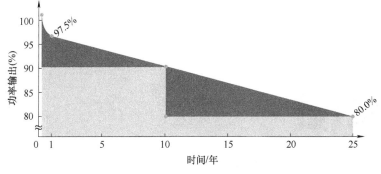

图 4-15　功率随使用年限的衰减曲线

4.3 光伏组件串并联

4.3.1 组件串联

光伏电池的串联连接如图4-16所示。

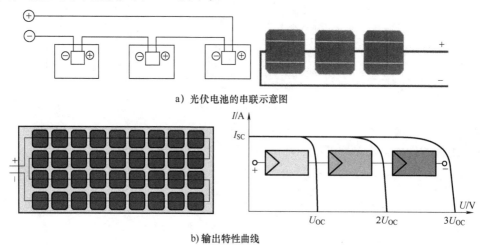

a) 光伏电池的串联示意图

b) 输出特性曲线

图4-16 光伏电池串联模块及输出特性曲线

光伏电池的串联电路中，电流恒定。

$$总电压 = 极板数量 \times 每块极板电压$$

4.3.2 组件并联

光伏电池的并联连接如图4-17所示。

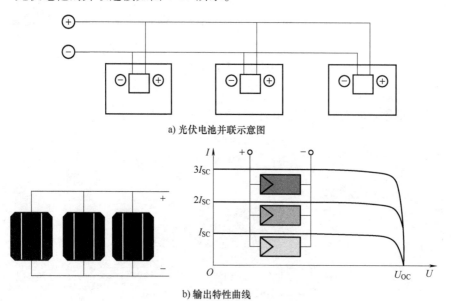

a) 光伏电池并联示意图

b) 输出特性曲线

图4-17 光伏电池并联模块及输出特性曲线

光伏电池的并联电路中，电压恒定。

$$总电流 = 电池数量 \times 每块电池电流$$

4.3.3　组件串并联

光伏电池的串并联连接如图 4-18 所示。

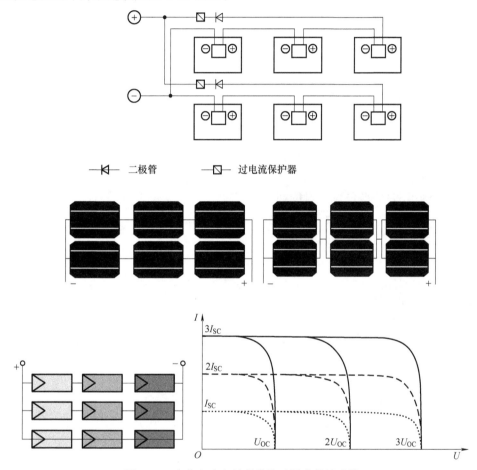

图 4-18　光伏电池串并联模块及输出特性曲线

4.3.4　方阵计算

1. 方阵

光伏电池是具有光伏效应的最基本元件，例如：将入射能量通过直接、非热能转化变为电能。常用短语"太阳能光伏电池"或"光伏电池"，通俗地称为"太阳电池"。

光伏组件是具有完整的、环境防护措施的、内部相互连接的最小光伏电池组合体。光伏组串是一个或多个光伏组件串联形成的电路。光伏子方阵是由并联的光伏组串组成，是光伏方阵的电气子集。光伏方阵是相互电气连接的光伏组件、光伏组串或光伏子方阵的集合。光伏方阵为直至逆变器或直流负荷直流输入端的所有部件，但不包括其基础、跟踪装置、热控和其他类似部件。光伏方阵可能由单个光伏组件、单一光伏组串、几个并联组串或几个并联光伏子方阵及其相关的电气部件组成。光伏方阵的边界在其隔离电器的输出端一侧。

大规模使用时，通常将多个同种组件通过合理的串并联连接在一起形成高电压、大电流、大功率的功率源，用在各种光伏电站、光伏屋顶等项目中。

2. 开路电压

光伏组件的技术参数在环境温度变化时会发生变化。

U_{OCmax}是光伏组件、光伏组串、光伏方阵或光伏电站在开路状态下的最大开路电压，计算公式如下：

$$U_{OC\ max} = K_u U_{OC\ STC}$$

式中　$U_{OC\ STC}$——标准状态下光伏组件的开路电压（V）；

　　　　K_u——校正系数，当光伏组件安装位置的环境温度低于标准温度时，将引起光伏组件的开路电压的增加。

$$K_u = 1 + \frac{\alpha U_{OC}}{100}(T_{min} - 25)$$

式中　α——电压的温度变化系数，由光伏组件厂家提供；

　　　　αU_{OC}——光伏组件开路电压的电压温度系数（%/℃）；

　　　　T_{min}——光伏组件安装位置的最低环境温度（℃）。

αU_{OC}是一个负数因子，由组件厂家提供，单位为 mV/℃ 或%/℃，当 αU_{OC} 以 mV/℃ 为单位时，折算成为%/℃ 为单位的公式如下：

$$\alpha U_{OC} = 0.1\ \frac{\alpha U_{OC}}{U_{OC\ STC}}$$

如果未知最低温度或未知光伏组件的温度系数，应选择 $U_{OC\ max} = 1.2 U_{OC\ STC}$。

3. 短路电流

$I_{SC\ max}$是光伏组件、光伏组串、光伏方阵或光伏电站在短路状态下的最大短路电流，计算公式如下：

$$I_{SC\ max} = K_1 I_{SC\ STC}$$

K_1 的最小值为 1.25。

在特定条件下，考虑环境状况的变化应提高 K_1 的数值，例如反射或太阳辐射强度增强。

4. 温度系数

一般情况下，不同温度的温度系数可以查看组件产品资料。如某光伏组件产品的温度系数见表4-5。

表 4-5　某光伏组件产品特性参数 （STC：1000W/m² ，AM1.5，25℃）

参　数	符号	数　值	参　数	符号	数　值
开路电压	U_{OC}	36.8V	峰值功率	P_{PVp}	220W
工作电压	U_{np}	29.8V	工作温度	T_{np}	$-40 \sim 85℃$
短路电流	I_{SC}	8A	最大系统电压	U_{max}	DC 1000V（IEC）/ DC 600V（UL）
工作电流	I_{np}	7.39A	功率公差	s	$\pm 3\%$
额定工作温度	T_n	$(45 \pm 2)℃$	开路电压温度系数	K_{OC}	$-(0.34 \pm 0.1)\%/℃$
最大功率温度系数	$K_{p.\ max}$	$-(0.48 \pm 0.05)\%/℃$	短路电流温度系数	K_{SC}	$(0.055 \pm 0.01)\%/℃$

5. 组件串联的电压匹配

光伏组件的串联电压之和要小于光伏组件的耐受电压，即

$$U_{max} > U_{OC\Sigma} = nU_{OC}$$

考虑温度的影响

$$U_{OC\Sigma} = nU_{OC\,STC}\left[1 + K_{OC}(T_{min} - 25)\right]$$

式中　$U_{OC\,STC}$——标准状态下光伏组件的开路电压（V）；

K_{OC}——光伏组件的开路电压温度系数（%/℃）；

T_{min}——光伏组件安装处的最低温度（℃）；

n——串联光伏组件的数量；

U_{max}——光伏组件的最高耐受电压（V）；

$U_{OC\Sigma}$——光伏组件的串联电压（V）。

若串联电压之和大于光伏组件的耐受电压，系统会很危险。

6. 组件串联与逆变器的匹配

（1）光伏方阵与逆变器电压匹配　光伏方阵与逆变器匹配主要是指三个方面：电压匹配、电流匹配和功率匹配。

光伏方阵输出不是一个稳定的系统，其输出受光照条件、环境温度及其他一些随机因素影响。

电压匹配是指光伏方阵的输出应时刻满足光伏逆变器的工作条件，逆变器存在一个工作范围值——最小工作电压和最大工作电压。同时逆变器还存在一个最大功率跟踪范围——最小跟踪电压和最大跟踪电压。超出最大功率跟踪范围但不超出工作范围，逆变器依然能够进行工作，但是不能保证实现最大功率跟踪。

（2）环境温度对光伏方阵的影响　组件的串并联和逆变器的性能的匹配和优化，主要是考虑温度对组件的电性能的影响。

对于光伏组件而言，存在一个方阵的最高电压限制，此限制一般大于逆变器的最大工作电压，因此一般不考虑。

光伏方阵设计的最大串联组件数应保证在最大开路电压处方阵输出电压不超过光伏逆变器的最大允许输入电压。

由于光伏组件的负温度特性，温度较低时输出电压较高，因此冬季以较低的温度计算组件串联的最大值。相反，夏季由于高温，光伏组件输出电压下降，方阵总输出电压也下降，但方阵输出应满足逆变器的最低最大功率跟踪电压。

（3）组件开路电压与逆变器直流输入电压　串联组件的开路电压在低温的时候要小于逆变器可以接受的最高直流输入电压。

$$U_{DC.\,max} \geqslant nU_{OC}$$

考虑温度的影响，则有

$$U_{DC.\,max} \geqslant nU_{OC\,STC}\left[1 + K_{OC}(T_{min} - 25)\right]$$

式中　$U_{DC.\,max}$——逆变器的最高直流输入电压（V）；

一般并网逆变器的最大直流输入电压为1000V。

（4）MPPT 工作范围　组件串联后的 MPPT 工作电压必须在逆变器规定的范围内。

$$U_{DC.MPPT.min} \leq nU_{np} \leq U_{DC.MPPT.max}$$

式中　$U_{DC.MPPT.max}$——逆变器的 MPPT 的最大直流输入电压（V）；

$U_{DC.MPPT.min}$——逆变器的 MPPT 的最小直流输入电压（V）；

U_{np}——光伏组件的工作电压（V）。

考虑到温度影响，进行温度修正：

$$U_{DC.MPPT.min} \leq nU_{np STC}[1 + K_{OC}(T_{min} - 25)] \leq U_{DC.MPPT.max}$$

（5）电流匹配　对于电流，应保证方阵输出电流不大于逆变器的最大输入电流。

（6）功率匹配　在符合电压范围和电流范围的前提下，调整光伏方阵的串联组件数，使得方阵输出接近逆变器的额定功率，以求获得最高的逆变效率。

光伏逆变器的功率匹配满足

$$95\% < \frac{逆变器最大直流功率}{光伏方阵的额定功率} < 115\%$$

逆变器的最大直流功率不是建议的最大光伏方阵功率。

逆变器输入的直流功率取决于逆变器工作在光伏方阵的电流-电压曲线上的一个工作点上。理想状态下，逆变器应工作在光伏方阵的最大功率峰值上。最大功率峰值在一整天内是不同的，主要是由于环境的作用，如太阳光的辐射和温度，但逆变器通过一个具有最大功率峰值跟踪的运算器来直接与光伏方阵相连，达到能量转移的最大化。

7. 组件并联计算

（1）组件并联电流与逆变器匹配

系统在实际运行中，温度对光伏组件输出电流的影响相对不大，一般使用标准条件下的工作电流大于输出电流。

光伏方阵的最大电流不超过逆变器的允许最大直流电流。

设光伏方阵的并联数为 m，则有

$$mI_{np} < I_{DC.max}$$

式中　I_{np}——光伏组件串联输出电流（A）；

$I_{DC.max}$——并网逆变器最大输入直流电流（A）；

m——光伏组件并联数量。

（2）组件与安装容量的匹配

光伏组件的并联电流与安装容量的匹配满足

$$mI_{np} = \frac{P_{PV}}{nU_{np}}$$

式中　P_{PV}——光伏组件的安装容量（W）。

（3）最大串联组串

组件串的最大串联数

$$N_{max} = \frac{U_{DC.max}}{U_{OC}[1 + K_{OC}(T - 25)]}$$

4.4　光伏方阵设计

4.4.1　通用功能配置

光伏方阵用于向应用电路供电。图 4-19 举例说明光伏装置的通用功能配置。

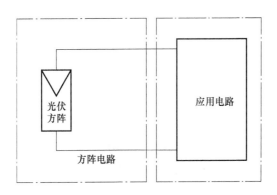

图 4-19　光伏装置的通用功能配置

应用电路包括以下三种：

1) 直接将光伏方阵连接到直流负荷，如图 4-20 所示。

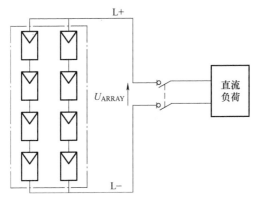

图 4-20　光伏方阵直接与直流负荷连接

2) 光伏方阵经逆变器连接到交流负荷，其中，逆变器具有最简单的隔离功能，如图 4-21 所示。

逆变器将光伏方阵传送的电能转换成适当频率电压值，并将其传送到负荷、储存到蓄电池，或注入电网的系统中。逆变器是将光伏方阵的直流电压和直流电流转变为交流电压和交流电流的电能转换设备。

隔离型逆变器是至少在主功率输出电路和光伏电路之间具有简单隔离功能的电能转换设备。简单隔离可以集成到逆变器内，也可以由外部提供，例如带有外部隔离变压器的逆变器。

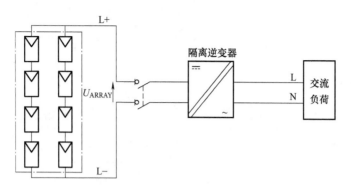

图 4-21　光伏方阵通过隔离逆变器与交流负荷连接

具有两个以上外部电路的逆变器中，一些电路之间可能会有隔离，而与其他电路之间没有隔离。例如带有光伏方阵、蓄电池和主电路的逆变器，可以在主电路与光伏方阵电路之间进行隔离，但在光伏方阵和电池电路之间不进行隔离。

3）光伏方阵经逆变器连接到交流负荷，其中，逆变器不具有简单隔离功能。如图 4-22 所示。

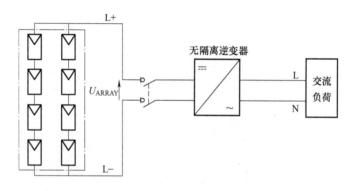

图 4-22　光伏方阵通过无隔离逆变器与交流负荷连接

非隔离型逆变器是在主功率输出电路和光伏方阵电路之间没有最简单隔离的逆变器，或泄漏电流大于隔离型逆变器要求的逆变器。

4.4.2　光伏装置架构

光伏方阵与地的关系由方阵是否因功能原因接地、接地阻抗及方阵所连接应用电路（如逆变器或其他设备）的接地状态决定。这些因素和接地连接的位置都将影响光伏方阵的安全性。

图 4-23 至图 4-24 是有关光伏装置的信息。

以下应用电路类型均予以考虑：

1）光伏方阵通过内部含有变压器的逆变器连接到交流负荷。

2）光伏方阵通过外部含有变压器的逆变器连接到交流负荷。

3）光伏方阵通过没有变压器的逆变器连接到交流负荷。

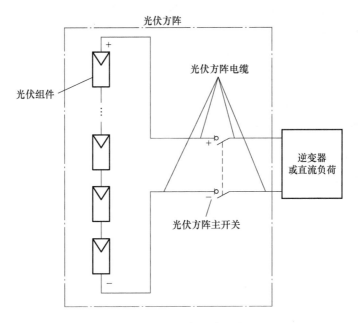

图 4-23　单组串光伏方阵

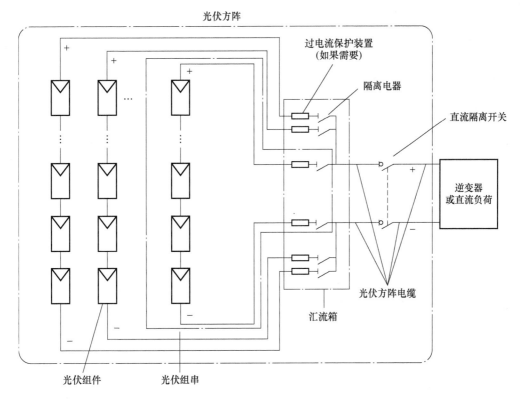

图 4-24　并行连接的多组串光伏方阵

在确定最合适的系统接地配置时，应考虑连接到光伏方阵的光伏组件和逆变器厂家的要求。不允许光伏方阵导体的任何保护接地，为功能原因也不允许光伏方阵中有一导体接地。除非通过一个隔离变压器，在逆变器内部或外部提供了与输出线路的最基本简单分隔。如果由外部提供简单分隔，则不应有其他设备与逆变器连接。接地的直流载流导体被认为是带电导体。

4.4.3　电气连接

1. 串并联配置

光伏方阵的连接有串联、并联和串并联混合几种方式。

方阵内并联的所有光伏组串应具有相同的技术特性，各组串应串联相同数量的光伏组件。

光伏方阵内并联的所有光伏组件应具有相似的额定电气性能，包括短路电流、开路电压、最大功率电流、最大功率电压和额定功率（标准试验条件下）。除非这些组件有单独的最大功率点跟踪功能。

2. 单组串

光伏方阵单组串的基本电气配置如图4-25所示。

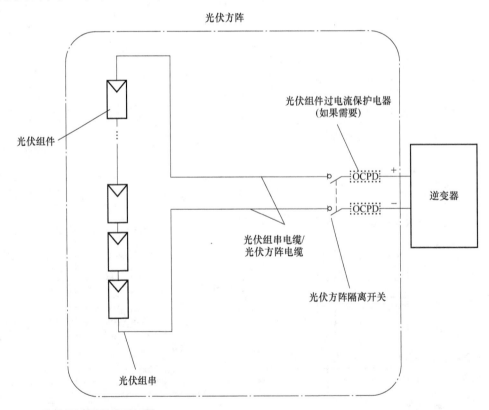

图4-25　光伏方阵图——单组串情况

3. 多组串并联

光伏方阵多组串并联的基本电气配置如图 4-26 所示。

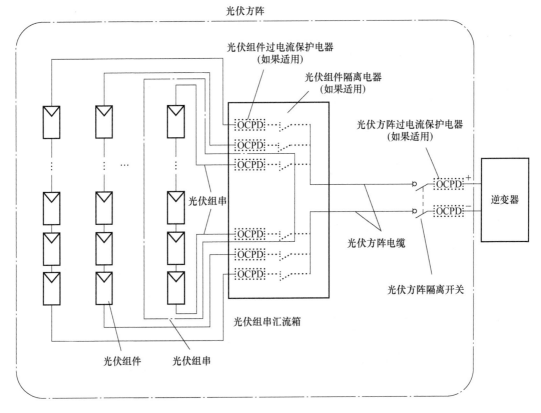

……… 并非所有情况都需要的元件

— · — 系统或子系统边界

图 4-26　光伏方阵图——多组串并联情况

4. 子方阵

方阵分为由多组串并联组成子方阵的情况如图 4-27 所示。

在图 4-26、图 4-27 中，用点线绘制的部件并非在任何情况都需要。图中表明一旦需要时它们应接至图中的位置。

4.4.4　含多路直流输入逆变器

通常光伏装置中各方阵均连接至支持多路输入的逆变器设备。

1. 含多路 MTTP 直流输入逆变器的光伏方阵

含多路 MTTP 直流输入逆变器的光伏方阵如图 4-28 所示。

2. 含多路直流输入逆变器的光伏方阵（多路输入在逆变器内部与直流母线并联）

含多路直流输入逆变器的光伏方阵（多路输入在逆变器内部与直流母线并联）如图 4-29 所示。

如果使用多路直流输入，光伏方阵各部分的过电流保护及电缆选型则主要由反馈电流

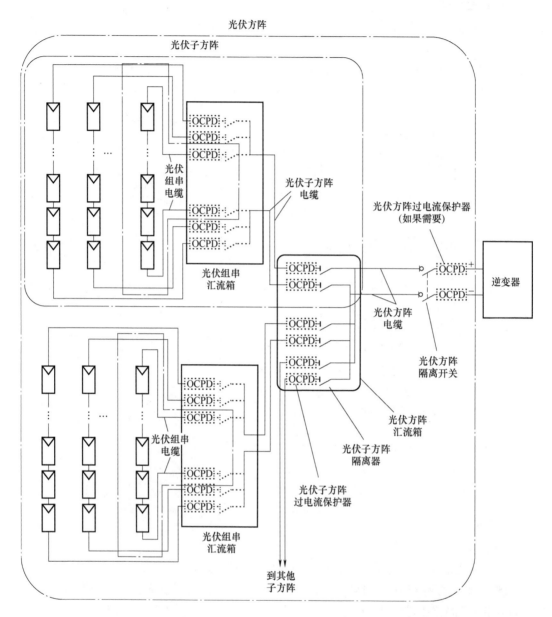

图 4-27 光伏方阵图——方阵分为由多组串并联组成子方阵的情况

决定。

3. 具有单独 MPPT 输入的逆变器

如果逆变器的输入回路提供单独的 MPPT 控制，接至这些输入的方阵各部分其过电流保护应考虑反馈电流。

连接到输入回路的每个光伏部分（见图 4-29）可按照单独的光伏方阵应对。每个光伏方阵应设有隔离开关，以提供逆变器的隔离。该方阵隔离开关可以集成在一个电器中进行一般操作。

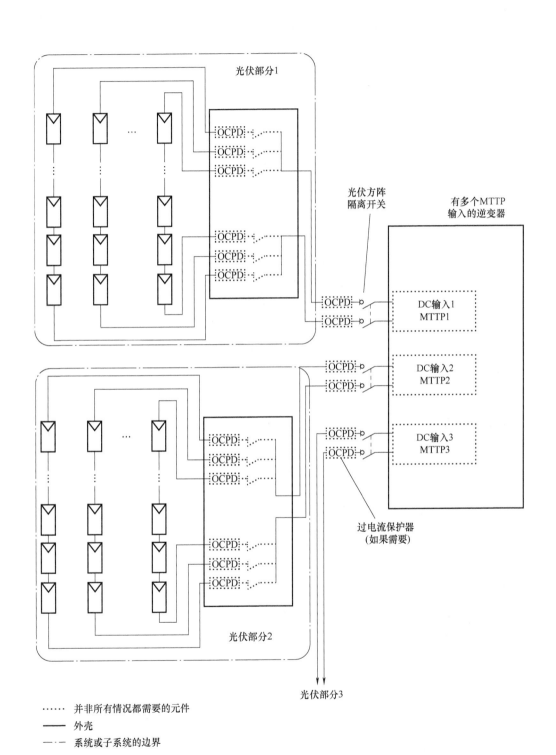

图 4-28　使用含有多路 MTTP 直流输入逆变器的光伏方阵

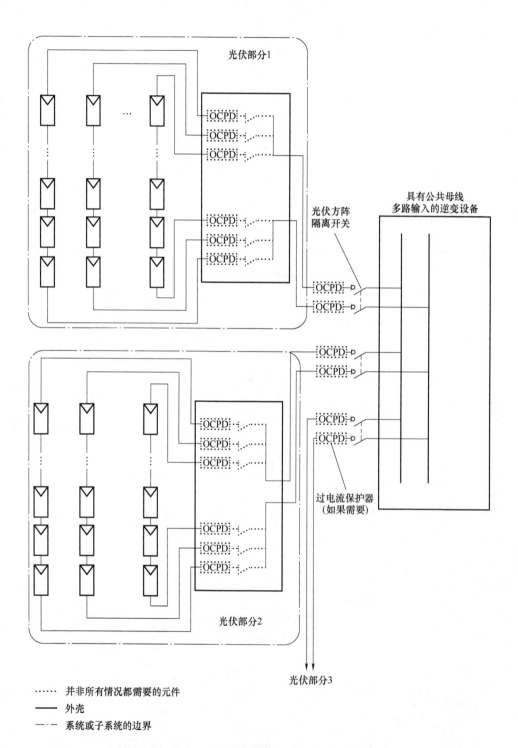

图 4-29 采用含有多路直流输入逆变器的光伏方阵（多路输入在逆变器内部与直流母线并联）

4. 具有多个输入回路、各输入回路在内部连在一起的逆变器

如果逆变器的多路输入在内部并联于公共直流母线，连接到这些输入回路的每个光伏部分应视为一个子方阵，而所有光伏部分应组合归入一个完整的光伏方阵。每个光伏子方阵应设有隔离开关，以提供逆变器的隔离。此功能可以由普通光伏方阵隔离开关提供。

4.5 光伏方阵的布置

4.5.1 角度设计

1. 方位角

光伏方阵的方位角是方阵的垂直面与正南方向的夹角。向东偏设定为负角度，向西偏设定为正角度。

一般情况下，方阵朝向正南（即方阵垂直面与正南的夹角为0°时），此时光伏方阵发电量是最大的。在偏离正南（北半球）30°时，方阵的发电量将减少10%~15%；在偏离正南（北半球）60°时，方阵的发电量将减少20%~30%，如图4-30所示。

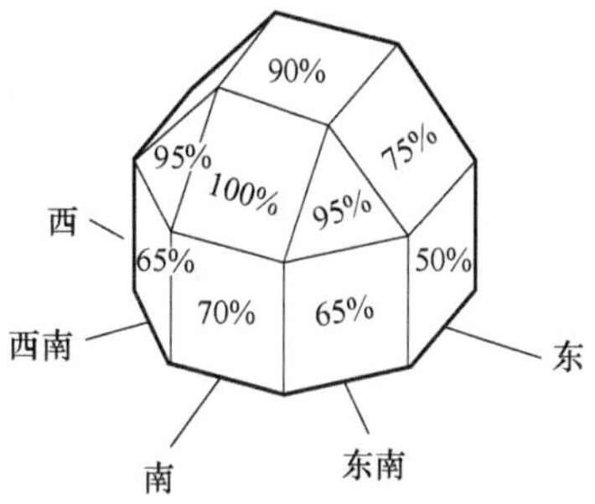

在晴朗的夏天，太阳辐射能量的最大时刻是在中午稍后，因此方阵的方位稍微向西偏一些时，在午后时刻可获得最大发电功率。在不同的季节，光伏方阵的方位稍微向东或西一些都有可能获得最大的发电量。

2. 高度角

太阳以平行光束射向地面，太阳光线与地平面的夹角就是太阳高度角。

图 4-30 方位角与发电量关系

一日内中午最热，早晚比较凉，就是因为早晚太阳高度角低，中午太阳高度角高，太阳辐射随太阳高度角增高而加大的缘故。一年中冬季最冷，夏季最热，如图4-31所示。

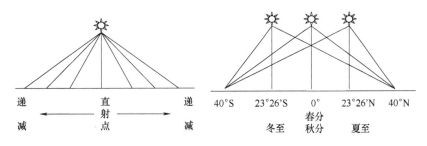

图 4-31 同一时刻，正午太阳高度角的变化规律

3. 高度角与方位角

方位角以正南方向为零，由南向东向北为负，由南向西向北为正，如太阳在正东方，方位角为 -90°，在正东北方时，方位为 -135°，在正西方时方位角为90°，在正北方时为±180°。

高度角与方位角组合示意如图4-32所示。

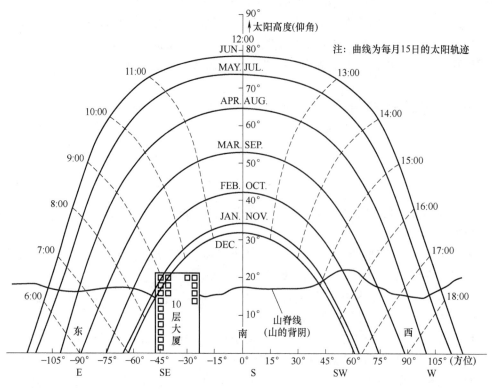

图 4-32　高度角与方位角组合示意

4. 倾斜角

倾斜角是光伏方阵平面与水平地面的夹角，并希望此夹角是方阵一年中发电量为最大时的最佳倾斜角度，如图 4-33 所示。

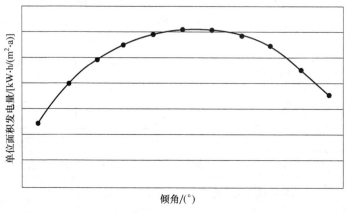

图 4-33　倾斜角

一年中的最佳倾斜角与当地的地理纬度有关，当纬度较高时，相应的倾斜角也大。但是，和方位角一样，在设计中也要考虑到屋顶的倾斜角及积雪滑落的倾斜角等方面的限制条件。

对于积雪滑落的倾斜角，即使在积雪期发电量少而年总发电量也存在增加的情况，因此，特别是在并网发电的系统中，并不一定优先考虑积雪的滑落，此外，还要进一步考虑其他因素。

对于正南（方位角为0°）的情况，方阵的倾斜角从水平（倾斜角为0°）开始逐渐向最佳的倾斜角过渡时，其日射量不断增加直到最大值，然后再增加倾斜角，其日射量不断减少。特别是在倾斜角大于60°以后，日射量急剧下降，直至到垂直放置时，发电量下降到最小。对于方位角不为0°的情况，斜面日射量的值普遍偏低，最大日射量的值是在与水平面接近的倾斜角度附近。

以上所述为方位角、倾斜角与发电量之间的关系，对于具体设计某一个方阵的方位角和倾斜角还应综合地进一步同实际情况结合起来考虑。

4.5.2　阴影与遮挡

1. 组件排布方式的影响

组件的排布方式不同，遮挡对光伏方阵的发电影响也会不同。固定安装的组件排布方式有两种，即纵向排布和横向排布两种方式，如图4-34所示。

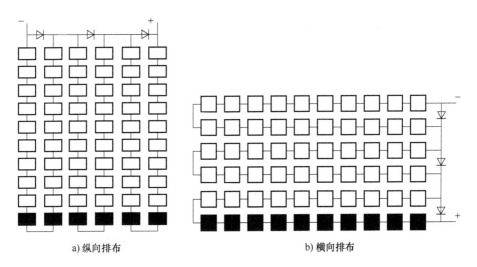

a) 纵向排布　　　　　　　　　　　　b) 横向排布

图4-34　组件排布方式

当组件横向排布时，一开始阴影只遮挡1个组串，当遮挡面积大到一定程度，这些被遮挡的组串会成为负荷产生压降，当压降大于未遮挡组串的输出电压时，这时被遮挡组串对应的旁路二极管会承受正压而导通。这时未被遮挡组串产生的功率全部被遮挡电池消耗。二极管正向导通，可以避免被遮挡组串消耗未被遮挡组串产生的功率，另外2个组串可以正常输出功率。

当组件纵向排布时，阴影会同时遮挡3个组串，3个二极管若全部正向导通，则组串没有功率输出。3个二极管若没有全部正向导通，则组串产生的功率会全部被遮挡组串消耗，组串也没有功率输出。

2. 对逆变器 MPPT 的影响

当光伏组串部分被遮挡时，未被遮挡的组串中的电流流经被遮挡部分的旁路二极管。光伏方阵受到遮挡而出现上述情况时，会产生一条具有多个峰值的 U-P 电气曲线。图4-35显示了具有集中式 MPPT 功能的标准并网配置，其中组串1的两个光伏组件被遮挡。

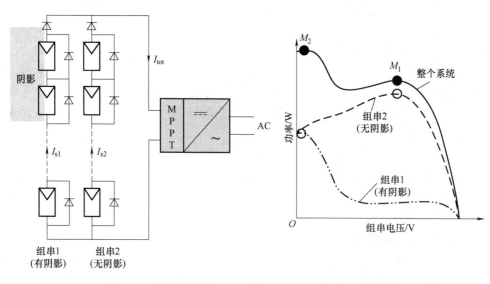

图 4-35　具有集中式 MPPT 系统 MPPT 功能的遮挡影响

集中式 MPPT 无法设置直流电压，因此无法令两个组串的输出功率都达到最大。在高直流电压点（M_1），MPPT 使未遮挡组串的输出功率达到最大。在低直流电压点（M_2），MPPT 将使遮挡组串的输出功率达到最大：旁路二极管绕过遮挡光伏组件，此组串的未遮挡光伏组件将提供全量电流。方阵的多个 MPP 可能导致集中 MPPT 配置的额外损失，因为 MPP 跟踪器可能得到错误信息停止在局部最大点处，并稳定在具有 U-P 特征的次优点。

在辐射、温度以及其他组件参数统一的情况下，除转换效率差异之外，分布式 MPPT 和集中式 MPPT 在性能方面没有差异。然而，在存在局部阴影的情况下，光伏组件不匹配将成为最大的问题，因为组件参数不统一，局部阴影将导致方阵的不同光伏组件具有多个 MPP。

采用集中式 MPPT 时，可能会导致更多的不均匀损失，其原因主要有两个：首先，集中式 MPPT 内部混乱，在进行功率配置时停留在局部最高点，并设置在电压的次优点；其次，在非正常的条件下，MPP 的电压点差别可能非常大，超出了集中式 MPPT 的工作范围。

3. 阴影长度

根据日地相对运动的规律，固定式布置的光伏方阵，在冬至日上午 9：00 至下午 3：00 之间，采取后排的光伏方阵不应被遮挡的原则，计算公式是

$$d = H \frac{0.707\tan\varphi + 0.4338}{0.707 - 0.4338\tan\varphi}$$

式中　d——阴影长度；

φ——当地纬度；

H——组件距地面高度。

高度为 H 的阴影长度如图 4-36 所示。

4.5.3　间距

当纬度较高时，方阵之间的距离加大，相应地设置场所的面积也会增加。对于有防积雪措施的方阵来说，其倾斜角度大，因此使方阵的高度增大，为避免阴影的影响，相应地也会

使方阵之间的距离加大。

通常在排布方阵时，应分别选取每一个方阵的构造尺寸，将其高度调整到合适值，从而利用其高度差使方阵之间的距离调整到最小。具体的光伏方阵设计，在合理确定方位角与倾斜角的同时，还应进行全面的考虑，才能使方阵达到最佳状态。

如图 4-36 所示，两排方阵之间的最小距离 D 为

$$D = L\cos\beta + L\sin\beta \frac{0.707\tan\varphi + 0.4338}{0.707 - 0.4338\tan\varphi}$$

式中　L——方阵宽度；

β——方阵倾角；

φ——当地的纬度。

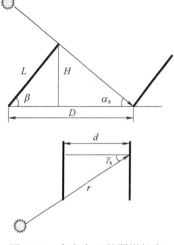

图 4-36　高度为 H 的阴影长度

4.5.4　最低点距地距离

光伏组件最低点距地面距离的选取，应主要考虑以下因素：

1）高于当地最大积雪深度。

2）高于当地洪水水位。

3）防止动物破坏。

4）防止泥和沙溅上光伏组件。

设计时光伏组件最低点距地面距离一般取值 0.5 ~ 0.8m。

4.6　方阵的连接

4.6.1　要求

1. 布线

光伏方阵布线时应小心（防止发生电缆损坏），尽量减小线与线之间、线与地之间故障发生的可能性。

2. 安装

在安装时，应检查所有连接线的松紧度及极性，减少启动、工作和后期维护的故障风险和电弧产生的可能性。

3. 标准

1）光伏方阵配线应满足相关标准中电缆及安装要求，且应满足地方强制标准和规范。

2）没有国家标准或规范时，光伏方阵配线系统应符合 IEC 60364《建筑物电气装置》系列标准。

3）特别注意保护配线系统以免受到外部影响。

4.6.2　布线环路

1. 光伏方阵布线

为降低瞬态过电压量级，光伏方阵布线应以导电环路面积最小的方法铺设（例如，将

电缆并行铺设），如图 4-37 所示。

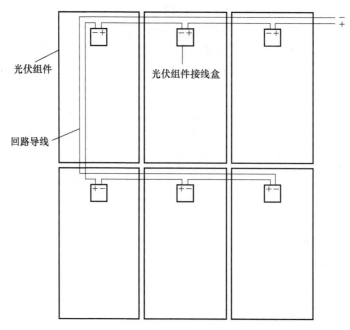

图 4-37 光伏方阵布线

2. 串内布线环路

当连接组串时，第一个注意事项是避免串内布线形成环路。

尽管光伏方阵遭雷击的情况比较少，但是闪电感应产生的电流比较常见。在存在环路的位置，这些电流破坏性最大。图 4-38 显示如何改进包含大型环路的方阵。

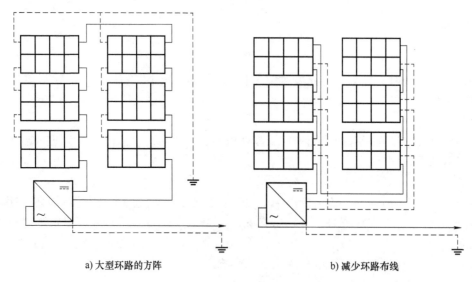

a) 大型环路的方阵　　　　　　　　　　b) 减少环路布线

图 4-38 改进包含大型环路的方阵

3. 光伏组串布线

光伏组串的组件之间连接线没有导管或线槽保护时，所有方阵连接线应满足以下要求。

1) 应保护电缆免受机械损坏。

2) 电缆要固定且没有应力，从而防止电缆从连接点脱落。

4. 架设

在方阵下侧安装的导管、管道和电缆扎带仍可能暴露于紫外线反射下。随着时间推移以及受风的影响，金属电缆扎带的锐利边缘有可能导致电缆损坏。

应将电缆加以支撑，这样，电缆就不会因风/雪影响遭受疲劳损伤，保障其性能和安装要求在光伏电场的规定寿命期内不变。也应对电缆施加保护使其免遭锋利边缘损害。暴露在日光下的全部非金属电缆管理系统应为防紫外线型。

5. 布线标识

安装在建筑物上或内部的光伏方阵电缆应具有永久可辨识标识。光伏方阵（和子方阵）电缆应通过以下方式中的一种进行识别。

1) 光伏电缆所使用的特殊光伏电缆标识，应该是永久的、易读的、不能消失的。

2) 光伏电缆没有特殊标识，一般情况下，5m 之内的电缆应该粘贴标有不同颜色标签，两个标签直线距离不超过 10m，这样可以保证两标签之间能看得清楚。

3) 光伏电缆安装在导管内部，应在导管外部 5m 之内贴上标签。

多光伏子方阵或光伏组串导线进入汇流箱的地方，应该分组或成对，这样同一线路的正、负极导线容易与其他组对区分开。

光伏系统中不需要 IEC 60445—2010《人机界面、标志和标识的基本原则和安全原则——设备端子、导线线端和导线的标识》中提到的直流系统颜色标识。

光伏电缆通常为黑色，从而具有防紫外线功能。

4.6.3　连接损失

1. 连接损失产生的原因

组成方阵的所有光伏组件性能参数不可能完全一致，所有的连接电缆、插头插座接触电阻也不相同，于是会造成各串联光伏组件的工作电流受限于其中电流最小的组件。

各并联光伏组件的输出电压又会被其中电压最低的光伏组件钳制。

因此，方阵会产生连接损失，使方阵的总效率总是低于单个组件的效率。

2. 连接原则

连接损失的大小取决于光伏组件性能参数的离散性，除了在光伏组件的生产工艺过程中，尽量提高光伏组件性能参数的一致性外，还可以对光伏组件进行测试、筛选、组合，即把特性相近的光伏组件组合在一起。例如，串联的各组件工作电流要尽量相近，每串与每串的总工作电压也要考虑搭配得尽量相近，最大幅度地减少组合连接损失。

方阵连接要遵循下列几条原则：

1) 串联时需要采用工作电流相同的组件，并为每个组件并接旁路二极管。

2) 并联时需要采用工作电压相同的组件，并在每一条并联线路中串联防反充二极管。

3) 尽量考虑组件连接线路最短，并用较粗的导线。

4) 严格防止个别性能变坏的光伏组件混入光伏方阵。

4.6.4　电缆压降

在设计过程中，光伏方阵电缆的尺寸和从方阵到应用电路之间的电缆连接会在这些电缆未满负荷时影响电压降。这在低输出电压和高输出电流的系统中显得尤其重要。

在最大负荷条件下，从方阵最远处组件到应用电路终端的电压降不应超过光伏方阵在其 MPPT 时电压的 3%。

4.7 方阵安装方式

4.7.1 地面固定式安装

1. 设计要求

光伏方阵采用固定式布置时，最佳倾角设计应综合考虑站址当地的多年月平均辐照度、直射分量辐照度、散射分量辐照度、风速、雨水、积雪等气候条件，并符合下列要求：

1）对于并网光伏发电系统，光伏方阵的倾角宜使倾斜面上受到的全年辐照量最大。

2）对于独立光伏发电系统，光伏方阵的倾角宜使最低辐照度月份倾斜面上受到较高的辐照量。

3）对于有特殊要求或土地成本较高的光伏发电站，可根据实际需要，经技术经济比较后确定光伏方阵的设计倾角和方阵行距。

2. 安装方式

地面固定式光伏电站是利用金属支架，按照一定的方位角、倾角和一定的前后间距，把光伏组件串、方阵固定排列在地面上。

地面光伏电站的安装方式见表 4-6。

表 4-6　地面光伏电站的安装方式

序号	方　　式	示　意　图	说　　明
1	立柱式　单立柱		使用直接固定在地上的垂直立柱
2	双立柱		
3	固定式	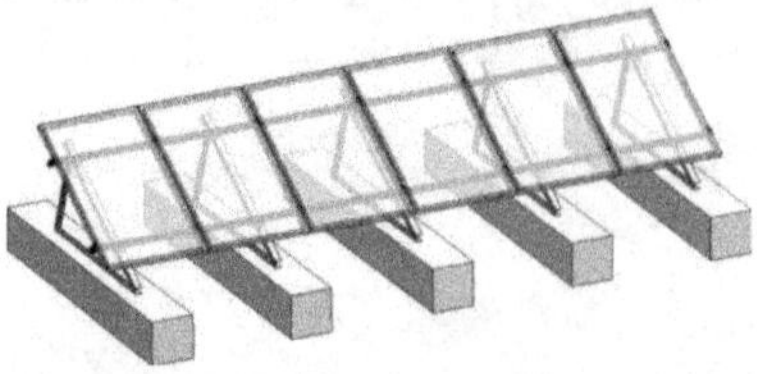	光伏支架采用三角形结构

（续）

序号	方　式	示　意　图	说　　明
4	可调式		可调式光伏支架采用滑动压块式结构，在与电池板连接部分运用导轨安装方式

4.7.2　跟踪式电站

1. 分类

光伏发电的跟踪系统一般可分为单轴跟踪系统和双轴跟踪系统，而单轴跟踪系统又可分为水平单轴、倾斜单轴和斜面垂直单轴三种，且倾斜单轴的倾斜角度可根据实际情况有不同的取值。但不应大于当地的纬度角。

一般来说，当安装容量相同时，固定式、水平单轴跟踪、倾斜单轴跟踪和双轴跟踪发电量依次递增，但其占地面积也同时递增。

2. 组成

跟踪式光伏发电系统由传感器、识别处理电路和伺服系统（动力执行机构）三部分组成，采用数字芯片完成识别和伺服等信息的处理，可伺服各种普通电动机、步进电动机。

跟踪式光伏电站由主机械支撑结构、方位角跟踪机构、仰角跟踪机构组成，利用法兰盘把可以回转的机架固定在浇注好的混凝土基础的地垄上，如图 4-39 所示。

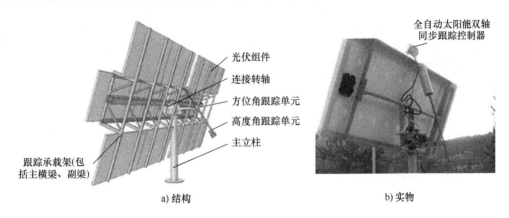

a) 结构　　　　　　　　　　　　　　b) 实物

图 4-39　跟踪式光伏发电系统

以水平轴为例：跟踪只需要调整光伏方阵主轴旋转角，从而准确跟踪太阳的时角，并不跟踪太阳赤纬角，跟踪有固定的赤纬误差和纬度差。单轴调整如图 4-40 所示。

3. 跟踪方式

跟踪系统的控制方式可分为主动控制方式、被动控制方式和复合控制方式。

1）主动控制方式。主动控制方式是指根据地理位置和当地时间实时计算太阳光的入射

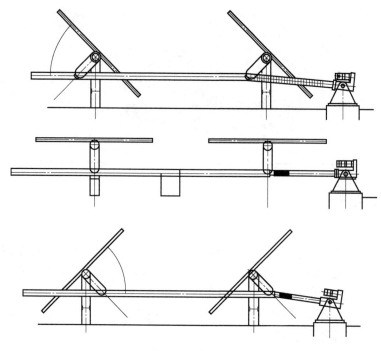

图 4-40   单轴调整

角度，通过控制系统使光伏方阵调整到指定位置。主动控制方式又称为天文控制方式或时钟控制方式。

2）被动控制方式。被动控制方式是指通过感应器件测量出太阳光的入射角度，从而控制光伏方阵旋转并跟踪太阳光入射角度。被动控制方式又称为光感控制方式。

3）复合控制方式。复合控制方式是主动控制和被动控制相结合的控制方式。

4. 设计要素

太阳轨迹追踪系统是针对太阳能方位，通过系统对光伏方阵或者聚光自动进行追踪和定位的系统和设备，最大效率地利用太阳能。

采用自动化元件和系统工具以及软件工具来实现系统调节，确保太阳能以最有效的方式转换为电能。采用跟踪系统的光伏组件与固定式相比，能够有效提高 30%～40% 的转换效率。

1）环境因素。环境情况需要考虑安装地点的地势、阴影遮挡等因素。气象特征需考虑安装点的环境温度、风沙、雨雪、湿度、冰雹、盐雾等因素。

水平单轴跟踪系统宜安装在纬度 20° 以内的地区，不宜安装在高于 30° 的地区，低纬度地区全年太阳高度角相对较高，水平面上的太阳直射辐照度较大，水平单轴跟踪系统提高的发电量比较明显。

光感控制方式的跟踪系统容易因外界因素（如灰尘、鸟粪等）的影响而引起系统的非正常工作。

在大风天气，当风速超过跟踪系统工作风速时，宜通过远程控制将跟踪系统快速调至最小受风面积位置（顺风向放平）；在暴雪天气，当雪压超过跟踪系统工作雪压时，宜通过远程控制将跟踪系统快速调至最小受压位置（最下限位置）。

2）阴影规避。跟踪控制与阴影规避控制如图 4-41 所示。

太阳能跟踪器能增加太阳能的接收，提高太阳光电的日输出功率和年输出功率，但当光伏组件或者光伏方阵中部分光伏电池受到间歇性遮挡时，输出伏安特性曲线呈现阶梯状，同时导致光伏方阵发电效率下降，系统发电量降低。

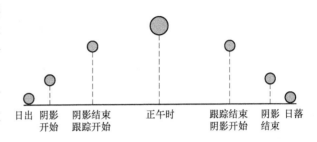

图 4-41　跟踪控制与阴影规避控制

3）跟踪控制。根据太阳能跟踪系统的类型和地理位置的不同，可分为地平坐标跟踪系统（以地平面为参照系，跟踪 2 个参数：太阳高度角和太阳方位角）和赤道坐标跟踪系统（以赤道平面为参照系，跟踪 2 个参数：赤纬角和时角）。

根据系统的跟进方位范围，可分为单轴控制和双轴控制等，如图 4-42 所示。

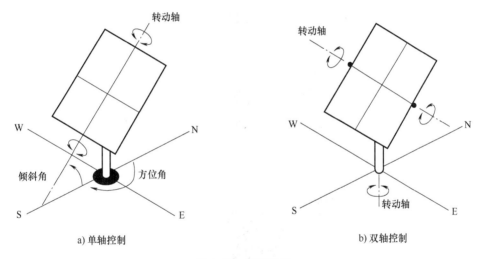

a) 单轴控制　　　　　　　　　　　b) 双轴控制

图 4-42　跟踪控制

相比之下，单轴跟踪系统具有更低的能耗，且占地面积小，支架成本低，如果适当增加倾角，则发电增益比双轴跟踪系统并不会减少太多。因此，单轴跟踪系统用于平板光伏电池和线聚焦聚光光伏电池具有更大的优势。

5. 跟踪设计

跟踪系统的设计应符合下列要求：

1）跟踪系统的支架应根据不同地区的特点采取必要的防护措施。

2）跟踪系统宜有通信端口。

3）在跟踪系统的运行过程中，光伏组件串的最下端与地面的距离宜不小于 0.3m。

如采用跟踪布置方式，在同等土地面积条件下，需要尽量优化每台跟踪器上的光伏组件排布，选择合适的跟踪器形式，有效地对跟踪器方阵进行南北和东西间距设计，使得光伏组件能够在同等条件下，最有效地跟踪太阳运动轨迹，最大化地提高光伏方阵的发电量，提高光伏发电站总体经济效益。

6. 选择

跟踪系统的选择应符合下列要求：

1）跟踪系统的选型应综合考虑安装地点的环境情况、气候特征等因素，经技术经济比较后确定。

2）水平单轴跟踪系统宜安装在低纬度地区。

3）倾斜单轴和斜面垂直单轴跟踪系统宜安装在中、高纬度地区。

4）双轴跟踪系统宜安装在中、高纬度地区。

5）容易对传感器产生污染的地区不宜选用被动控制方式的跟踪系统。

6）宜具备在紧急状态下通过远程控制将跟踪系统的角度快速调整至受风最小位置的功能。

7. 安装方式

与光伏方阵的放置相关的有两个角度参量：方阵安装倾角和方阵方位角。跟踪安装方式见表4-7。

表4-7　跟踪安装方式

序号	方　式		示　意　图	说　明
1		固定式		该装置可以实现光伏方阵对太阳运行方位角的高精度跟踪
2	单轴跟踪	水平单轴		多排电池板方阵依靠一组东西向的推拉杆驱动南北方向水平放置的旋转轴完成跟踪作业 可采用反阴影跟踪方式
3		倾斜单轴		通过回转机构与光伏方阵连成一体，无须平整场地即可实现快速安装

（续）

序号	方 式	示 意 图	说 明
4	双轴跟踪		光伏组件固定在机架上，可以绕竖轴沿东西方向旋转240°（也称方位角跟踪），同时可沿另外横轴调整倾斜角度（也称高度角跟踪） 两套推杆沿着相互垂直的两个旋转轴驱动一组南北向和多组东西向的推拉杆串联多排电池板方阵

根据国际、国内光伏电站的运行经验，在光伏组件性能等同等条件下，一般方阵平单轴安装方式的发电量是固定式安装方式的 1.1~1.2 倍，成本为 1.05~1.2 倍；方阵双轴跟踪安装方式的发电量是固定式安装方式的 1.3~1.4 倍，成本为 1.15~1.35 倍。

8. 设计要点

1）既要能跟踪太阳又要有可靠的抗风能力。

2）必须考虑机械结构的防沙问题。

3）程序控制跟踪要注意消除计算误差。

4）整个控制传动部分要尽可能减少功耗。

5）停电/断电时的自动跟踪系统的保护和来电后的准确迅速定位。

6）机械传动既要可靠、准确，又要尽可能降低成本。

7）在一些特殊地区，应考虑腐蚀、风沙、潮湿、冰雹、盐雾等因素对跟踪系统支架的影响，满足其在设计条件下的使用寿命不低于光伏发电站的设计寿命。有时还要加设驱鸟装置。

8）跟踪系统预留通信端口用于远程监控和数据采集。

4.7.3 聚光光伏系统

1. 分类

聚光光伏系统分类如下：

1）根据光学原理的不同，可分为折射聚光光伏系统、反射聚光光伏系统和混合聚光光伏系统等。

2）根据聚光形式的不同，可分为线聚焦聚光光伏系统和点聚焦聚光光伏系统。

3）根据聚光倍率的不同，可分为低倍聚光光伏系统（聚光倍率低于100）、中倍聚光光伏系统（聚光倍率为100~300）和高倍聚光光伏系统（聚光倍率高于300）。

2. 组成

聚光光伏系统由聚光系统和跟踪系统组成。

1）聚光电池方阵。聚光电池方阵由若干聚光电池模块串并联构成。若干方阵的串并联还可构成不同规模的聚光电站。模块固定在方阵架上，方阵架既要求十分平整，又要求具有抗七、八级风的能力，同时还要有防雷措施，如图4-43所示。

图 4-43 聚光电池方阵

2）驱动器。聚光电池方阵必须采用跟踪系统，且聚光方阵还必须采用双轴自动跟踪系统。

3）跟踪器。跟踪器要求工作可靠，保证方阵在白天任何时刻都正对太阳，夜间自动返回原始位置，遇到大风时可使方阵迅速收帆；具有保护功能，当传动机构失效时，能使方阵停止运转；自身功耗小。考虑上述要求，跟踪器采用间歇工作方式，既节省电，又能满足跟踪精度要求。仰角跟踪由于是非线性运动，早晚变化较快，中午前后变化缓慢，加上夜间方阵自动返回，耗电不大。

跟踪器采用逻辑电路，对从传感器送来的信号进行比较和处理，控制随动电动机按所要求的方向（东西南北）转动，以满足跟踪要求。

4）传感器。跟踪器所用的传感器有三种：方位和仰角太阳传感器（以下简称太阳传感器）、风力传感器、日光开关。

太阳传感器是把聚光电池方阵法线偏离太阳光线的角度信号转变为电信号的装置，它是跟踪系统的重要部件，在很大程度上决定跟踪的精度。太阳传感器由4个光敏器件组成，分别代表东、西、南、北4个方向，并均布在底座上，中间为遮光柱。当阳光与太阳传感器垂直时，4路比较器输出端均为"0"电位；只有当太阳传感器偏向某一方向，如偏向东时，那么西边传感器受光照使比较器输入端电位下降而使输出端呈高电位，进而使方阵向西运转。

风力传感器采用感应式器件，当风力达到一定强度（如8级风）时，比较器输出高电位，仰角驱动电动机转动，使方阵向北方向运行，直到方阵受力最小为止。在这种状况下，仰角驱动电动机不受方位太阳传感器控制。

日光开关采用光敏器件，白天比较器输出低电位，方阵受方位太阳传感器控制而运转；夜间，比较器输出高电位，此时方阵不受方位太阳传感器控制，而仅受日光开关控制向东方向运行，即方阵返回到早晨初始位置。

5）交直流控制配套设备。直流控制系统的功能包括防反充、防过充、防过放以及过负荷保护、电量计量等。交流控制系统起交流开关柜作用。

3. 跟踪系统

线聚焦聚光宜采用单轴跟踪系统，点聚焦聚光应采用双轴跟踪系统。

4. 选择

聚光光伏系统的选择应符合下列要求：

1）采用水平单轴跟踪系统的线聚焦聚光光伏系统宜安装在低纬度且直射光分量较大的地区。

2）采用倾斜单轴跟踪系统的线聚焦聚光光伏系统宜安装在中、高纬度且直射光分量较大的地区。

3）点聚焦聚光光伏系统宜安装在直射光分量较大的地区。

聚光系统包括用于光伏组件（接收器）、聚光镜以及连接线和框架等其他相关部件；跟踪系统包括支架、驱动装置和控制系统等。

5. 要求

用于光伏发电站的聚光光伏系统应符合下列要求：

1）聚光组件应通过国家相关认证机构的产品认证，并具有良好的散热性能。

2）具有有效的防护措施，以保证设备能在当地极端环境下安全、长效运行。

3）用于低倍聚光的跟踪系统，其跟踪精度不低于 ±1°；用于高倍聚光的跟踪系统，其跟踪精度不低于 ±0.5°。

第 5 章

直流电气设备选型

5.1 地面光伏系统用直流连接器

光伏连接器是太阳能光伏发电系统中使用最多的一种专用连接器，是光伏组件并联、串联组成方阵组时的专用接头。

光伏连接器具有连接迅速可靠、防水防尘、使用方便等特点，外壳有强烈的抗老化、耐紫外线能力。

光伏连接器在系统中的应用如图5-1所示。

5.1.1 基本要求

配对的插头、插座连接器应来自同一厂家的同一类型。即不允许使用来自一个厂家的插头和来自另一个厂家的插座，或两者相互调换。

1. 一般要求

连接器应符合下列要求：

1）规定为直流使用。

2）电压额定值等于或大于最大开路电压。

3）在连接和分离状态均能够防止接触到带电部分（如，加以遮盖）。

4）电流额定值等于或大于适用电路的载流量。

5）适用于所安装电路中使用的电缆。

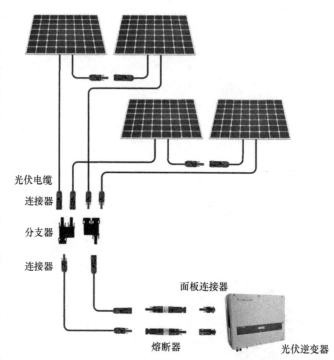

图 5-1 光伏连接器在系统中的应用

6）断开需要故意用力。

7）如果未经训练的人员接近，应为锁定类型，断开需要两个独立动作。

8）有适合其安装位置的温度等级。

9）如为多极，能区别各极。

10）用于超过 35V 工作的光伏装置需符合 II 类设备。

11）如果用于暴露环境，需规定为户外使用，应为防紫外线型并具有适应于所处位置的 IP 等级。

12）需按照将连接器上的张力减到最小的方法安装（如在连接器的两侧将电缆扎紧）。

13）家用设备连接低压交流电源使用的插头和插座不应在光伏方阵中使用。

此要求的目的是防止装置内交流回路和直流回路之间发生混淆。

2. 直流侧的连接器

在直流侧未使用 SELV 或 PELV 保护措施的光伏装置，应只使用特别适合光伏装置直流侧的连接器。

除了熟练的或受过训练的，其他人员易接近的连接器应该为只能通过钥匙或工具的方法分开的类型，也可以将连接器安装在只能通过钥匙或工具的方法打开的外壳内。

5.1.2　等级

（1）应用等级 A　应用等级 A 的连接器应适用于公众可接触的且额定系统电压大于或等于直流 120V 的光伏系统。符合该应用等级要求的连接器提供了双重或加强绝缘保护，满足安全防护等级 II 的要求。

（2）应用等级 B　应用等级 B 的连接器可用于以围栏、特定区域或其他措施限制公众接近的光伏系统。符合该应用等级要求的连接器提供了基本绝缘保护，满足安全防护等级 0 的要求。

（3）应用等级 C　应用等级 C 的连接器应适用于公众可接触的，且额定系统电压小于直流 120V 的光伏系统。符合该应用等级要求的连接器，满足安全防护等级 III 的要求。

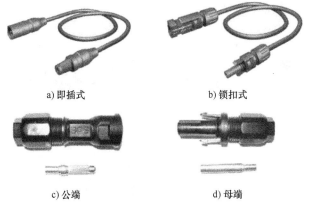

a）即插式　　　　b）锁扣式

c）公端　　　　d）母端

图 5-2　光伏连接器的结构

5.1.3　结构

光伏连接器的结构如图 5-2 所示。

1. 光伏连接器的分类

光伏连接器的分类见表 5-1。

2. 光伏连接器的操作循环

光伏连接器的操作循环是连接器的一次插合和一次分离的动作。

3. 光伏连接器的结构

光伏连接器的结构要求见表 5-2。

表5-1 光伏连接器的分类

分　类	特　点
自由连接器	附装在电缆自由末端的连接器
固定连接器	附装在硬质板面上的连接器
不可重复接线连接器	在未发生永久性丧失使用功能的情况下，与其连接的电缆无法被拆卸的连接器
II类设备连接器	通过双重或加强绝缘实现，带有间接接触保护装置的连接器
卡夹单元	用于导体的机械卡夹和电气连接的端子的必要部件，包括用于确保接触压力的必要部件

表5-2 光伏连接器的结构要求

分　类	特　点
结构和性能	应能承受相应的电气、机械、热和腐蚀应力的考验，满足一般户外条件下长期可靠运行的要求，即自然界出现的环境条件、温度和湿度，保证其对使用人员和周围环境的安全性
结构形式	应具备防止电缆和电气连接端子在其正常使用时遭受破坏的结构形式
触头结构和尺寸	电气连接用的触头结构和尺寸应与厂家明示的电缆截面积和类型相符合，且不应有锐边等结构形式，以免对导体或其绝缘体造成损坏
结构设计	应保证电缆及其导体不承受剪切力、拉伸力和扭曲力，保证电缆导体的安全、可靠连接
拆卸	在不使用工具或者使用类似常规螺钉旋具的情况下，无法对连接器进行拆卸或对其部件进行拆卸
	不可重复接线的连接器，在没有永久破坏连接器的情况下，与其连接的电缆无法被拆卸
	连接器应具有保持或锁定其插合状态的结构或装置，以有效防止其插合状态下的意外分离

连接器的拆卸与标志如图5-3所示。

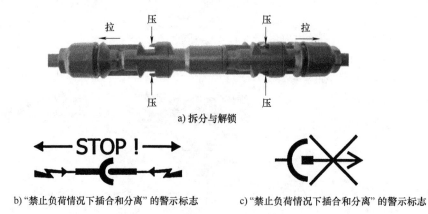

a) 拆分与解锁

b) "禁止负荷情况下插合和分离" 的警示标志　　c) "禁止负荷情况下插合和分离" 的警示标志

图5-3　连接器拆卸与标志

5.1.4　技术参数

某厂家连接器的具体技术参数见表5-3。

表 5-3　技术参数

序号	性 能 项 目		性能参数或要求
1	最大耐压		DC 1000V
2	最大工作电流		15 ~ 20A
3	使用温度		- 40 ~ 85℃
4	环境湿度		相对湿度 10% ~ 97%
5	安全等级		Class Ⅱ
6	防尘等级		完全防止灰尘进入
7	防水等级		可防止各个方向喷射而来的水进入
8	外壳材料性能	耐热性	(125 ± 5)℃、能承受长期高低温交变
		阻燃性	能通过 960℃
		灼热丝试验	抗漏电起痕 PTI（Proof Tracking Index）值 > 175V
		绝缘耐压	4250V/min
		强抗紫外线试验方法	标准黑板温度 100 ± 3℃，每间隔 25min 喷水 5min，持续时间 500h 后，材料各个部分不应出现裂痕或龟裂现象
9	机械冲击性能		置于 - 40℃ 的环境中 5h 后立即冲击试验，0.25kg 跌落高度 0.5m，冲击 4 次
10	连接要求	连接电阻	< 5mΩ
		电气连接与机械连接	不能共用，电气连接的接触压力不能由绝缘体来传递，缆线须有附加的机械固定方式
		带极性连接器的结构	应不具有极性的互换性
		连接器拔插次数	> 100
		抗拉要求	导体与接线端子非永久固定连接的，导体的抗拉达到 30N（持续 1min，导体不能被拉出）；永久固定连接的，导体的抗拉达到 60N（持续 1min，导体不能被拉出）；电缆的抗拉为施加 100N 的拉力，25 次，每次持续 1s，位移不超过 2mm。随后进行扭曲试验，施加扭矩值 0.35N·m，不能有明显的移动
11	主体连接		连接方式合理、牢靠，有反锁保护装置不能够随意打开盒体

5.2　光伏组件接线盒

光伏组件接线盒在光伏组件的组成中非常重要，主要作用是将光伏组件产生的电力与外部线路连接。接线盒通过硅胶与组件的背板粘在一起，组件内的引出线通过接线盒内的内部线路连接在一起，内部线路与外部线缆连接在一起，使组件与外部线缆导通。

5.2.1　分类

光伏组件接线盒由盒体、上盖、附件等零部件的组合，在组装或安装以后，对在正常使用状况下的光伏组件提供一个合适的保护，防止外部影响以及防止从任何可触及的方向触及其内部封闭的带电部件的功能。

1. 可打开式接线盒

可打开式接线盒任何时间都可以被打开，可能包含可拆线和不可拆线的连接。

1）工厂配线式接线盒。该类接线盒通常在厂家控制条件下连接到光伏组件上。

2）现场配线式接线盒。接线盒的电缆连接，需要在现场完成。

2. 不可打开式接线盒

不可打开式接线盒在安装完毕后不能打开，可能包含可拆线和不可拆线的连接。

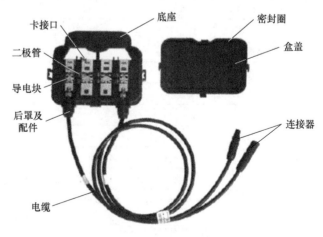

图5-4　接线盒结构

5.2.2　结构

光伏组件接线盒主要由盒体、线缆及连接器三部分构成，具体包括底座、导电块、二极管、卡接口、焊接点、密封圈、盒盖、后罩及配件、连接器、电缆等，如图5-4所示。

主要组成部分的作用见表5-4。

表5-4　光伏接线盒主要组成部分的作用

部　件	作　用
电缆密封装置	允许在接线盒内引入一个或多个电缆，以维持相关的保护类型的装置
密封圈	提供部件抵御污染物的侵入能力的方法
连接口	接线盒的敞开式入口，可以控制电缆的插入和固定
电缆固线器	限制已安装的电缆在拉力、推力或扭力的作用下发生移位的功能
光伏系统用连接器	主要用于光伏系统，通过使用与之相匹配的电缆对光伏组件进行连接或断开，并应避免带电插拔
预期用途	根据厂家提供的信息，使用接线盒
接线端子	夹持类部件，起到必要的机械夹持及电气连接作用，包括可以提供满足接触压力要求的部件

盒体：盒底（含铜接线柱或塑料接线柱）、盒盖、二极管。

线缆分为：$1.5mm^2$、$2.5mm^2$、$4mm^2$及$6mm^2$等。

连接器分为两种：MC3与MC4。

二极管型号：10A10、10SQ050、12SQ045、PV1545、PV1645、SR20200等。

二极管封装有两种：R-6与SRTO-263。

5.2.3　性能要求

1. 一般要求

接线盒的额定电压和额定电流值由生产商来设定。

接线盒应在户外温度 $-40 \sim 85℃$ 的环境中长期使用。

接线盒的设计和定型，要满足其在使用过程中能够承受相应的电气、机械、热性能和耐腐蚀的考验，从而保证其对使用人员和周围环境的安全性。

2. 连接器要求

集成在接线盒上的连接器和通过电缆与接线盒连接的连接器应该符合 IEC 62852—2014 《光伏系统中直流应用程序用连接器 安全要求和试验》的要求。额定电流和电压的值应当是接线盒的最低额定值。

3. 电缆要求

连接到接线盒的电缆应符合 EN 50618—2014 《光伏发电系统用电缆》的要求。额定电流和电压的值应当是接线盒的最低额定值。

4. 防护等级要求（IP）要求

接线盒的防护等级至少为 GB/T 4208—2017 《外壳防护等级（IP 代码）》规定的 IP55。

5. 绝缘强度要求

根据介电强度应能承受接线盒额定电压要求的脉冲电压值和工频电压值。

6. 电缆固线器要求

电缆固线器应该适用于电缆的固定，厂家应该说明其适用的电缆外径范围。

电缆固线器应由绝缘材料或金属材料制成，应满足以下条件之一：

1）提供绝缘保护，以防止在故障状态下可触及带电的金属部件。

2）符合 GB/T 4208—2017 《外壳防护等级（IP 代码）》不能触及带电导体，符合标准的规定。

7. 绝缘要求

根据 GB/T 17045—2008 《电击防护 装置和设备的通用部分》和接线盒的预期用途的绝缘类型应从表 5-5 选择。

表 5-5　绝缘要求类型

等　　级	带电部件与可触及表面之间的绝缘	根据接线盒①之间的连接装置的绝缘	同一电路中不同极性带电部件之间的绝缘
等级 Ⅰ	基本绝缘	加强绝缘或者双重绝缘	基本绝缘
等级 Ⅱ	加强绝缘或者双重绝缘	加强绝缘或者双重绝缘	基本绝缘
等级 Ⅲ	-	加强绝缘或者双重绝缘	基本绝缘

① 此栏只描述了防止电弧闪光。

5.3　汇流箱

汇流箱是在光伏发电系统中将若干个光伏组件串并联汇流后接入的装置。汇流箱在光伏电气系统中作用如图 5-5 所示。

汇流箱是保证光伏组件有序连接和汇流功能的接线装置。该装置能够保障光伏系统在维护、检查时易于分离电路，当光伏系统发生故障时减小停电的范围。将光伏子方阵连接，实现光伏子方阵间并联的箱体，并将必要的保护器件安装在此箱体内。

一般大型方阵由多个光伏子方阵构成，而小型方阵由光伏组串构成，不包含子方阵。

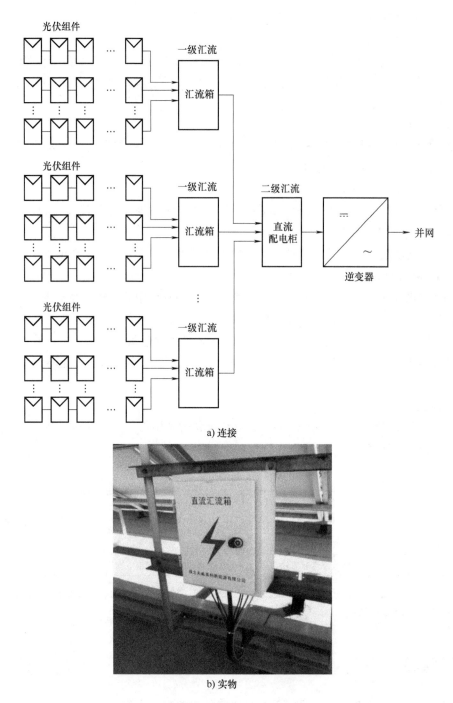

a) 连接

b) 实物

图 5-5　光伏组件汇流箱

5.3.1　基本要求

1. 类别

汇流箱按有无监控单元分为智能型汇流箱和非智能型汇流箱。

按安装环境分为室内型汇流箱和室外型汇流箱。

2. 基本功能

汇流箱应具有汇流、保护功能，宜具备智能监控功能。

一级汇流箱是将光伏组件串直接并联汇流的第一级汇流装置。二级汇流箱是将一级汇流箱输出的电流再次并联的汇流装置。在采用二级汇流箱的光伏发电系统中，一级汇流箱宜采用智能型汇流箱，如图 5-6 所示。

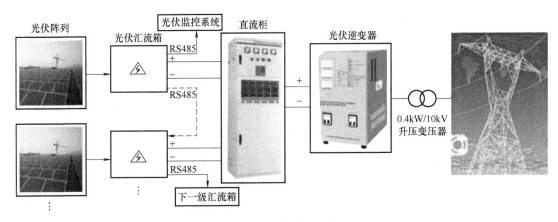

图 5-6　光伏多级汇流

3. 保护要求

汇流箱宜采用直流断路器和直流熔断装置保护。

4. 绝缘要求

如果直流侧使用的保护措施为双重或加强绝缘，汇流箱应按照Ⅱ类或相等绝缘选择。

如果直流侧使用的保护措施为 SELV 或 PELV 的特低电压，汇流箱应按照Ⅲ类、Ⅱ类或相等绝缘选择。

5. 环境要求

汇流箱的使用环境要求见表 5-6。

表 5-6　汇流箱的使用环境要求

参　　　数	要　　　求
环境温度	额定环境温度为 -25～50℃（无阳光直射）
相对湿度	5%～95%，汇流箱内部不应凝露，也不应结冰
海拔	≤2000m；若海拔 >2000m 时，应按 GB/T 16935.1—2008《低压系统内设备的绝缘配合 第 1 部分：原理、要求和试验》的规定校验 对于在高海拔处使用的设备，需要考虑介电强度的降低、器件的相关性能以及空气冷却效果的减弱。由厂家与使用单位协商按相关技术要求执行
污染等级	符合 GB 7251.1—2014《低压成套开关设备和控制设备 第 10 部分：规定成套设备的指南》中关于污染等级≤3 的规定
环境	无剧烈振动冲击，垂直倾斜度≤5° 空气中应不含有腐蚀性及爆炸性微粒和气体

注：如果汇流箱在特殊条件下使用，应在订货时提出，并与厂家或供货商协商。

5.3.2 结构

汇流箱主要由自供电源、汇流排、监控模块、直流断路器、电涌保护器（SPD）、防反二极管、熔断器等元器件组成。内部结构如图5-7所示。

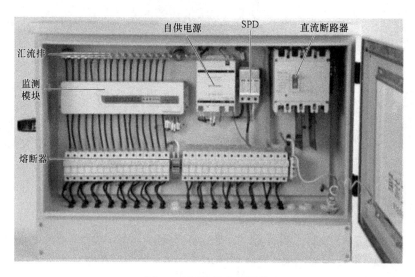

图5-7 汇流箱内部结构

理论上来说汇流箱就是将若干个光伏组串接入箱内，通过光伏熔断器和光伏断路器以及防雷保护后输出至光伏直流柜，当然这其中还要涉及监测、防雷等一些功能的实现。

1. 监控模块

其采用霍尔电流传感器和单片机技术，监测每路电流、电压、温度、开关状态，实时反馈线路的实际运行情况，还包括温度显示和温控报警系统，出现故障会报警提醒，以便用户实时根据监控情况做出相应处理。

2. 电涌保护器（SPD）

雷电的危害对光伏设备的影响也很大，特别像监测这部分是由精密零部件组成，一旦受到雷电冲击，将会影响监控不准或计量有误，而雷电更会直接导致一些元件的损坏，造成不可估量的事故发生。

3. 熔断器与直流断路器

熔断器主要起保护作用，当电流超熔断器熔断值时即达到保护目的。

直流断路器是整个汇流箱的输出控制器件，主要用于线路的分/合闸。

4. 汇流排

汇流排包括正极汇流排和负极汇流排。将多路光伏组串的电流进行汇集。

5. 防反二极管

汇流箱中的二极管主要是防止组串之间产生环流。

6. 箱体

箱体应满足光伏发电系统的设计寿命使用要求，并应符合下列要求：

1）箱体应牢固、平整，表面应光滑平整，涂覆的颜色应均匀一致，无明显的色差和眩光，表面应无砂粒、锈蚀、褶皱和流痕等缺陷。

2）机架面板应平整，文字和符号要求清楚、整齐、规范、正确。

3）标牌、标志、标记应完整清晰。

4）各种锁扣应便于操作，灵活可靠。

5）汇流箱应在显著位置标有箱内金属部件带电的警示标志。

6）汇流设备的外壳厚度至少为 2mm，覆板厚度至少为 1.5mm。

7）使用钥匙或工具，也就是说只有靠器械的帮助才能打开门、盖板或解除联锁。

8）厂家应提供安装方式及安装角度的说明。

用于高湿度和温度变化范围较大场所的封闭式设备，应采取适当的措施（通风和/或内部加热、排水孔等）以防止成套设备内产生有害的凝露，但同时应保持规定的防护等级。

5.3.3　技术要求

汇流箱技术要求见表 5-7。

表 5-7　汇流箱技术要求

项　目	要　求
工作电源	宜采用光伏发电系统直流自供电，也可采用外部交直流电源供电
光伏组件串保护	光伏发电系统宜采用智能汇流箱 一级汇流箱应具有光伏组件串过电流保护，可选配防反充二极管 对于装有光伏组件串过电流保护的汇流箱，光伏组件串的过电流保护能力不小于 1.25 倍的光伏组件短路电流 对装有防反充二极管的汇流箱，防反充二极管的反向电压应不低于 $U_{OC(STC)}$ 的 2 倍 光伏组件串进出线端均应加装直流熔断器，并在显著位置标明禁止带负荷操作
防雷	汇流箱输出端应配置 SPD，正极、负极都应具备防雷功能，应符合 GB/T 32512—2016《光伏发电站防雷技术要求》，并应满足下列要求： 1）最大持续工作电压（U_c）：$U_c > 1.2 U_{OC(STC)}$ 2）标称放电电流（I_n）：I_n（8/20μs）≥10kA 3）电压保护水平（U_p）：满足表 5-8 要求 4）SPD 应具有脱离器和故障指示功能
采集和告警	汇流箱宜采集光伏组件串电流和电压，采集误差不大于 1% 汇流箱宜能采集 SPD 当前状态信息，当出现异常情况时能发出告警信号
通信功能	汇流箱宜具有通信功能
显示功能	汇流箱可具有显示功能，可显示通道电流、母线电压、SPD 当前工作状态等
防护等级	室内型汇流箱不低于 IP20，室外型汇流箱不低于 IP54 在风沙、腐蚀等特殊环境下，室外型汇流箱不低于 IP65
绝缘性能	绝缘电阻在电路与裸露导电部件之间，额定电压在 500V 及以下者用 500V 绝缘电阻表，500V 以上用 1000V 绝缘电阻表，每条电路对地标称电压为 500V 及以下时绝缘电阻小于 0.5MΩ，500V 以上时绝缘电阻小于 1MΩ
接地	接地标志用黄绿色表示，在外接电缆的端子处标示 PE

（续）

项　　目	要　　求
浪涌	按照 GB/T 17626.5—2008《电磁兼容 试验和测量技术 浪涌（冲击）抗扰度试验》规定，浪涌电压波形为 1.2/50μs，浪涌电流波形为 8/20μs 电源端口（线对地）：±2kV 电源端口（线对线）：±1kV 信号端口（线对地）：±1kV
温升	在环境温度为 10～50℃任一温度下，各支路通以额定电流条件下，汇流箱各部件的温升应不超过规定的极限温升

表 5-8　电压保护水平

汇流箱额定直流电压 U_n/V	电压保护水平 $U_p{}^{②}$/kV
$U_n \leq 60$	< 1.1
$60 < U_n \leq 250$	< 1.5
$250 < U_n \leq 400$	< 2.5
$400 < U_n \leq 690$	< 3.0
$600 < U_n \leq 1000$[①]	< 4.0
$1000 < U_n \leq 1500$[①]	< 5.5

① 可以采用两只低电压的 SPD 串联来提高电压等级，但两只串联 SPD 的保护水平之和应小于所对应电压等级的保护水平。

② U_p 是在标称放电电流 I_n 下的测试值。

5.3.4　外形

智能光伏汇流箱外形如图 5-8 所示。

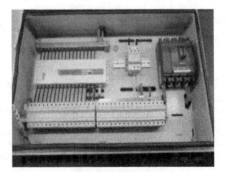

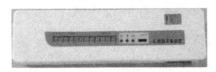

a) 智能光伏汇流采集装置　　　　　　b) 智能光伏汇流箱实物

图 5-8　智能光伏汇流箱

如果导体进入没有导管的汇流箱，应使用张力消除配件，以避免电缆在箱内断开（例如，使用格兰连接器）。汇流箱格兰连接器如图 5-9 所示。

安装的时候所有电缆入口应保持外壳的 IP 等级。

图 5-9　汇流箱格兰连接器

在某些场所，如果汇流箱内可能有冷凝水，应制定排除积水措施。

5.3.5　铜母线

直流汇流设备中应采用铜母线，母线表面应进行钝化或防腐处理（如表面镀锡或银）。

1. 端子

端子应能与外接导线进行连接（如采用螺钉、连接件等），并保证维持适合于电器元件和电路的电流额定值和短路强度所需要的接触压力。

端子应符合如下要求：

1）符合直流使用要求。

2）符合最大电压要求。

3）端子应能适用于随额定电流而选定的铜导线从最小至最大的截面积。

4）符合二类保护等级要求。

5）若无其他规定，对端子的标志应依据标准 GB/T 4026—2019《人机界面标志标识的基本和安全规则 设备端子和导体终端的标识》，其标志应清楚和永久地识别。

2. 电缆的安装

1）连接两个端子之间的导线不应有中间接头，例如绞接或焊接。

2）只带有基本绝缘的导线应防止与不同电位的裸带电部件接触。

3）应防止导线与带有尖角的边缘接触。

4）在覆板或门上连接电器元件和测量仪器导线的安装，应使这些覆板和门的移动不会对导线产生机械损伤。

5）在成套设备中对电器元件进行焊接连接时，只有在电器元件和指定类型的导线适合此类型的连接，才是允许的。

6）通常一个端子上只能连接一根导线，只有在端子是为此用途而设计的情况下才允许将两根或多根导线连接到一个端子上。

7）进出汇流装置的电缆，在安装时应保持箱体 IP 等级不变，且需安装防拉拽装置（如使用密封连接头）。

3. 连接方法

可使用焊接、压接式、压入式、钎焊或类似的连接方法。如果使用上述方法，不能只通过焊接、压接式连接方法装配或固定电缆，除非能在结构上保证要求的电气间隙和爬电距离不会因为电缆在焊点处脱落，或从压接或压入位置拖出而减少。

5.3.6 接地要求

1. 接地端子

绝缘隔开的情况，光伏汇流设备中可接触的导电部件都要接到接地端子上。

接地电路中的任何一点到接地端子之间的电阻应不超过 0.02Ω。

2. 保护接地

保护接地导体的电气连接应采用下列连接方法：

1）通过金属直接接触连接。

2）通过其他安装固定的可接触导电部件连接。

3）通过专门的保护接地导体连接。

4）通过汇流箱中的其他金属零部件连接。

3. 接地导体

保护接地电路中不应包含开关器件、过电流保护器件和电流检测器件。

接地标志用黄绿色表示，在接地端子处用⏚表示，在外接电缆的端子处标示 PE。

接地保护电路的阻抗应足够低，使得在汇流箱正常工作状态下，可接触导电部件与接地导体的接地点之间的电压不超过 DC 12V。

若接地导体和相导体所用材料一致，在提供机械防护的情况下，接地导体的截面积应不小于 $2.5\mathrm{mm}^2$；无机械防护时，应不小于 $4\mathrm{mm}^2$。

5.4 直流配电柜

5.4.1 作用

直流配电单元提供直流输入、输出接口，主要是将光伏组件输入的直流电源进行汇流后接入逆变器或直接供给其他直流负荷（如蓄电池、充电电源等），如图 5-10 所示。

大型光伏发电系统中都配置有光伏直流柜，主要用于对前端汇流箱支路进行汇流，根据对应逆变器的容量，将一定数量的汇流箱输出进行并联，输出到对应逆变器的直流输入端，完成了多路直流输入的二次汇流功能。

光伏直流柜每条输入支路可配置高品质、低压降的防反充二极管，采用专业风道设计，确保良好的散热性能。柜内一次导线全部采用铜母线连接；同时可配置直流监测仪用于监测直流输入回路电流、输出母线电压，采集进线开关状态、光伏电涌保护器状态；通过 RS485 通信接口（Modbus 通信协议）与后台监控系统实现信息交换，方便用户管理。

5.4.2 功能

直流配电柜要求的功能如下：

1）光伏子方阵二级汇流。

2）提供维护时的断电操作。

3）提供逆变器防雷保护。

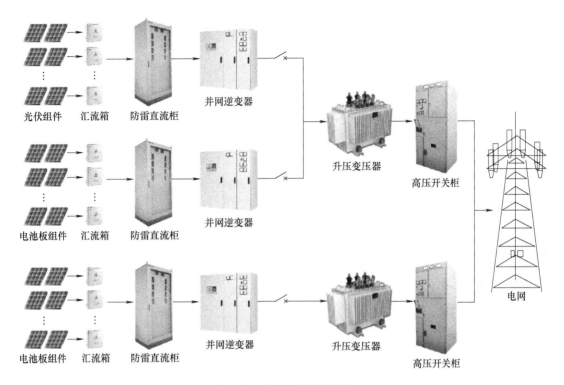

图 5-10　直流配电柜的应用

4）提供短路、接地和过电流保护。

5）操作简单，维护方便。

6）系统可靠性、安全性。

7）可根据客户需求定制。

外观如图 5-11 所示。

5.4.3　接线

1）将汇流箱的直流输出分别接到对应直流配电柜的直流输入端，确定接线牢固稳定。

2）将直流配电柜的直流输出分别接到对应的光伏并网逆变器的直流输入端，并确定接线牢固稳定。

3）闭合直流配电柜上的直流专用断路器。

4）当光伏并网电源并上网时，直流配电柜上的直流电压表和直流电流表将有相应的变化（直流电压表数值将会微微下降，直流电流表将会有电流数据）。

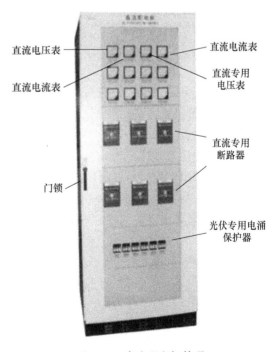

图 5-11　直流配电柜外观

5）当光伏并网电源脱网时，直流配电柜上的直流电压表和直流电流表也将有相应的变化（直流电压表数值将会微微上升，直流电流表将会无电流数据）。

5.4.4 技术参数

1）规格：给出功率范围，如 100~1000kW。

2）直流输入电压：直流电压范围，如 <DC 1000V。

3）直流输出电压：直流电压范围，如 <DC 1000V。

4）直流输入电流：回路数、每个回路的电流，如≤160A/路，6回路。

5）直流输出电流：回路数、每个回路的电流，如≤160A/路，2回路。

6）额定绝缘电压：如 DC 1000V。

7）最高海拔：根据使用要求确定，如 2000m。

8）周围空气温度：根据具体环境要求设定，如上限 45℃，下限 -25℃。

9）相对湿度：一般不大于95%。

5.5 光伏电缆

5.5.1 要求

光伏方阵内使用的电缆应满足以下要求：

1）适合于直流应用。

2）额定电压等于或大于最大开路电压。

3）具有符合应用的温度等级。考虑到光伏组件经常在高于环境温度 40K 的温度下运行，因此，对于接触或靠近光伏组件安装的线路，其电缆应具有相应温度等级的绝缘。

4）如果在暴露环境中，应为防紫外线的，或通过适当的保护防止紫外线照射。可安装在防紫外线导管或槽盒里。

5）满足暴露于水的条件。

6）如果使用铜导体，为减少电缆随时间退化，采用多股导体并镀锡。

7）在工作电压超过特低电压运行的所有装置中，为使绝缘故障风险最小而选择的电缆（这一般通过选择有绝缘和有非金属护套的电缆），特别对暴露或敷设在金属托盘或导管中的电缆，应按照要求进行选择和安装而实现。也可以通过加强线路保护来实现，如图 5-12 所示。

8）为阻燃型电缆。

9）受移动影响的电缆至少应符合第5类导体要求（例如跟踪装置或暴露于风的组串电缆），不受移动影响的电缆至少应符合第2类导体要求（电缆导体第1类和第2类适合于固定敷设的电缆。第5类和第6类拟用于软电缆和软线，但也可用于固定敷设。第1类为实心导体；第2类为绞合导体；第5类为软导体；第6类为比第5类更软的导体）。

直流侧电缆应进行架设敷设，以使接地故障和短路风险降到最小。

a) 每根导体兼具绝缘和护套的单导体或多导体电缆

b) 绝缘导体电缆(敷设在绝缘导管或槽盒中)

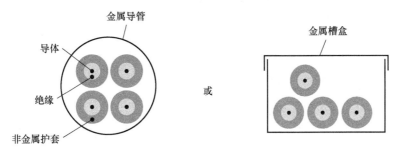

c) 单导体电缆(敷设在金属导管或槽盒中)

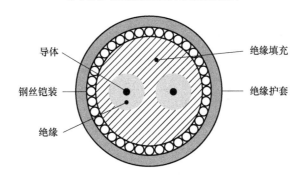

d) 钢丝铠装电缆(通常只适用于直流主电缆)

图 5-12　加强防护的电缆示例

5.5.2　特性

应当认为，处于光伏组件下侧的电缆遭受直接加热的环境温度至少为 70℃。正常运行条件下，导体连续工作温度为 90℃，其预期使用寿命应达到 25 年。

当环境温度为 90℃ 时，电缆在导体温度为 120℃ 的条件下应能正常使用 20000h。

电缆安装时的环境温度不宜低于 -25℃，储运时的环境温度应不高于 40℃。

当电缆外径不大于 12mm 时，电缆推荐的最小允许弯曲半径应不小于电缆外径的 3 倍；当电缆外径大于 12mm 时，电缆推荐的最小允许弯曲半径应不小于电缆外径的 4 倍。

5.5.3 结构

光伏电缆的结构与外形如图 5-12 所示。

5.5.4 技术要求

1. 导体

光伏电缆导体要求见表 5-9。

表 5-9 光伏电缆导体要求

项 目	要 求
材料	导体材料应是退火铜线 导体中的单线应镀锡，镀锡层应连续、光滑和均匀，无目力可视的缺陷
结构	软导体应由不镀金属或镀金属的退火铜线构成 每根导体中的单线应具有相同的标称直径 每种导体中的单线直径不应超过表 5-10 规定的相应的最大值 电缆导体和绝缘之间允许有非吸湿性材料的隔离层，隔离层应为无卤材料
电阻	电缆的导体在20℃时的直流电阻不应超过表 5-10 规定的相应的最大值

表 5-10 单芯或多芯电缆用第 5 种软铜导体

标称截面积/mm²	导体内最大单线直径/mm	在 20℃时导体最大电阻/(Ω/km)	
		不镀金属单线	镀金属单线
0.5	0.21	39.0	40.1
0.75	0.21	26.0	26.7
1.0	0.21	19.5	20.0
1.5	0.26	13.3	13.7
2.5	0.26	7.98	8.21
4	0.31	4.95	5.09
6	0.31	3.30	3.39
10	0.41	1.91	1.95
16	0.41	1.21	1.24
25	0.41	0.780	0.795
35	0.41	0.554	0.565
50	0.41	0.386	0.393
70	0.51	0.272	0.277
95	0.51	0.206	0.210
120	0.51	0.161	0.164
150	0.51	0.129	0.132
185	0.51	0.106	0.108
240	0.51	0.0801	0.0817

（续）

标称截面积/mm²	导体内最大单线直径/mm	在20℃时导体最大电阻/(Ω/km)	
		不镀金属单线	镀金属单线
300	0.51	0.0641	0.0654
400	0.51	0.0486	0.0495
500	0.61	0.0384	0.0391
630	0.61	0.0287	0.0292

2. 绝缘

光伏电缆绝缘要求见表5-11。

表5-11　光伏电缆绝缘要求

项　　目	要　　求
材料	挤包在每芯导体上的绝缘应是无卤低烟热固性材料
挤包绝缘	绝缘应连续紧密地挤包在导体或隔离层上，当剥离绝缘时，绝缘应不粘连导体，不损伤导体或镀层。绝缘层允许一层绝缘或组合绝缘，如果采用组合绝缘，所有性能的测试应在组合绝缘上进行。绝缘的横断面上应无目力可见的气孔或砂眼等缺陷
绝缘厚度	绝缘厚度的标称值见表5-12和表5-13 绝缘厚度的平均值应不小于标称值，其最薄处厚度应不小于标称值的90% −0.1mm

表5-12　单芯电缆的综合数据

芯数×标称截面积/mm²	绝缘厚度的标称值/mm	护套厚度的标称值/mm	平均外径上限/mm	20℃时最小绝缘电阻/MΩ·km	90℃时最小绝缘电阻/MΩ·km
1×1.5	0.7	0.8	5.4	860	0.86
1×2.5	0.7	0.8	5.9	690	0.69
2×4	0.7	0.8	6.6	580	0.58
1×6	0.7	0.8	7.4	500	0.50
1×10	0.7	0.8	8.8	420	0.42
1×16	0.7	0.9	10.1	340	0.34
1×25	0.9	1.0	12.5	340	0.34
1×35	0.9	1.1	14.0	290	0.29
1×50	1.0	1.2	16.3	270	0.27
1×70	1.1	1.2	18.7	250	0.25
1×95	1.1	1.3	20.8	220	0.22
1×120	1.2	1.3	22.8	210	0.21
1×150	1.4	1.4	25.5	210	0.21
1×185	1.6	1.6	28.5	200	0.20
1×240	1.7	1.7	32.1	200	0.20

表5-13 多芯电缆的综合数据

芯数×标称截面积/mm²	绝缘厚度的标称值/mm	护套厚度的标称值/mm	平均外径下限/mm	平均外径上限/mm	20℃时最小绝缘电阻/MΩ·km	90℃时最小绝缘电阻/MΩ·km
2×1.5	0.7	0.9	7.0	9.1	860	0.86
2×2.5	0.7	0.9	7.9	10.2	690	0.69
2×4	0.7	1.0	9.1	11.8	580	0.58
2×6	0.7	1.1	10.3	13.2	500	0.50
2×10	0.7	1.2	12.2	15.6	420	0.42
2×16	0.7	1.3	14.5	18.5	340	0.34
3×1.5	0.7	1.0	7.7	10.0	860	0.86
3×2.5	0.7	1.1	8.7	11.3	690	0.69
3×4	0.7	1.2	10.1	13.0	580	0.58
3×6	0.7	1.2	11.1	14.3	500	0.50
3×10	0.7	1.2	13.0	16.7	420	0.42
3×16	0.7	1.3	15.4	19.7	340	0.34
4×1.5	0.7	1.1	8.5	11.0	860	0.86
4×2.5	0.7	1.2	9.8	12.6	690	0.69
4×4	0.7	1.2	11.0	14.2	580	0.58
4×6	0.7	1.2	12.3	15.7	500	0.50
4×10	0.7	1.3	14.5	18.5	420	0.42
4×16	0.7	1.4	17.3	22.0	340	0.34
5×1.5	0.7	1.2	9.5	12.2	860	0.86
5×2.5	0.7	1.2	10.7	13.8	690	0.69
5×4	0.7	1.3	12.3	15.7	580	0.58
5×6	0.7	1.3	13.6	17.4	500	0.50
5×10	0.7	1.4	16.1	20.5	420	0.42
5×16	0.7	1.6	19.4	24.6	340	0.34

3. 护套

护套的要求见表5-14。

表5-14 护套的要求

项　目	要　求
材料	挤包在成缆绝缘线芯上的护套应是无卤低烟热固性材料，护套性能应符合要求
厚度	护套厚度的标称值见表5-12和表5-13 护套厚度的平均值应不小于标称值，其最薄处厚度应不小于标称值的85% −0.1mm
外观及颜色	护套表面应光滑平整，色泽均匀，无裂缝、孔洞、颗粒等缺陷，其断面应无杂物或孔洞。 除非客户另有要求，护套颜色应为黑色。整个护套的颜色应一致

5.5.5　标志

光伏电缆的标志要求见表 5-15。

表 5-15　光伏电缆的标志要求

项　目	要　求
标志和电缆识别	电缆应具有厂名、产品型号和额定电压的连续标志。标志应符合 GB/T 6995.3—2008《电线电缆识别标志方法 第 3 部分：电线电缆识别标志》的规定 　产品型号用"PV-YJYJ"表示。型号中"PV"表示光伏发电系统用电缆，"YJ"表示绝缘或护套材料的代号，均为热固性材料 　当产品有盐雾试验要求时，应在型号后加"（Y）"，用"PV-YJYJ（Y）"表示；当产品有成束阻燃 C 类要求时，应在型号中加"ZC"，用"PV-ZC-YJYJ"表示 　标志可以油墨印字或压印凸字在护套上
标志的连续性	护套表面同一个标志的末端与下一个标志的始端之间的距离应不超过 550mm

示例 1：

光伏发电系统用电缆，额定电压为 DC 1.5kV，1 芯，标称截面积为 4mm^2，表示为

PV-YJYJ　DC 1.5kV　$1 \times 4\text{mm}^2$　NB/T×××—××××

示例 2：

光伏发电系统用电缆，额定电压为 AC 0.6kV，3 芯，标称截面积为 6mm^2，有盐雾试验和成束阻燃 C 类试验要求，表示为

PV-ZC-YJYJ（Y）　AC 0.6kV　$3 \times 6\text{mm}^2$　NB/TX×××—××××

5.5.6　线路最小额定电流评定

光伏组串电缆、光伏子方阵电缆和光伏方阵电缆的电缆规格，应根据其使用地点相关过电流保护评定值、最小电流评定结果（见表 5-16）、电压降和预期故障电流确定。应采用上述各项中获得的最大电缆规格。

表 5-16　线路最小额定电流评定结果

参考电流	保　护	选择线径及其他电缆参数的最小电流[①②]
光伏组串	无过电流保护	取最近的过电流保护装置额定电流 $$I_{\text{n}} + 1.25 I_{\text{SC MOD}}(N_{\text{S}} - 1)$$ N_{S}——最近的过电流保护装置下的光伏组串并联数量 $I_{\text{SC MOD}}$——在标准测试条件下（STC）光伏组件或光伏组串的短路电流（A），由厂家提供。光伏组串是多个光伏组件串联而成，所以光伏组串的短路电流等于 $I_{\text{SC MOD}}$ I_{n}——光伏组串过电流保护装置额定电流（A） 最近的过电流保护装置可能是子方阵过电流保护或者方阵过电流保护装置 如没有过电流保护装置 N_{S} 为方阵中所有并联光伏组串的数量，此时公式中 I_{n} 为 0
	有过电流保护	光伏组串过电流保护装置额定电流 I_{n}

（续）

参考电流	保　护	选择线径及其他电缆参数的最小电流[①②]
光伏子方阵	无过电流保护	取下列电流中的较大者： 1）光伏方阵过电流保护装置额定电流 I_n + 1.25 × 其他子方阵短路电流之和 若光伏方阵无过电流保护，则公式中 I_n 为0 2）1.25 × $I_{SC\ ARRAY}$（子方阵自身） $I_{SC\ ARRAY}$——光伏方阵短路电流（A），在标准测试条件下（STC）光伏子方阵的 短路电流（A） $$I_{SC\ ARRAY} = I_{SC\ MOD} \times N_{SA}$$ N_{SA}——并联至光伏子方阵的光伏组串的数量
	有过电流保护	光伏子方阵过电流保护装置额定电流 I_n
光伏方阵	无过电流保护	1.25 × $I_{SC\ ARRAY}$
	有过电流保护	光伏子方阵过电流保护装置额定电流 I_n

① 与光伏组件连接的电缆工作温度会明显高于环境温度，与光伏组件连接或接触的电缆最小工作温度应为环境温度 +40℃。

② 应根据电缆厂家提供的参数考虑安装环境及安装方法（如封装、夹具安装、埋地等）等因素。

无蓄电池组的光伏方阵是受控电流源，但因一些组串并联、子方阵并联，在故障情况下异常大的电流仍可以流入方阵线路。需要时指定过电流保护，这些电缆通过最近的过电流保护电器应该能够应对来自方阵任何远程的最坏情况电流和从相邻任何并联组串中获得的最坏情况电流。

光伏方阵线路的最小电缆规格，根据载流量、并应根据表5-16的电流评定计算结果。

一些光伏组件的 $I_{SC\ MOD}$ 在运行的最初几周或几个月期间高于额定值，而在其他组件中 $I_{SC\ MOD}$ 随时间推移而增大。确定电缆额定值时应考虑到这一点。

如果逆变器或其他电力转换设备在故障条件下能够向方阵传送反馈电流，那么在所有电路电流评定结果计算中均应考虑这个反馈电流值。某些情况下，必须将反馈电流加入表5-16计算的电路评定结果中。电力转换设备（PCE，如逆变器）供给的反馈电流值可以从逆变器厂家提供的信息中获得。

5.6　逆变器

光伏并网逆变器是将光伏方阵发出的直流电变换成交流电后馈入电网的设备。

5.6.1　分类

光伏并网逆变器分类见表5-17。

表5-17　光伏并网逆变器分类

依　据	种　类
交流输出	单相逆变器：1kW、1.5kW、2kW、2.5kW、3kW、4kW、5kW、6kW、8kW 三相逆变器：10kW、20kW、30kW、50kW、100kW、250kW、500kW、1000kW

（续）

依　据	种　类
安装环境	户内Ⅰ型：带气温调整装置 户内Ⅱ型：不带气温调整装置 户外型
电气隔离	隔离型 非隔离型
应用场合	户用型 工业用型（如电站、工厂等）
使用规模	电站型并网逆变器：不小于1MW的电站使用 非电站型并网逆变器
并网方式	可逆流型 不可逆流型
电磁发射限值	A级逆变器：指非家用和不直接连接到住宅低压供电网的所有设施中使用的逆变器 B级逆变器：适用于包括家庭在内的所有场合，以及直接与住宅低压供电网连接的设施
电压等级	低压型：0.4kV 中高压型：0.4kV以上

5.6.2　标志

1. 逆变器额定参数

逆变器上应标注以下适用的参数：

1）输入电压范围、电压类型以及最大输入电流。

2）输出电压等级、电压类型、频率、最大连续工作电流，以及交流输出端的额定功率。

3）IP防护等级。

2. 逆变器零部件及接口

逆变器零部件及接口标志要求见表5-18。

表5-18　逆变器零部件及接口标志要求

部件及接口	标　志　要　求
熔断器	给出其额定电流。若熔断器底座可以装入不同电压等级的熔断体，标志还应给出其额定电压。标志应靠近熔断器或熔断器底座，或者直接标注在熔断器底座上。也可以标注在其他位置，但需明显区分标识所指的熔断器
	如果必须使用特定熔断特性（例如延迟时间和断开容量）的熔断器，则应标明熔断器类型
	对于安装在操作人员接触区以外的熔断器，以及在操作人员接触区内但固定焊接的熔断器，可以只标注一个明确的参考符号（例如FU1、FU2等）
开关设备	开与关位置需标注清楚。如果电源采用按钮开关，可标注"开""关"的位置

（续）

部件及接口	标 志 要 求
接口	如果安全方面有必要，应给出端子、连接器、控制器和指示器及其各种位置的指示，包括冷却液加注和排线的连接（适用时） 有多个引脚的信号、控制和通信用连接器，不必逐个引脚进行标注，只需标明整个连接器的用途 在紧急制动装置的按钮和制动器上，用于警示危险或指示需要紧急处理的指示灯，均须使用红色 多电压供电逆变器需标明出厂时设置的电压。该标识允许用纸标签或其他非永久性材料 逆变器的直流端子需明确标注连接的极性："＋"号表示正极，"－"号表示负极；其他能够准确说明极性的图形符号 保护接地导体的连接端子用以下方式标注：符号为"⏚"；字母"PE"；黄绿双色导线

5.6.3　使用条件

逆变器的正常使用条件见表 5-19。

表 5-19　逆变器的正常使用条件

条　　件		要　　求
周围空气温度		户内 I 型 0 ~ 40℃；户内 II 型 - 20 ~ 40℃
		户外型：- 25 ~ 60℃
海拔		安装地点的海拔不超过 1000m。海拔高于 1000m 时，电流容量将低于规定值
		海拔高于 1000m 时，逆变器电流容量随海拔升高将低于规定值，假定冷却媒质温度保持不变，图 5-13 给出了电流容量随海拔变化的关系曲线
		根据我国气候特点，海拔每升高 100m 环境温度下降 0.5℃。对用于高海拔地区的逆变器进行电流容量修正时，应同时考虑电流容量随海拔升高而下降的不利因素和环境温度降低的有利因素
		当海拔高于 2000m 时，需要考虑到空气冷却作用和介电强度的下降
大气条件	湿度	户内 I 型 5% ~ 85%，无凝露；户内 II 型 5% ~ 95%，无凝露
		户外型：4% ~ 100%，有凝露
		温度为 40℃时，空气相对湿度不超过 50%。在较低温度下允许有较高的相对湿度，如 25℃时可达 100%。针对温度变化偶尔产生的凝露应采取特殊的措施
	污染等级	为了便于确定电气间隙和爬电距离，微观环境可分为 4 个污染等级 1）污染等级 1：无污染或仅有干燥的非导电性污染 2）污染等级 2：一般情况下仅有非导电性污染，但是必须考虑到偶然由于凝露造成的短暂导电性污染 3）污染等级 3：有导电性污染，或由于凝露使干燥的非导电性污染变为导电性污染 4）污染等级 4：持久的导电性污染，例如，由于导电尘埃或雨雪造成的污染 户外型逆变器和户内 II 型逆变器一般适用于污染等级 3 的环境；户内 I 型逆变器一般适用于污染等级 2 的环境。但是，对于特殊的用途和微观环境可考虑采用其他污染等级。如预定在污染等级 4 的环境下使用的逆变器，需采取措施将微观环境的污染等级降低至 1、2、3 级 如果逆变器本身会产生污染或潮湿（例如，电动机电刷产生的导电污染物，或冷却系统引起的凝露），则逆变器特定区域的污染等级会提高

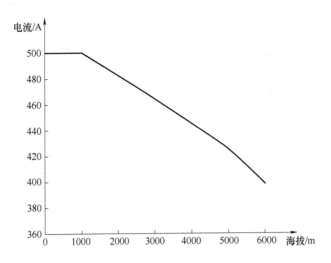

图 5-13　电流容量随海拔变化的关系曲线

5.6.4　外形

光伏逆变器根据其功率等级、内部电路结构及应用场合不同，一般可分为集中型逆变器、组串型逆变器和微型逆变器三种类型。

1. 集中逆变器

集中逆变技术是若干个并行的光伏组串被连到同一台集中逆变器的直流输入端，一般功率大的使用三相的 IGBT 功率模块，功率较小的使用场效应晶体管，同时使用数字信号处理（Digital Signal Process，DSP）转换控制器来改善所产出电能的质量，使它非常接近于正弦波电流，一般用于大型光伏发电站（>10kW）的系统中。

集中逆变器采用柜体结构设计，由直流柜、逆变器柜、控制柜和交流柜组成，布置在专用的逆变器房或室内，如图 5-14 所示。

2. 组串逆变器

组串逆变器是在模块化基础上设计的，每个光伏组串（1~5kW）通过一个逆变器，在直流端具有最大功率峰值跟踪，在交流端并联并网，成为现在国际市场上最流行的逆变器。

组串逆变器采用箱体结构设计，可以灵活地安装在室内和室外的墙壁、支架上，其外形结构如图 5-15 所示。

3. 微型逆变器

微型逆变器的光伏发电系统中，每一块电池板分别接入一台微型逆变器，当电池板中有一块不能良好工作，则只有这一块会受到影响。其他光伏组件都将在最佳工作状态运行，使得系统总体效率更高，发电量更大。

逆变器内部集成防雷模块、绝缘阻抗侦测模块、防反接保护模块、双路 MPPT、通信模块，漏电流侦测模块等，通过大量功能内部集成，实现分布式光伏系统，提高系统的稳定性和可安装性。

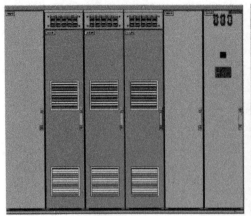

直流柜　　　逆变器柜　　　控制柜　交流柜　　　直流柜　　　逆变器柜　　　控制柜　交流柜

a) 外形

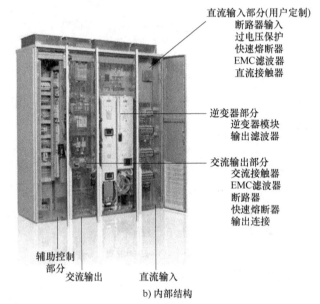

直流输入部分(用户定制)
断路器输入
过电压保护
快速熔断器
EMC滤波器
直流接触器

逆变器部分
逆变器模块
输出滤波器

交流输出部分
交流接触器
EMC滤波器
断路器
快速熔断器
输出连接

辅助控制
部分　交流输出　　直流输入

b) 内部结构

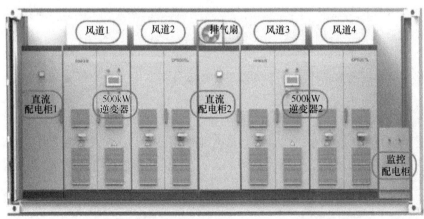

c) 布置

图 5-14　集中逆变器

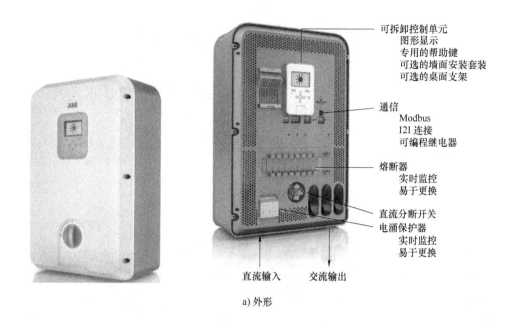

可拆卸控制单元
图形显示
专用的帮助键
可选的墙面安装套装
可选的桌面支架

通信
Modbus
I2I 连接
可编程继电器

熔断器
实时监控
易于更换

直流分断开关
电涌保护器
实时监控
易于更换

直流输入　交流输出

a) 外形

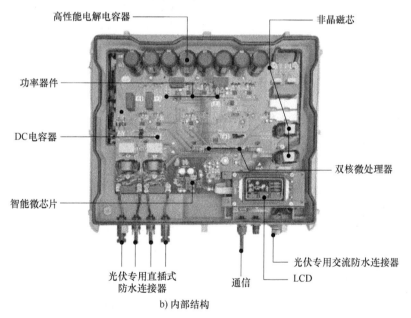

高性能电解电容器　　　　　　　　非晶磁芯

功率器件

DC电容器

双核微处理器

智能微芯片

光伏专用直插式
防水连接器　　通信　　LCD
　　　　　　　　　　光伏专用交流防水连接器

b) 内部结构

图 5-15　组串逆变器

微型逆变器体积小、功率小，可以直接安装在室外或室外组件的框架上。其内部结构如图 5-16 所示。

5.6.5　电击防护要求

1. 直接接触防护

开放式部件和装置不需要采取直接接触防护措施，需明确产品要求提供必要的防护措施。

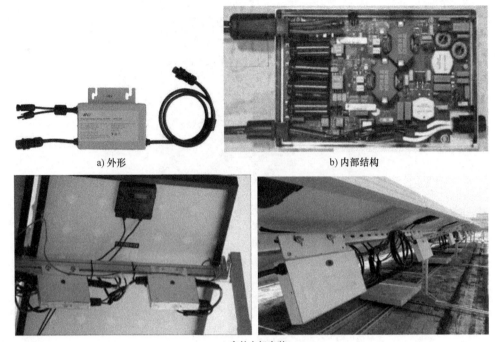

a) 外形　　　　　　　　　　　　　　b) 内部结构

c) 室外支架安装

图 5-16　微型逆变器

预定安装在封闭电气操作区域的逆变器不需要采取直接接触防护措施。

2. 外壳和遮栏防护

提供保护的外壳和安全遮栏，其零部件在不使用工具的情况下应不能拆卸。满足这些要求的聚合物材料应同时符合温升及防火要求的规定。逆变器在户外使用时，其外壳聚合物材料受阳光照射则需同时符合紫外线暴露的规定。

（1）防止接触要求

1）通过外壳和安全的防护后，人与带电部件之间的距离需达到以下要求：

① 带电部件电压小于或等于规定安全电压——可以触及。

② 带电部件电压大于规定安全电压——不可触及，且与带电零部件之间必须有足够的电气间隙，即达到根据所考虑电路的重复峰值工作电压确定的基本绝缘的电气间隙要求。

规定安全电压限值按 GB/T 3805—2008《特低电压（ELV）限值》的规定。

2）若逆变器采用外壳或遮栏防护，应采用 GB/T 4208—2017《外壳防护等级（IP 代码）》规定的最低为 IPXXB（也可按 IP2X）的外壳防护等级，按电击防护指试验的方法进行检验，以防止触及危险的带电部分。

（2）维修人员接触区　安装或维修期间需打开外壳，且逆变器需通电时，对于维修过程中可能无意触碰到的大于规定安全电压的带电零部件应提供防接触保护。防护要求按电击防护指试验检验。

（3）带电部件的绝缘防护　绝缘需根据逆变器的冲击电压、暂时过电压或工作电压来确定，并按绝缘配合的要求选择其中最严酷的情况。在不使用工具的情况下，绝缘防护应不能被去除。

3. 间接接触防护

（1）一般要求　在绝缘失效的情况下，为防止接触存在电击危险的电流，要求对间接接触进行防护。间接接触防护的方式一般有三种：

保护等级Ⅰ——基本绝缘和保护接地。

保护等级Ⅱ——双重绝缘或加强绝缘。

保护等级Ⅲ——电压限值。

如果间接接触防护依赖于安装方式，需明确指示相关的危险并详细说明安装方式。采用绝缘方式进行间接防护的电路按绝缘配合进行防护。电压小于规定安全电压的电路不存在电击危险。

（2）接地保护连接

1）一般要求。当带电零部件和可接触导电零部件出现错误连接时，相应的保护连接应能承受因此引起的最大热应力和动应力。保护连接在可接触导电零部件出现故障情况下也应一直保持有效，除非前级的保护装置切断该部分电源。

逆变器提供保护连接，并且确保导体可触及部件与外部接地保护的电气连接。图 5-17 所示为逆变器及其相关保护连接的示例。

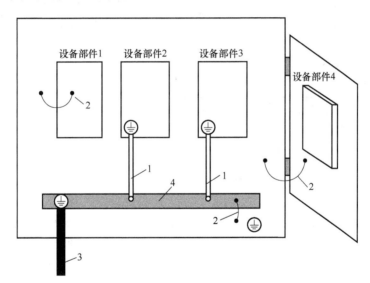

图 5-17　逆变器及相关保护连接示例
1—逆变器部件的保护接地导线（根据每个部件要求）　2—保护连接（可能是连接导体、
紧固件或其他方式）　3—逆变器保护接地导体　4—接地母线

2）连接方式。逆变器的电气接地保护连接应当选择以下方式：

① 通过直接的金属连接。

② 通过逆变器使用时不会被卸掉的其他零部件连接。

③ 通过专用的保护连接。

④ 通过逆变器其他金属元器件连接。

直接金属连接的两部件，接触处有涂层或油漆时，应刮去涂层或油漆以确保金属与金属的直接接触。

当电气逆变器安装在盖、门或罩上时，可采用例如专门的连接导体、紧固件、铰链的方式以确保保护连接的连续性，其阻抗需要满足保护连接的要求。

金属软管或硬管以及金属套一般不能用作保护导体，除非这些装置或材料经过研究证明适用于保护连接。

3）保护连接。保护连接应满足以下要求：

① 对于电路中过电流保护装置的额定值小于或等于16A的逆变器，保护连接的阻值不超过0.1Ω。

② 对于电路中过电流保护装置的额定值大于16A的逆变器，保护连接上的电压降不超过2.5V。

（3）外部保护接地连接

1）一般要求。逆变器通电后外部保护接地导体应始终保持连接。除非当地的配线设计规则有不同要求，否则外部保护接地导体的横截面面积需符合表5-20的要求，或者根据GB/T 16895.3—2017《低压电气装置 第5-54部分：电气设备的选择和安装 接地配置和保护导体》进行计算。

表5-20 外部保护接地导体的横截面面积

逆变器相导体的横截面面积 S/mm^2	外部保护接地导体的最小横截面面积 S_p/mm^2
$S \leqslant 16$	S_p
$16 \leqslant S \leqslant 35$	16
$S > 35$	$S_p/2$

注：只有当外部保护接地导体使用与相导体相同的金属时，本表的取值有效。否则，应使外部保护接地导体横截面面积的电导率与本表规定等效。

2）连接方式。每个预定需通过保护连接与地相连的逆变器，都需在靠近相应保护连接导体的地方提供一个连接端子。这个连接端子需进行防腐蚀处理，并且符合外部保护接地连接要求的规定。

外部保护接地导体的连接方式不能用作其他连接的机械组件。每个外部保护接地导体应使用单独的连接方式。连接点的电流容量不能因机械、化学或电化学影响而降低。若外壳和导体采用铝或铝合金，需特别注意电解液腐蚀的问题。接地回路中不应安装熔断器等短路保护开关装置。

3）接触电流。为了在保护接地导体受损或被断开的情况下保持安全，对于插头连接的逆变器，使用GB/T 12113—2003《接触电流和保护导体电流的测量方法》试验测得的接触电流不应超过AC 3.5mA或DC 10mA。

对于所有其他逆变器或根据以上要求测量接触电流，可采用以下一个或多个保护措施：

① 固定连接：

a. 保护接地导体的横截面面积至少为10mm²（铜）或16mm²（铝）。

b. 在保护接地导体中断情况下自动断开电源。

c. 有二次保护接地要求的须在安装说明书中注明，且采用的二次保护接地导体的截面积须与一次保护接地导体的截面积相同，并提供另外的接地端。

② 用IEC 60309-1—2012《工业用插头、插座和耦合器 第1部分：一般要求》规定的

工业连接器进行连接，而且多导体电缆中保护接地导体的最小横截面积为 2.5mm^2。

5.6.6 功能要求

逆变器的功能要求见表 5-21。

表 5-21 逆变器的功能要求

功	能	要 求
电气参数	输入	最大输入电流或功率要求不超过额定输入的 110%
	输出	输出额定有功功率应满足标称功率要求，并满足 1.1 倍额定功率长期过载运行的要求
	转换效率	不带隔离变压器型逆变器的转换效率最大值应不低于 96%
		带隔离变压器型逆变器的转换效率最大值应不低于 94%
自动开关机		应能根据电压输入情况，或故障及故障恢复后等情形，实现对应的自动开、关机操作
软启动		启动运行时，输出功率应缓慢增加，不应对电网造成冲击
		逆变器输出功率从启动至额定值的变化速率可根据电网的具体情况进行设定且最大不超过 50kW/s，或者逆变器输出电流从启动至额定值的过程中电流最大值不超过逆变器额定值的 110%
恢复并网		由于电网故障原因导致逆变器向电网停止送电，在电网的电压和频率恢复到正常范围后，逆变器应能在 20s~5min 内自动重新向电网送电，送电时应满足软启动要求
通信		逆变器应设置本地通信接口。通信接口具有固定措施，以确保其连接的有效性
		通信端口应符合电磁兼容（EMC）要求，并易于组成网络。通信可以选用 RS485 等常规电气接口及 Modbus 等常规通信协议
冷却系统		确保逆变器持续正常工作时不因温度过高而损坏
防雷		应设有防雷保护装置
噪声		在最严酷的工况下，在距离逆变器水平位置 1m 处用声级计测量噪声。户用逆变器要求噪声不超过 65dB，工业用逆变器不超过 80dB。对于声压等级大于 80dB 的逆变器，应在其明显位置粘贴"听力损害"的警示标志，并在说明书中给出减少听力损害的指导

5.6.7 电能质量要求

1. 谐波和波形畸变

（1）谐波电流含有率 逆变器运行时，注入电网的电流谐波总畸变率限值为 5%，奇次谐波电流含有率限值见表 5-22，偶次谐波电流含有率限值见表 5-23。

表 5-22 奇次谐波电流含有率限值

奇次谐波次数	含有率限值（%）
3~9	4.0
11~15	2.0
17~21	1.5
23~33	0.6
35 及以上	0.3

表 5-23　偶次谐波电流含有率限值

偶次谐波次数	含有率限值（%）
2~10	1.0
12~16	0.5
18~22	0.375
24~34	0.15
36 及以上	0.075

注：由于电压畸变可能会导致更严重的电流畸变，使得谐波测试存在一定的问题。注入谐波电流不应包括任何由未连接光伏系统的电网上的谐波电压畸变引起的谐波电流。满足上述要求的型式试验逆变器可视为符合条件，不需要进一步的检验。

（2）谐波电流允许值　公共连接点的全部用户向该点注入的谐波电流分量应不超过 GB/T 14549—1993《电能质量 公用电网谐波》规定的允许值。

2. 功率因数（PF）

当逆变器输出有功功率大于其额定功率的 50% 时，功率因数应不小于 0.98（超前或滞后），输出有功功率在 20%~50% 之间时，功率因数应不小于 0.95（超前或滞后）。

功率因数（PF）计算公式为

$$PF = \frac{P_{out}}{\sqrt{P_{out}^2 + Q_{out}^2}}$$

式中　P_{out}——逆变器输出总有功功率（kW）；
　　　Q_{out}——逆变器输出总无功功率（kvar）。

3. 电压不平衡度

逆变器并网运行三相输出时，引起接入电网的公共连接点的三相电压不平衡度不超过 GB/T 15543—2008《电能质量　三相电压不平衡》规定的限值。

逆变器引起该点负序电压不平衡度一般不超过 1.3%，短时不超过 2.6%。根据连接点负荷情况及安全运行要求可做适当变动，但必须满足负序电压不平衡度应不超过 2%，短时不得超过 4% 的要求。

4. 直流分量

逆变器额定功率并网运行时，向电网馈送的直流电流分量应不超过其输出电流额定值的 0.5% 或 5mA，取二者中较大值。

5. 电压偏差

对电网电压，在单相电压（220V）偏差为额定电压的 +10%、-15% 范围内，三相电压（380V）偏差为额定电压的 ±10% 范围内，逆变器应正常工作。对其他输出电压，则其应在 GB/T 12325—2008《电能质量　供电电压偏差》中对应的电网电压等级允许的电压偏差范围内正常工作。

当逆变器交流输出端电压超出此电压范围时，逆变器应停止向电网供电，同时发出警示信号。

对异常电压的反应，逆变器应满足：在电网电压恢复到允许运行的电压范围时，逆变器能重新起动运行。此要求适用于多相系统中的任何一相。

6. 工作频率

对电网频率，偏差在 $-0.2 \sim 0.5\mathrm{Hz}$ 范围内，逆变器应正常工作。

对电网频率的变化，逆变器应具备并网方案中所要求的能力。

在电网频率恢复到允许运行的电网频率时逆变器能重新启动运行。

5.6.8　电气保护功能要求

1. 过电压/欠电压保护

（1）直流输入侧过电压保护　当直流侧输入电压高于逆变器允许的直流方阵接入电压最大值时，逆变器不得起动或在 0.1s 内停机（正在运行的逆变器），同时发出警示信号。直流侧电压恢复到逆变器允许工作范围后，逆变器应能正常启动。

（2）交流输出侧过电压/欠电压保护　逆变器交流输出端电压超出电网允许电压范围时，允许逆变器断开向电网供电，切断时应发出警示信号。除大功率逆变器外对异常电压的响应时间应满足表 5-24 的要求，电站型逆变器电压异常响应时间应满足表 5-25 的要求。在电网电压恢复到允许的电压范围时，逆变器应能正常启动运行。此要求适用于多相系统中的任何一相。

表 5-24　异常电压的响应时间

电网电压（电网接口处）U	最大脱网时间[①]/s
$20\%\,U_\mathrm{N} \leqslant U < 50\%\,U_\mathrm{N}$	0.1
$50\%\,U_\mathrm{N} \leqslant U < 85\%\,U_\mathrm{N}$	2.0
$85\%\,U_\mathrm{N} \leqslant U < 110\%\,U_\mathrm{N}$	继续运行
$110\%\,U_\mathrm{N} \leqslant U < 135\%\,U_\mathrm{N}$	2.0
$U \geqslant 135\%\,U_\mathrm{N}$	0.05

注：主控与监测电路应切实保持与电网的连接，从而持续监视电网的状态，使得"恢复并网"功能有效。

① 最大脱网时间是指从异常状态发生到逆变器停止向电网供电的时间。

表 5-25　电站型逆变器电压异常响应时间

电压范围	运行要求
$< 0.9\,U_\mathrm{N}$	应符合低电压穿越的要求
$0.9\,U_\mathrm{N} \leqslant U_\mathrm{T} \leqslant 1.1\,U_\mathrm{N}$	应正常运行
$1.1\,U_\mathrm{N} < U_\mathrm{T} < 1.2\,U_\mathrm{N}$	应至少持续运行 10s
$1.2\,U_\mathrm{N} \leqslant U_\mathrm{T} \leqslant 1.3\,U_\mathrm{N}$	应至少持续运行 0.5s

注：1. U_T 为测试电压。

　　2. 对于具有低电压穿越功能的逆变器，以低电压穿越功能优先。

2. 交流输出过频/欠频保护

电网频率变化时，逆变器的工作状态应该满足表 5-26 的要求。当因为频率响应的问题逆变器切出电网后，在电网频率恢复到允许运行的电网频率时，逆变器应能重新起动运行。

表 5-26　电网频率的响应

频率 f/Hz	逆变器响应
$f < 48$	0.2s 内停止运行
$48 \leqslant f < 49.5$	10min 后停止运行
$49.5 \leqslant f \leqslant 50.2$	正常运行
$50.2 < f \leqslant 50.5$	运行 2min 停止运行，此时处于停运状态的逆变器不得并网
$f > 50.5$	0.2s 内停止向电网供电，此时处于停运状态的逆变器不得并网

3. 相序或极性错误

（1）直流极性误接　逆变器直流输入极性误接时逆变器能自动保护，待极性和相序正确接入时，逆变器应能正常工作。

（2）交流断相保护　逆变器交流输出断相时，逆变器自动保护，并停止工作，正确连接后逆变器应能正常运行。

4. 直流输入过载保护

1）若逆变器输入端不具备限功率的功能，则当逆变器输入侧输入功率超过额定功率的 1.1 倍时需跳保护。

2）若逆变器输入端具有限功率功能，当光伏方阵输出的功率超过逆变器允许的最大直流输入功率时，逆变器应自动限流工作在允许的最大交流输出功率处。

具有最大功率点跟踪控制功能的光伏并网逆变器，其过负荷保护通常采用将工作点偏离光伏方阵的最大功率点的方法。

5. 短路保护

逆变器开机或运行中，检测到输出侧发生短路时，逆变器应能自动保护。逆变器最大跳闸时间应小于 0.1s。

6. 反放电保护

当逆变器直流侧电压低于允许工作范围或逆变器处于关机状态时，逆变器直流侧应无反向电流流过。

7. 防孤岛效应保护

逆变器并入 10kV 及以下电压等级配电网时，应具有防孤岛效应保护功能。若逆变器并入的电网供电中断，逆变器应在 2s 内停止向电网供电，同时发出警示信号。对于并入 35kV 及以上电压等级输电网的逆变器，可由继电保护装置完成保护。

8. 低电压穿越

1）专门适用于大型光伏电站的电站型逆变器应具备一定的耐受异常电压的能力，即并入 35kV 及以上电压等级电网的逆变器必须具备电网支撑能力，避免在电网电压异常时脱离，引起电网电源的波动。对于并入 10kV 及以下电压等级电网的光伏逆变器，具备故障脱离功能即可。

2）逆变器交流侧电压跌至 0 时，逆变器能够保证不间断并网运行 0.15s 后恢复至标称电压的 20%；整个跌落时间持续 0.625s 后逆变器交流侧电压开始恢复，并且电压在发生跌落后 2s 内能够恢复到标称电压的 90% 时，逆变器能够保证不间断并网运行。

3）对电力系统故障期间没有切出的逆变器，在故障清除后应快速恢复其有功功率。自故障清除时刻开始，以至少 10% 额定功率每秒的功率变化率恢复至故障前的值。

4）低电压穿越过程中逆变器宜提供动态无功支撑。

5）当并网点电压在图 5-18 中曲线 1 及以上的区域内时，该类逆变器必须保证不间断并网运行；当并网点电压在图 5-18 中曲线 1 以下时允许脱网。

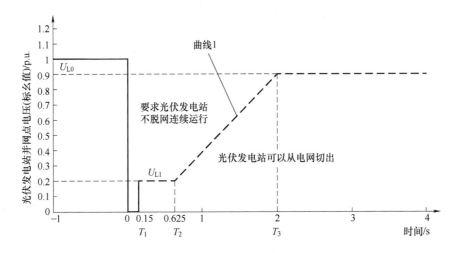

图 5-18　电站型逆变器低电压耐受能力要求

U_{L0}—正常运行的最低电压限值　U_{L1}—需要耐受的电压　T_1—电压跌落到 0 时需要保持并网的时间

T_2—电压跌落到 U_{L1} 时需要保持并网的时间　T_3—电压跌落到 U_{L0} 时需要保持并网的时间

U_{L1}、T_1、T_2、T_3 数值的确定需考虑保护和重合闸动作时间等实际情况。

实际的限值应依据接入电网主管部门的相应技术规范要求设定。

9. 操作过电压

在逆变器与电网断开时，为了防止损害与逆变器连接到同一电路的电力设备，其瞬态电压不应超过表 5-27 中列出的限值。

表 5-27　瞬态电压范围

持续时间/s	瞬时电压/V	
	L—N	L—L
0.0002	910	1500
0.0006	710	1240
0.002	580	1010
0.006	470	810
0.02	420	720
0.06	390	670
0.2	390	670
0.6	390	670

第 **6** 章

电气系统设计

6.1 直流系统

6.1.1 汇流箱

汇流箱输入路数分为 2 路、4 路、6 路、8 路、10 路、12 路、14 路、16 路不等。

1. 智能型

智能光伏汇流箱有专门的智能光伏汇流采集装置，用于监测光伏方阵中组件运行状态、光伏组件电流测量、电涌保护器、直流断路器状态采集、继电器接点输出。汇流箱带有风速、温度、辐照仪等传感器接口，装置带有 RS485 接口可以把测量和采集到的数据和设备状态上传。

带监测功能的智能型汇流箱原理接线图如图 6-1 所示。

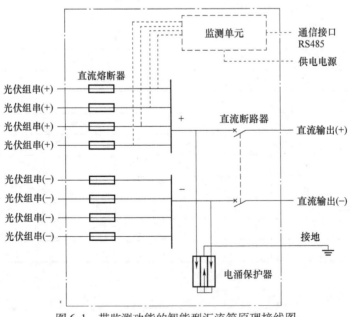

图 6-1 带监测功能的智能型汇流箱原理接线图

2. 非智能型

非智能型光伏汇流箱原理接线图如图 6-2 所示。

3. 防逆流型

防逆流型光伏汇流箱增加了防反充二极管防止逆流发生，如图 6-3 所示。

4. 无防逆流型

无防逆流型光伏汇流箱中没有防反充二极管。

5. 防雷型

防雷型光伏汇流箱中含有电涌保护器。

6. 无防雷型

无防雷型光伏汇流箱中无电涌保护器。

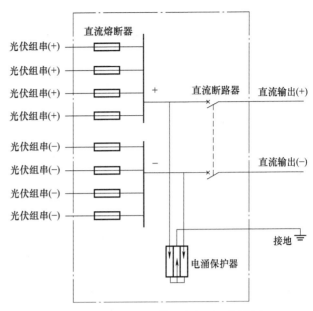

图 6-2 非智能型光伏汇流箱原理接线图

6.1.2 直流配电柜

直流配电柜的接线如图 6-4 所示。

6.1.3 逆变器

光伏逆变器按用途分为并网逆变器、离网逆变器、微网储能逆变器三大类。并网逆变器按照功率和用途可分为微型逆变器、组串式逆变器、集中式逆变器三大类。

1. 微型逆变器

微型逆变器又称组件逆变器，功率等级为 180～1000W，适用于小型发电系统。

单机功率在 1kW 以下，单 MPPT 的逆变器应用中多为 0.25～1kW 一路 MPPT，其优点是可以对每块或几块组件进行独立的 MPPT 控制，但该类逆变器每瓦成本很高。目前在北美地区 10kW 以下的家庭光伏电站中有较多应用。

2. 组串式逆变器

功率在 1～10kW 的单相逆变器，适用于户用发电系统，并网电压为 220V。

三相逆变器单机功率在 3～60kW 之间。主流机型单机功率 30～40kW，并网电压为三相 380V，适用于工商业发电系统。

单个或多个 MPPT 的逆变器，一般为 6～15kW 一路 MPPT。该类逆变器每瓦成本较高，主要应用于中小型电站，在全球 1MW 以下容量的电站中选用率超过 50%。

3. 集中式逆变器

集中型逆变器的主要特点是单机功率大、MPPT 数量少、每瓦成本低。目前国内的主流机型以 500kW、630kW 为主，欧洲及北美等地区主流机型的单机功率为 800kW 甚至更高，功率等级和集成度还在不断提高。集中型逆变器是目前大部分中大型光伏电站的首选，在全

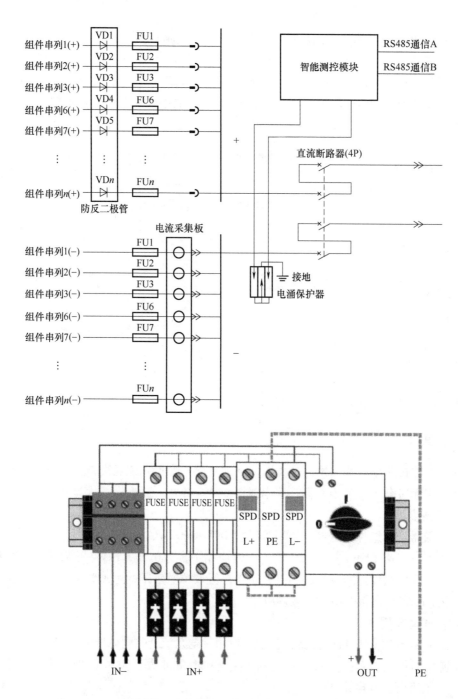

图6-3 防逆流型光伏汇流箱原理接线图

球5MW以上的光伏电站中，其选用比例超过98%。

逆变器如果采用无线通信（自带的Wi-Fi）功能，每一套光伏系统都能在任何时间，任何地点通过中央服务器进行远程监控、远程诊断、远程软件维护，便于构成分布式光伏系统。

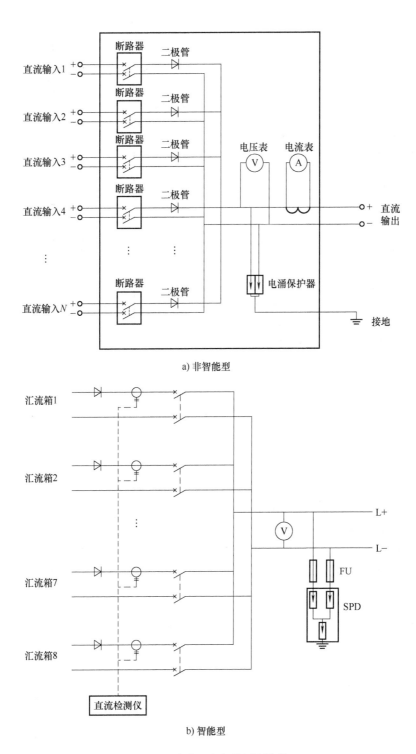

a) 非智能型

b) 智能型

图 6-4　直流配电柜的原理接线

各种光伏并网逆变器分类如图 6-5 所示。

逆变器类型	集中式	组串式	多MPPT式	微型逆变器
输出功率	一般10~500kW	一般1~30kW	一般小于20kW	一般小于1kW
适用电压	三相380V	单相220V或三相380V	单相220V或三相380V	单相220V
适用范围	要求安装场地形状规则，日照均匀，无遮挡物，各光伏组串组件规格一致	适用于各种光伏系统，各光伏组串安装朝向不同、规格不同	适用于各种光伏系统，各光伏组串安装朝向不同、规格不同	适用于各种光伏系统，每块光伏组件连接一个逆变器
方案示意	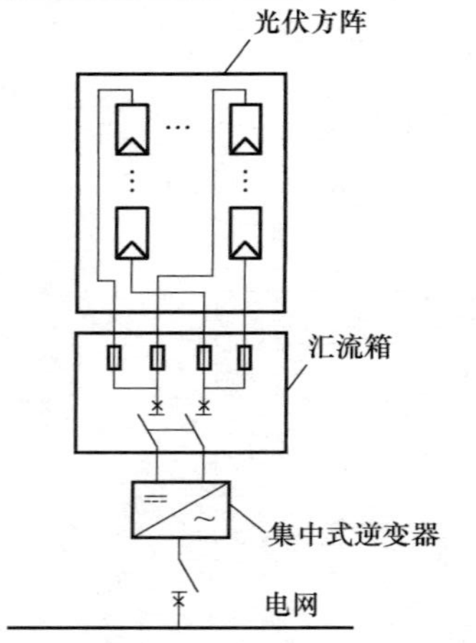 （光伏方阵—汇流箱—集中式逆变器—电网）	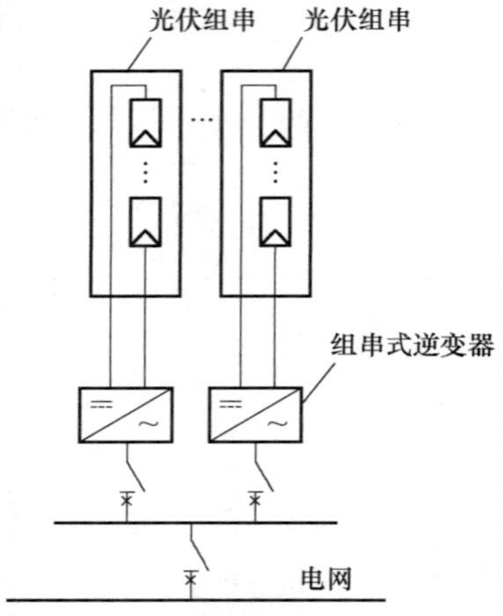 （光伏组串—组串式逆变器—电网）	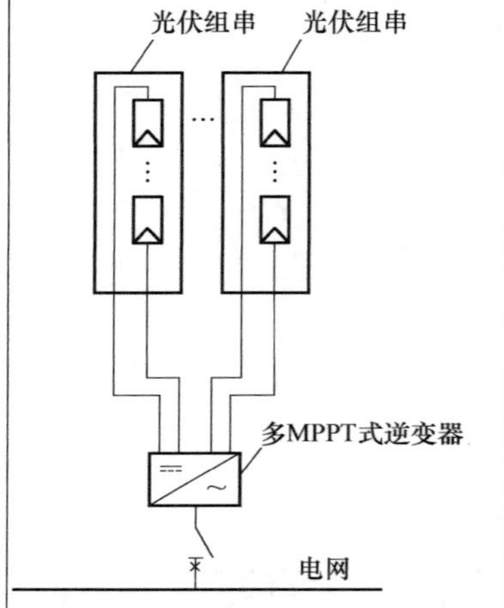 （光伏组串—多MPPT式逆变器—电网）	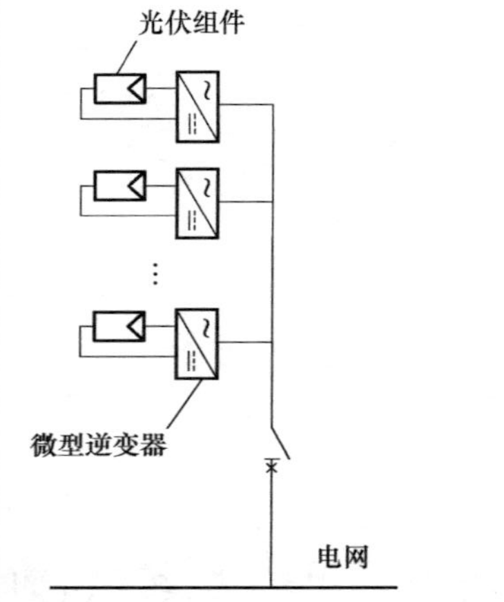 （光伏组件—微型逆变器—电网）
系统特点	1. 各光伏组串的不匹配或配遮影会影响到系统效率，难以同时实现各光伏组串的MPPT功能 2. 系统无冗余能力 3. 直流侧需较多直流电缆 4. 集中并网，便于管理	1. 每路光伏组串的逆变器都可实现各自MPPT功能，整体效率不受组串间差异影响 2. 系统具有一定的冗余能力 3. 可分散就近并网，减少直流电缆使用 4. 为便于管理，对通信系统要求较高	1. 兼具集中式和组串式特点 2. 不同额定值、不同安装条件的组串连接在同一个逆变器的不同MPPT输入回路上 3. 相对组串式，可减少逆变器应用数量	1. 针对每块组件实现MPPT功能 2. 环境适应性强，对组件一致性要求要求低 3. 直流侧布线简单，无需汇流设备，扩展方便 4. 系统冗余能力多 5. 接入点多，对电能质量有一定影响

注：光伏逆变器根据其产品技术特点、原理构成、应用范围等有不同的分类方式，应用范围有不同的分类方式。本表以逆变器接入光伏组件接入的不同方式进行分类。

图6-5 光伏并网逆变器分类

不同逆变器应用的比较见表6-1。

表6-1 不同逆变器应用的比较

逆变器类型	集中式	组串式	微型（组件）
容量	10kW～1MW	1～10kW	1kW以下
接入形式	光伏方阵	光伏组串	光伏组件
MPPT功能	方阵的最大功率点	组串的最大功率点	组件的最大功率点
遮挡影响	大	中	小
直流电缆	用量大	用量较少	基本不使用
投资成本	低	中	高
使用条件	日照均匀的地面光伏电站 大型BAPV	各类地面光伏电站 BAPV/BIPV	1kW以下的光伏系统
安装	困难	简便	简便
更换	困难	方便	方便

6.2 交流系统

6.2.1 交流配电柜

交流配电柜配有断路器、电涌保护器、电能计量装置。其可分断并网逆变器与变压器之间的连接回路。

交流配电柜接线如图6-6所示。

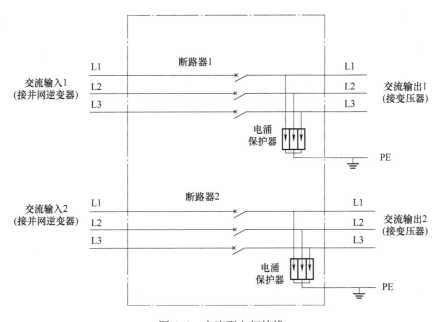

图6-6 交流配电柜接线

6.2.2 低压并网柜（箱）

1. 并网柜

光伏并网柜作为光伏系统的总出口连接光伏系统和电网的配电装置，其主要作用是作为光伏发电系统与电网的分界点。对于低压并网的光伏电站，光伏并网柜中还可以加装计量、保护等功能器件。

（1）组成　光伏并网柜主要用于110kV、35kV的集中式光伏并网接入系统和10kV、380V分布式光伏接入并网系统。其主要由防孤岛保护装置、断路器、隔离开关、电涌保护器、温湿度控制器、电能计量装置和柜体附件等相关硬件组成。

（2）作用　当光伏本侧出现电压、频率、过负荷等相关情况时，对本站设备造成潜在危险和对电网侧产生冲击和影响时，光伏防孤岛保护装置可以迅速向并网开关发出命令，让其跳闸，从而迅速切除故障电路。

当电网侧出现电压、频率方面的波动对本站造成冲击时，也能迅速地采集到相关信号，并能迅速地发出命令，指挥并网开关跳闸。当本侧出现故障，而电网侧还有电时，需要相关工作人员检修，这时设备可以有效地防止电网侧向本侧反送电的情况，从而保证了本侧光伏电站检修人员的生命安全。

（3）功能

1）保护功能：设备具有过电压（跳闸）、低电压（跳闸）、频率过高（跳闸）、频率过低（跳闸）、频率突变（跳闸）、逆功率（跳闸）、外部保护联跳1（跳闸）、外部保护联跳2（跳闸）、系统失电压（跳闸）、频率突变闭锁低频（跳闸）、有压自动合闸（跳闸）、模拟试验（跳闸）等光伏并网防孤岛保护功能。

2）防雷功能：光伏并网柜自带有3+1电涌保护器，可以有效地防止雷击等自然灾害的侵害。

3）自动智能并网功能：并网柜防孤岛保护装置和并网开关配合，具有失电压跳闸和检有压合闸功能。在光伏电站本侧和电网侧不正常的时候跳开，一切恢复正常的时候可以自动恢复并网，不需要人工，也可以和监控进行通信，远方操作并网开关的分合闸。

4）电度计量功能：分布式光伏并网柜可以根据用户需要加装电能表和计量装置，可以很好地记录发电量和送电量等相关情况。

5）通信功能：具有RS485通信接口，使用Modbus-RTU通信协议。

2. 系统接线

（1）无防逆流并网柜　无防逆流低压并网柜的接线如图6-7所示。

（2）防逆流并网柜

防逆流低压并网柜的接线如图6-8所示。

3. 并网箱

光伏交流并网箱是应用于组串式逆变器的后端，把逆变器输出的交流电经过并网箱与市电并网。

并网箱具有防水、防雷、短路及过载保护功能。检测市电失电时，断路器会跳闸脱扣，还可加装检测有压自动合闸功能（如需此功能，需特别提出），特别适合家庭分布式光伏发电项目。

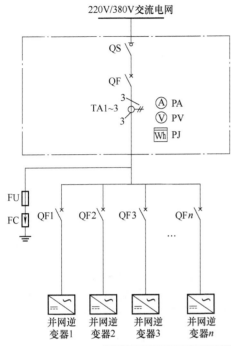

220V/380V交流电网

注：1. 分布式光伏发电系统的并网点应安装具有隔离、保护功能的
并网总断路器，断路器的选型及安装应符合下列要求；
1）根据短路电流水平选择开断能力，并应留有一定裕度。
2）应具备过电流保护功能，具备反映故障及运行状态的辅助接
点及同时切断中性线的功能。
3）应具备电源端和负荷端反接能力。
4）根据并网电流的大小可选择微型、塑壳或者框架式断路器。
2. 带隔离功能断路器可代替隔离器加断路器组合。
3. 光伏系统电能表按照计量用途分为两类：关口计量电能表，
用于用户与电网间的上、下网电能计量；并网电能表，用于发
电量统计和电价补偿。计量装置由供电部门安装，设置要求如
下表：

系统商业运营模式	并网接入点	关口计量电能表	并网电能表
全部自用	用户内部电网	—	设置
自发自用/余量上网	用户内部电网	设置	设置
统购统销	公共电网	在关口处合一设置	

序号	符号	名称	型号及规格	单位	数量	备注
1	QF1~n	断路器	由设计确定	个	n	—
2	TA1~3	电流互感器	由设计确定	个	3	电能计量(测量)用
3	PA	电流表	由设计确定	个	1	—
4	PV	电压表	由设计确定	个	1	—
5	FU	熔断器	由设计确定	个	4	—
6	FC	电涌保护器	由设计确定	套	1	—
7	QF	并网总断路器	由设计确定	个	1	满足并网要求
8	QS	隔离器	由设计确定	个	1	—
9	PJ	并网电能表	由设计确定	个	1	供电部门配置

图 6-7　无防逆流低压并网柜的接线

6.2.3　高压并网系统

10kV 高压并网系统如图 6-9 所示。

35kV 高压并网系统如图 6-10 所示。

6.2.4　升压变压器

光伏电站电气系统主要包括光伏组件、汇流箱、逆变器、升压变压器、集电线路、低压配电装置、主变压器、高压配电装置、无功补偿、站用电系统、通信、继电保护及监控等部分。

1. 接线

发电单元与升压变压器的接线，主要指的是逆变器与变压器的接线，是光伏电站与电网衔接的第一步，也是最关键的一环。目前，光伏逆变技术已臻成熟，市场上大型逆变器单机最常用机型为 500kW 型，由此而知，大型光伏电站中 500kW 为最小发电单元，其与升压变压器的连接方式有如图 6-11 所示的三种形式。

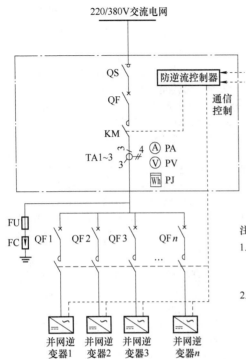

注:

1. 当并网光伏发电系统要求为自发自用、非逆流方式时,即光伏系统所发电能仅供本地负载消耗,多余的电能不允许通过配电变压器向上级电网逆向送电,系统需配置防逆流控制装置。

2. 防逆流控制器一般通过实时监测配电变压器低压侧电压、电流信号未调节并网逆变器输出功率或者断开系统输出与电网的连接,从而达到光伏并网系统的防逆流功能。

序号	符号	名称	型号及规格	单位	数量	备注
1	QF1~n	断路器	由设计确定	个	n	
2	TA1~3	电流互感器	由设计确定	个	3	电能计量(测量)用
3	PA	电流表	由设计确定	个	1	—
4	PV	电压表	由设计确定	个	1	—
5	FU	熔断器	由设计确定	个	4	
6	FC	电涌保护器	由设计确定	套	1	
7	QF	并网总断路器	由设计确定	个	1	满足并网要求
8	QS	隔离器	由设计确定	个	1	
9	—	防逆流控制器	由设计确定	套	1	
10	KM	接触器	由设计确定	只	1	
11	PJ	并网电能表	由设计确定	个	1	供电部门配置

图6-8　防逆流低压并网柜的接线

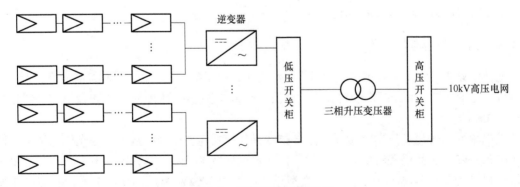

图6-9　10kV高压并网系统

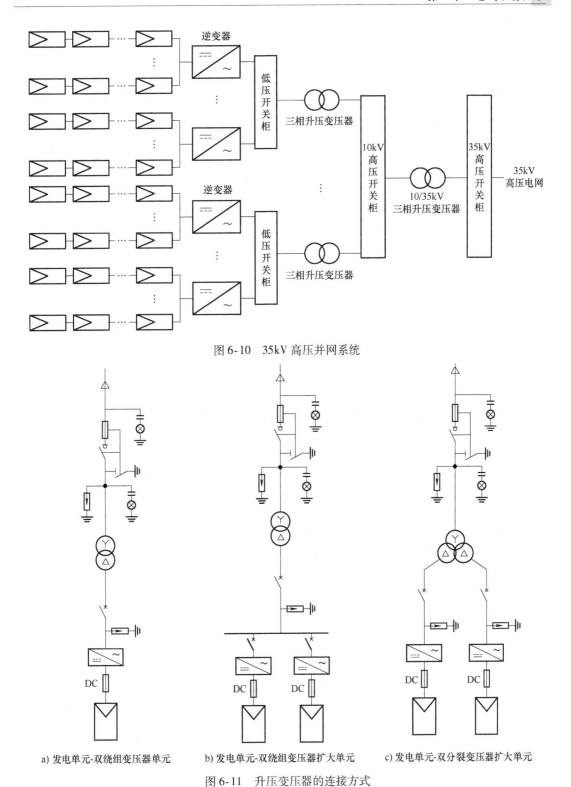

图 6-10　35kV 高压并网系统

a) 发电单元-双绕组变压器单元　　b) 发电单元-双绕组变压器扩大单元　　c) 发电单元-双分裂变压器扩大单元

图 6-11　升压变压器的连接方式

1）图 6-11a 是 500kW 发电单元与 1 台 500kV·A 双绕组升压变压器组成发电单元-双绕组变压器单元接线图。

该单元接线结构简洁、可靠性较高的优点，成本高，一般适用于发电单元较为分散的工程中，为了降低线损及降低导线成本，可考虑此种接线方式，但并不适合于集中光伏电站的应用。

2）图6-11b是两个500kW发电单元与一台1000kV·A双绕组升压变组成发电单元-双绕组变压器扩大单元接线图。

3）图6-11c是两个500kW发电单元与一台1000kV·A双分裂三绕组升压变组成发电单元-双分裂变压器扩大单元接线图。

2）、3）适用于大型集中光伏电站的应用，相比2）的双绕组变压器，3）的双分裂变压器成本虽高，但双分裂变压器由于结构优势，实现了两台逆变器之间的电气隔离，不但减小了两支路间的电磁干扰及环流影响，并且两台逆变器的交流输出分别经变压器滤波，输出电流谐波小，提高了输出的电能质量。

2. 双绕组分裂变压器

分裂变压器和普通变压器的区别在于其低压绕组中有一个或几个绕组分裂成额定容量相等的几个支路，这几个支路之间没有电气联系，仅有较弱的磁联系，而且各分支之间有较大的阻抗。应用较多的是双绕组双分裂变压器，它有一个高压绕组和两个分裂的低压绕组，分裂绕组的额定电压和额定容量都相同。

分裂变压器有以下特点：

1）能有效地限制低压侧短路电流，因而可选用轻型开关设备，节省投资。正常运行时，分裂变压器的穿越阻抗和普通变压器的阻抗值相同，当低压侧一端短路时，由于分裂阻抗较大，短路电流较小。

2）在应用分裂变压器对两段母线供电的情况下，当一段母线发生短路时，除能有效地限制短路电流外，还能使另一段母线上电压保持一定水平，不致影响用户的运行。

3）分裂变压器在制造上复杂，例如当低压绕组产生接地故障时，很大的电流流向一侧绕组，使分裂变压器铁心中失去磁的平衡，在轴向上产生巨大的短路机械应力，必须采取坚实的支撑机构，因此，在造价上分裂变压器约比同容量普通变压器贵20%。

4）分裂变压器对两段低压母线供电时，若两段负荷不相等，两段母线上的电压也不相等，损耗也增大，所以分裂变压器适用于两段负荷均衡，又需限制短路电流的情况。

3. 分裂变压器的运行方式

（1）分裂运行 两个低压分裂绕组运行，低压绕组间有穿越功率，高压绕组不运行，高低压绕组间无穿越功率。在这种运行方式下，两个低压绕组间的阻抗称为分裂阻抗。

（2）并联运行 两个低压绕组并联，高低压绕组运行，高低压绕组间有穿越功率，在这种运行方式下，高低压绕组间的阻抗为穿越阻抗。

（3）单独运行 当任一低压绕组开路，另一低压绕组和高压绕组运行，在此运行方式下，高低压绕组之间的阻抗称为半穿越阻抗。

分裂阻抗和穿越阻抗之比，一般称为分裂系数。

6.3 接入系统

接入系统方案是根据接入电压等级、运营模式、接入点划分、接入系统方案而设计的。

6.3.1　设计

1. 设计内容

1）根据装机容量并兼顾运营模式，合理确定接入电压等级、接入点。

2）确定采用相应并网接入设计方案。

3）提出对有关电气设备选型的要求。

2. 设计深度

设计深度包括接入系统方案，相应电气计算（包括潮流、短路、电能质量分析、无功平衡、三相不平衡校验等），合理选择送出线路回路数、导线截面积，明确无功容量配置，对升压站主接线、设备参数选型提出要求，提出系统对光伏系统的技术要求。

3. 接入电压等级

对于单个并网点，接入的电压等级应按照安全性、灵活性、经济性的原则，根据分布式光伏发电容量、导线载流量、上级变压器及线路可接纳能力、地区配电网情况综合比选后确定。

1）单个并网点容量 400kW ~ 6MW 推荐采用 10kV 接入；设备和线路等电网条件允许时，也可采用 380V 接入。

2）单个并网点容量 400kW 以下推荐采用 380V 接入。

3）当采用 220V 单相接入时，应根据当地配电管理规定和三相不平衡测算结果确定接入容量。一般情况下，单点最大接入容量不应超过 8kW。

4. 运营模式

（1）10kV 接入点　若采用统购统销模式，则并网点接入公共电网变电站 10kV 母线，公共电网开关站、配电室或箱式变压站 10kV 母线，T 接公共电网 10kV 线路。

若采用自发自用（含自发自用/余量上网）模式，则并网点接入用户开关站、配电室或箱式变压站 10kV 母线。

（2）380V 接入点　若采用统购统销模式，则并网点接入公共电网配电箱/线路，公共电网配电室或箱式变压站低压母线。

若采用自发自用（含自发自用/余量上网）模式，则并网点接入用户配电箱/线路；用户配电室或箱式变压站低压母线。

6.3.2　并网方案

光伏发电系统单点接入公共电网系统的方案见表 6-2。

表 6-2　光伏发电系统单点接入公共电网系统的方案

接入电压	运营模式	接入点	送出回路数	单个并网点参考容量
10kV	统购统销（接入公共电网）	接入公共电网变电站 10kV 母线	1 回	1 ~ 6MW
		接入公共电网 10kV 开关站、配电室或箱式变压站 10kV 母线	1 回	400kW ~ 6MW
		T 接公共电网 10kV 线路	1 回	400kW ~ 6MW
	自发自用/余量上网（接入用户电网）	接入用户 10kV 母线	1 回	400kW ~ 6MW

（续）

接入电压	运营模式	接入点	送出回路数	单个并网点参考容量
380V	统购统销（接入公共电网）	公共电网配电箱/线路	1回	≤100kW，8kW及以下可单相接入
		公共电网配电室或箱变低压母线	1回	20～400kW
	自发自用/余量上网（接入用户电网）	用户配电箱/线路	1回	≤400kW，8kW及以下可单相接入
		用户配电室或箱变低压母线	1回	20～400kW

注：1. 表中参考容量仅为建议值，具体工程设计中可根据电网实际情况进行适当调整。

2. 接入用户电网且采用统购统销模式的光伏发电系统可参照自发自用/余量上网模式方案设计。

光伏发电系统组合接入公共电网系统的方案，见表6-3。

表6-3 光伏发电系统组合接入公共电网系统的方案

接入电压	运营模式	接入点
380V/220V	自发自用/余量上网	多点接入用户配电箱/线路配电室或箱式变压站低压母线
10kV		多点接入用户10kV开关站、配电室或箱变
10kV/380V		以380V一点或多点接入用户配电箱/线路、配电室或箱变低压母线，以10kV一点或多点接入用户10kV开关站、配电室或箱变
380V/220V	统购统销	多点接入公共电网配电箱/线路、箱变或配电室低压母线
10kV/380V		以380V一点或多点接入公共配电箱/线路、配电室或箱变低压母线，以10kV一点或多点接入公共电网变电站10kV母线、10kV开关站、配电室、箱变或T接公共电网10kV线路

注：当分布式光伏发电接入35kV及以上，用户在10kV及以下电压等级时，可参考多点接入用户10kV开关站、配电室或箱式变压站，或以380V一点或多点接入用户配电箱/线路、配电室或箱变低压母线，以10kV一点或多点接入用户10kV开关站、配电室或箱变等设计方案。

6.3.3 单点接入电网

1. 10kV接入

光伏并网发电系统采用统购统销模式接入公共电网的要求见表6-4。

表6-4 统购统销模式接入公共电网的要求

公共连接点	一次系统接线	并网点装机容量
公共电网变电站10kV母线		1～6MW

（续）

公共连接点	一次系统接线	并网点装机容量
公共电网开关站、配电室或箱变10kV母线	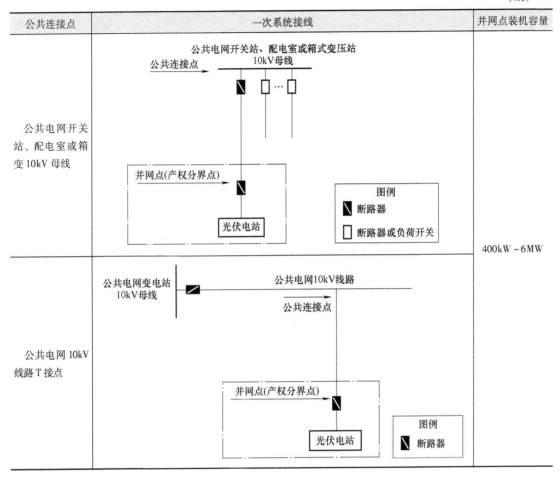	400kW～6MW
公共电网10kV线路T接点		

光伏并网发电系统采用自发自用/余量上网模式接入用户电网的要求见表6-5。

表6-5　自发自用/余量上网模式接入用户电网的要求

公共连接点	一次系统接线	并网点装机容量
专线接入公共电网	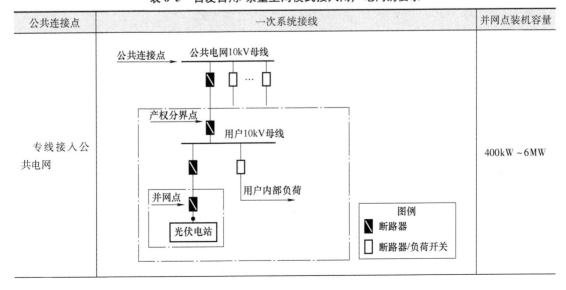	400kW～6MW

（续）

公共连接点	一次系统接线	并网点装机容量
T 接接入公共电网	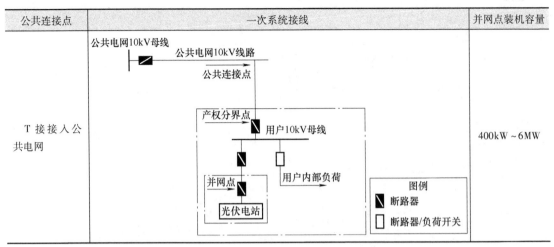	400kW ~ 6MW

2. 380V 接入

光伏并网发电系统采用统购统销模式接入公共电网的要求见表6-6。

表 6-6　统购统销模式接入公共电网的要求

公共连接点	一次系统接线	并网点装机容量
公共电网配电箱或线路	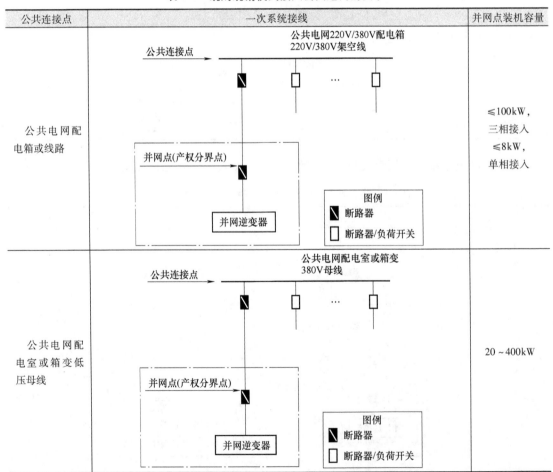	≤100kW，三相接入 ≤8kW，单相接入
公共电网配电室或箱变低压母线		20 ~ 400kW

光伏并网发电系统采用自发自用/余量上网模式接入用户电网的要求见表6-7。

表 6-7　自发自用/余量上网模式接入用户电网的要求

公共连接点	一次系统接线	并网点装机容量
接入 380V 用户	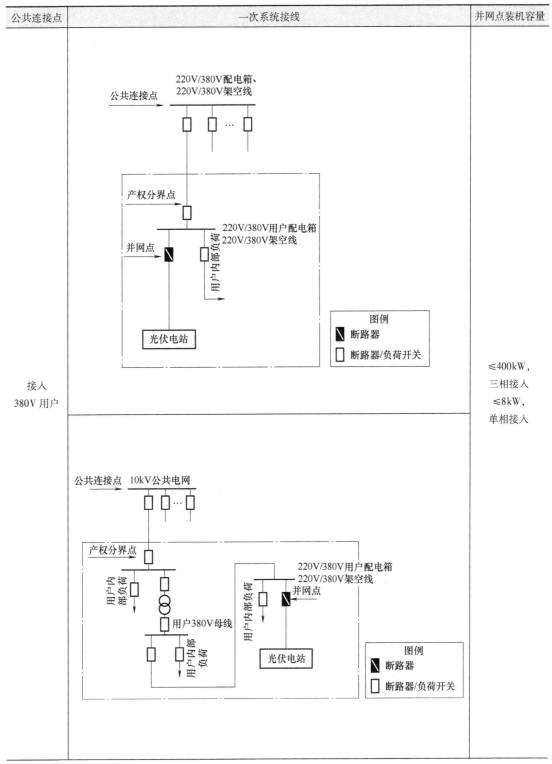	≤400kW， 三相接入 ≤8kW， 单相接入

（续）

公共连接点	一次系统接线	并网点装机容量
接入 10kV 用户	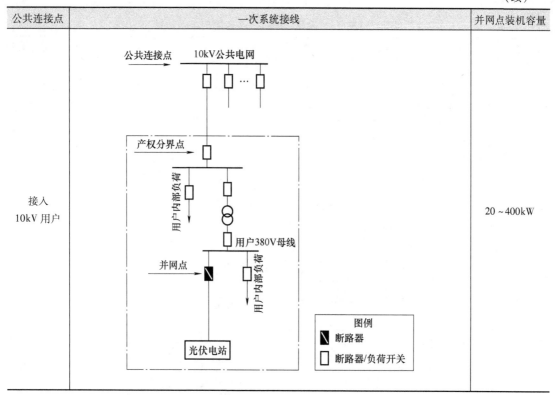	20 ~ 400kW

6.3.4 多点组合接入电网

1. 10kV 接入用户电网

本方案采用多回线路将分布式光伏接入用户 10kV 开关站、配电室或箱式变压站，以光伏发电单点接入用户 10kV 开关站、配电室或箱变方案为基础模块，进行组合设计。

此方案用于同一用户内部自发自用/余量上网模式接入用户电网的光伏系统。接入用户 10kV 开关站、配电室或箱变，单个并网点参考装机容量为 400kW ~ 6MW。自发自用/余量上网模式接入用户电网一次系统有两个子方案，子方案接线示意图如图 6-12 所示。

2. 380V/10kV 电压接入

（1）接入公共电网　以 380V/10kV 电压等级将光伏接入公共电网，380V 接入点为公共电网配电箱或线路、配电室或箱变低压母线，10kV 接入点为公共电网变电站 10kV 母线、T接接入公共电网 10kV 线路或公共电网 10kV 母线。

此方案设计以光伏发电单点接入公共电网配电箱或线路方案、单点接入公共电网配电室或箱变方案、单点接入公共电网变电站 10kV 母线方案、单点接入公共电网 10kV 母线方案和单点 T 接接入公共电网 10kV 线路方案为基础模块，进行组合设计。此方案主要适用于统购统销接入公共电网的光伏系统。

380V 公共连接点为公共电网配电箱或线路、配电室或箱变低压母线。10kV 公共连接点为公共电网变电站 10kV 母线、公共电网 10kV 线路 T 接点或公共电网 10kV 母线。

以 380V/10kV 电压等级将光伏接入公共电网一次系统接线示意图如图 6-13 所示。

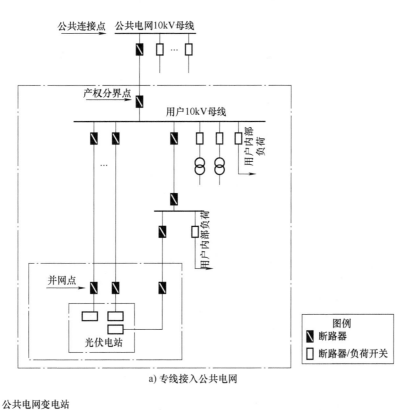

a) 专线接入公共电网

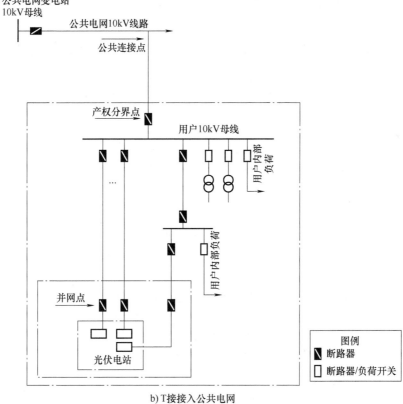

b) T 接入公共电网

图 6-12　自发自用/余量上网模式接入 10kV 用户电网一次系统示意图

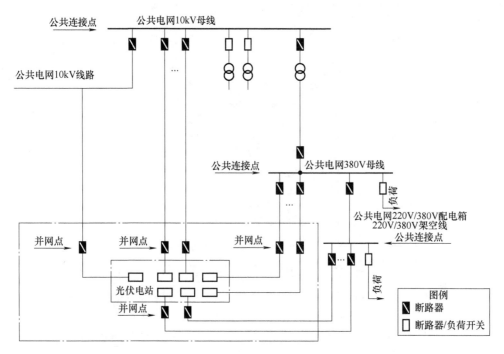

图6-13 以380V/10kV电压等级将光伏接入公共电网一次系统接线示意图

（2）接入用户电网 以380V/10kV电压等级将光伏接入用户电网，380V接入点为用户配电箱或线路、配电室或箱变低压母线，10kV接入点为用户10kV母线。以光伏发电单点接入用户配电箱或线路方案、单点接入用户配电室或箱变方案和单点接入用户10kV开关站、配电室或箱变方案为基础模块，进行组合设计。

自发自用/余量上网模式接入用户电网的光伏系统，接入配电箱或线路时，单个并网点参考装机容量不大于400kW，采用三相接入，装机容量为8kW及以下，可采用单相接入；接入配电室或箱变低压母线时，单个并网点参考装机容量为20~400kW；接入用户10kV开关站、配电室或箱变时，单个并网点参考装机容量为400kW~6MW。自发自用/余量上网模式接入用户电网一次系统有两个子方案，子方案接线示意图如图6-14所示。

3. 380V接入

（1）接入用户电网 采用多回线路将光伏接入用户配电箱、配电室或箱变低压母线。以光伏发电单点接入用户配电箱或线路方案和单点接入用户配电室或箱变方案为基础模块，进行组合设计。

自发自用/余量上网模式接入用户电网的光伏系统，若单个并网点参考装机容量不大于400kW，可采用三相接入；若装机容量为8kW及以下，可采用单相接入。自发自用/余量上网模式接入用户电网的一次系统有两个子方案，子方案接线示意图如图6-15所示。

（2）接入公共电网 采用多回线路将光伏接入公共电网配电箱或线路、配电室或箱变低压母线。以光伏发电单点接入公共电网配电箱或线路方案和单点接入公共电网配电室或箱变低压母线方案为基础模块，进行组合设计。

此方案适用于统购统销模式接入公共电网的光伏系统，系统接入点为公共电网配电箱或线路、配电室或箱变低压母线。接入配电箱或线路时，若单个并网点参考装机容量不大于

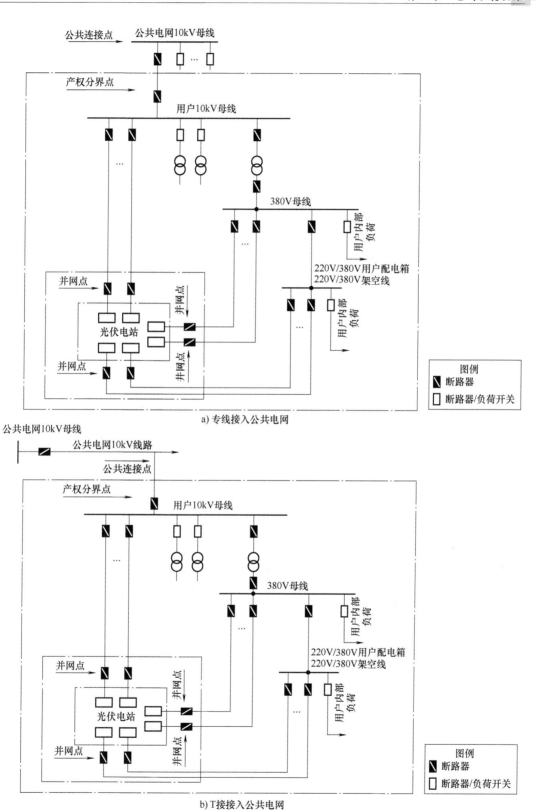

图 6-14　自发自用/余量上网模式接入用户电网一次系统示意图（一）

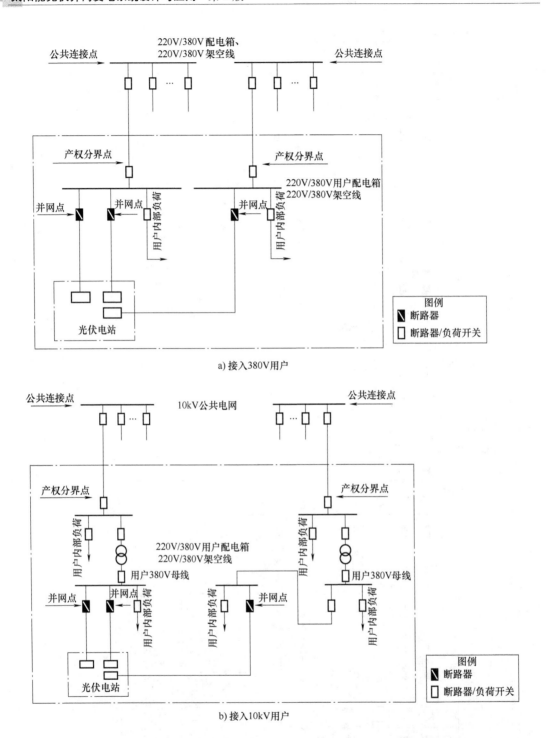

a) 接入380V用户

b) 接入10kV用户

图6-15 自发自用余量上网模式接入用户电网一次系统示意图（二）

100kW, 可采用三相接入; 若单个并网点装机容量为8kW及以下时, 可采用单相接入; 接入配电室或箱变低压母线时, 单个并网点参考装机容量20~400kW。接入公共电网一次系统接线示意图如图6-16所示。

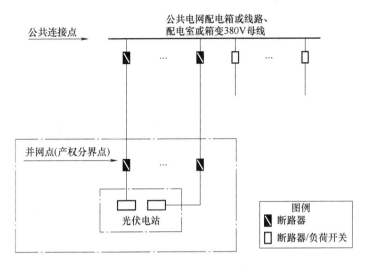

图 6-16　接入公共电网一次系统接线示意图

6.3.5　电气计算

1. 潮流分析

方案设计中应对设计水平年有代表性的正常最大、最小负荷运行方式，检修运行方式，以及事故运行方式进行分析，必要时进行潮流计算。

2. 短路电流计算

计算设计水平年系统最大运行方式下，电网公共连接点和光伏系统并网点在光伏系统接入前后的短路电流，为电网相关厂站及光伏系统的开关设备选择提供依据。如短路电流超标，应提出相应控制措施。

当无法确定光伏逆变器具体短路特征参数情况下，考虑一定裕度，光伏发电提供的短路电流按照 1.5 倍额定电流计算。

3. 无功平衡计算

1）光伏发电系统的无功功率和电压调节能力应满足相关标准的要求，选择合理的无功补偿措施。

2）光伏发电系统无功补偿容量的计算，应充分考虑逆变器功率因数、汇集线路、变压器和送出线路的无功损失等因素。

3）通过 10kV 电压等级并网的光伏发电系统功率因数应实现 0.95（超前）~0.95（滞后）范围内连续可调。

4）光伏发电系统配置的无功补偿装置类型、容量及安装位置应结合光伏发电系统实际接入情况确定，必要时安装动态无功补偿装置。

第 **7** 章

光伏直流系统保护

7.1 旁路二极管保护

7.1.1 热斑效应

在一定条件下，一串联支路中被遮挡的光伏组件，将被当作负荷，消耗其他有光照的光伏组件所产生的能量。被遮挡的光伏组件此时会发热，这就是热斑效应，如图 7-1 所示。

热斑效应使得有光照的光伏组件所产生的部分能量或所有能量，都可能被遮挡的电池所消耗；会使焊点融化，破坏封装材料（如无旁路二极管保护），甚至会使整个组件失效；会导致组件功率衰减失效或者直接导致组件烧毁报废。

7.1.2 旁路二极管

旁路二极管为按照正向电流方向跨接在一个或多个电池两端的二极管。

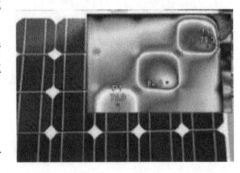

图 7-1 热斑效应

1. 旁路作用

当电池片出现热斑效应不能发电时，二极管起旁路作用，让其他电池片所产生的电流从二极管流出，使光伏发电系统继续发电，不会因为某一片电池片出现问题而产生发电电路不通的情况。

旁路二极管的保护作用示意如图 7-2 所示。

当电池片正常工作时，旁路二极管反向截止，对电路不产生任何作用；若与旁路二极管并联的电池片组存在一个非正常工作的电池片时，整个电路电流将由最小电流电池片决定，而电流大小由电池片遮挡面积决定，若反偏压高于电池片最小电压时，旁路二极管导通，此时，非正常工作的电池片被短路。

2. 技术参数

（1）额定正向工作电流　额定正向工作电流是指二极管长期连续工作时允许通过的最

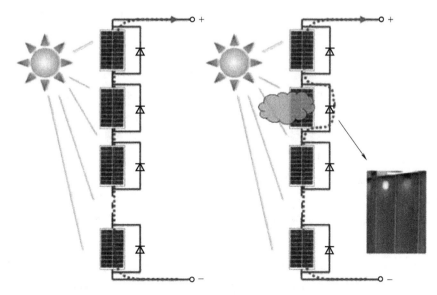

图 7-2　旁路二极管的保护作用

大正向电流值。

电流通过二极管时会使管芯发热，温度上升，温度超过允许限度时，会使管芯过热而损坏。所以，二极管使用中不要超过二极管额定正向工作电流值。

（2）最高反向工作电压值　加在二极管两端的反向电压高到一定值时，会将二极管击穿，失去单向导电能力。为了保证使用安全，规定了最高反向工作电压值。

（3）反向电流　反向电流是指二极管在规定的温度和最高反向电压作用下，流过二极管的反向电流。

反向电流越小，二极管的单向导电性越好。值得注意的是，反向电流与温度有着密切的关系，大约温度每升高 10℃，反向电流增大一倍。

7.1.3　保护定值

1. 要求

旁路二极管一般用于防止光伏组件遭受反向电流及热斑加热损害。如果使用外部旁路二极管，并且它们没有被封装在光伏组件内或也不是厂家安装接线盒的一部分，则它们应满足以下要求：

1）电压等级至少为被保护组件的 $2U_{\text{OC MOD}}$（光伏组件或光伏组串的开路电压），耐压容量为最大反向工作电压的两倍。

2）电流等级至少为 $1.4I_{\text{SC MOD}}$（光伏组件或光伏组串的短路电流），电流容量为最大反向工作电流的两倍。

3）根据组件厂家要求进行安装。

4）安装时，不能暴露任何带电部分。

5）具有防止环境造成的性能衰退的保护措施。

6）结温温度应高于实际结温温度。

7）热阻小。

8）压降小。

2. 反向电流

旁路二极管在截止状态时存在反向电流，即暗电流，一般小于0.2μA。

原则上，每个电池片应并联一个旁路二极管，以便更好保护并减少在非正常状态下的无效电池片数目，但因为旁路二极管价格成本的影响和暗电流损耗以及工作状态下压降的存在，对于硅电池，每15个电池片并联一个旁路二极管为最佳。

遮挡一块电池片与遮挡两块电池片各一半的效果不同，所以遮挡不可避免时，应使电池遮挡尽可能少，每个电池尽可能少的阴影。

3. 设置

旁路二极管一般都直接安装在接线盒内，根据组件功率大小和电池片串的多少，安装1~3个二极管。

旁路二极管也不是任何场合都需要，当组件单独使用或并联使用时，可以不接旁路二极管。对于组件串联数量不多且工作环境较好的场合，也可以考虑不用旁路二极管。

7.2　过电流保护

7.2.1　直流侧电流

1. 直流电流特性

直流电不会自动经过零点，比交流电更加难以分断。当用一个隔离开关去分断直流负荷的时候，电流不会马上停止，而是会在开关触头间的间隙中通过电弧来继续导通。只有当电弧的电压高到一定的程度，电流才会停止。

在直流分断的过程中，有4个参数至关重要，即电弧温度、电弧电阻、负荷感抗（时间常数）和开关两端的电压。虽然，光伏系统直流侧的时间常数一般不高，但直流侧的电压却远远高于交流端。为了要分断电流，隔离开关在分断过程中必须迅速地建立起足够的触头间隙，以最大限度地拉伸电弧，通过拉伸电弧，就可以大大提高电弧电阻，并冷却电弧。

2. 逆变器的负荷特性

很多因素会影响到隔离开关处的负荷特性，其中，最重要的就是逆变器。在直流分断的过程中，逆变器的内部结构能起到帮助分断的作用。

在带负荷断开隔离开关的时候，如果逆变器还在调制，逆变器侧的电压就会升高，帮助熄灭电流；如果逆变器不再调制，则电流会在逆变器内部形成闭环，也会帮助熄灭电流。因此，无论逆变器输出侧接的是何种负荷，从直流侧的隔离开关的角度出发，实际的时间常数都会比较低。

3. 光照和温度的影响

光照的强弱和温度的高低对光伏系统的电气特性都有影响。

（1）光照的强弱会影响到电流的输出　当光照减弱的时候，光伏短路电流I_{sc}成比例地减小，但同时开路电压U_{oc}的变化却很小。因此，光照变化过程中，整个转换效率基本不变。

（2）环境温度对电压输出也有影响　与光照影响相反，温度的升高范围会降低电压输出在实际应用中，往往需要考虑的是高温条件对元器件的影响。例如，IEC 60947《低压开关设备和控制设备》规定的正常温度环境是35℃，但对于暴露在太阳光直射的光伏系统来说，经常会遇到50～60℃的环境温度，此时就必须对隔离开关进行降容处理。

7.2.2　过电流保护

1. 过电流

光伏方阵内的过电流，可能由方阵线路、汇流箱或组件线路中组件的短路故障造成。

光伏组件是受控电流源，但由于它们可以并联或连接到外电源，有可能承受过电流。组件过电流可由以下各项的电流叠加所致：

1）多个并联的相邻组串。

2）连接到光伏组件的某种类型的逆变器。

3）外电源。

2. 过电流保护的要求

过电流保护应根据设计及光伏组件厂家的要求设置。应选择光伏组件和其线路保护需要的过电流保护电器，当过电流在135%光伏组件标称电流额定值时，保护电器应在2h内可靠连续工作。

3. 光伏组件和连接线的过电流保护

光伏组件和连接线的过电流保护装置的选择要求是当过电流不大于正常器件的额定电流的135%时，过电流保护装置在2h之内仍能持续可靠工作。

4. 与蓄电池相连的光伏系统过电流保护

与蓄电池相连的所有光伏系统都应该提供过电流保护。在系统内部接近蓄电池端可以建立主要光伏方阵电缆保护。如果不是这种情况，应该为主要方阵电缆提供过电流保护，从而防止电缆遭受来自蓄电池系统的故障电流。所有过电流保护都应该有中断来自蓄电池的可预期最大故障电流的能力。

5. 光伏组串的过电流保护

若以下条件成立，应使用组串过电流保护：

$$(N_S - 1)I_{SC\,MAX} > I_{MOD\,MAX\,OCPR}$$

式中　　N_S——由最近的过电流保护电器保护的并联组串总数；

$I_{SC\,MAX}$——光伏组件、光伏组串或光伏方阵最大极限的短路电流；

$I_{MOD\,MAX\,OCPR}$——光伏组件或光伏组串的最大电流。

当使用直流断路器作为过电流保护装置时，其断开方式应保证隔离输入电源与负荷。

当采用熔断器作为过电流保护装置时，熔体必须满足 GB/T 13539.6—2013《低压熔断器　第6部分：太阳能光伏系统保护用熔断体的补充要求》的要求（gPV（指光伏发电系统中全范围内具有熔断能力）型）。

6. 光伏子方阵的过电流保护

如果两个以上子方阵并联，应为每个子方阵单独提供过电流保护。

7.2.3 过负荷保护

1. 过负荷

许多气候和环境条件可能导致光伏组件和方阵中一些大的短路电流超过标准测试条件下的测试值，比如处于异常高太阳能资源的地理位置、雪的反射或其他情况。例如，在下雪情况下，光伏组件周围的环境温度、倾角和方位角、雪的反射、地理特征等都会使短路电流受到影响。

2. 光伏组串过负荷保护

若组串需要过负荷保护，可以是以下情况：

1）每个光伏组串由过负荷保护电器保护，保护电器的标称过负荷保护额定值（I_n）为

$$I_n > 1.5 I_{SC\ MOD}$$

$$且\ I_n < 2.4 I_{SC\ MOD}$$

$$且\ I_n \leqslant I_{MOD\ MAX\ OCPR}$$

2）组串可以按并联分组，每组由一个过负荷保护电器保护

$$I_{ng} > 1.5 N_{TS} I_{SC\ MOD}$$

$$且\ I_{ng} < I_{MOD\ MAX\ OCPR} - \left[(N_{TS} - 1) I_{SC\ MOD} \right]$$

式中　　I_n——单个组串过负荷保护电器的额定电流或整定电流；

$I_{SC\ MOD}$——标准试验条件下光伏组件、光伏组串或光伏方阵的短路电流；

$I_{MOD\ MAX\ OCPR}$——光伏组件最大过电流保护额定值；

I_{ng}——组串组过负荷保护电器的额定电流或整定电流；

N_{TS}——组串组过负荷保护电器保护的组串总数。

如果使用断路器作为过负荷保护电器，断路器按照要求发挥隔离电器的功能。在一些光伏组件技术中，$I_{SC\ MOD}$ 在最初几周或几个月工作期间高于标称额定值。在确定过负荷保护及电缆选型时宜考虑到这个问题。

对组串分组，每组由一个过负荷保护电器保护如图 7-3 所示。

图 7-3 在个别情况下可能还需要其他开关、隔离和过负荷保护电器，但为简单起见，这些都没有在这个图中显示。这是一种特殊情况，只有当光伏组件的过负荷保护额定值远大于其正常工作电流时，才有可能进行设计。在特殊约束条件下，如在标称电流和较高环境温度下，同时使用的设备并排安装时，可能会影响保护电器额定电流的选择。

3. 光伏子方阵过负荷保护

光伏子方阵过负荷保护的额定电流或电流整定值（I_n）用式（7-1）确定：

$$I_n > 1.25 I_{SC\ SARRAY} \tag{7-1}$$

$$且\ I_n \leqslant 2.4 I_{SC\ SARRAY}$$

这里用 1.25 乘数替代组串的 1.5 乘数是为了增加设计人员的灵活性。在频繁出现高辐照度的地区，不应使用 1.25 乘数，否则可能会造成过负荷保护电器的误操作。

在特殊约束条件下，如在标称电流和高温环境下，同时使用的设备并排安装时，保护装置额定电流选择可能会受影响。

4. 光伏方阵过负荷保护

光伏方阵电缆的过负荷保护仅对连接了蓄电池组的光伏装置或在故障条件下其他电流源

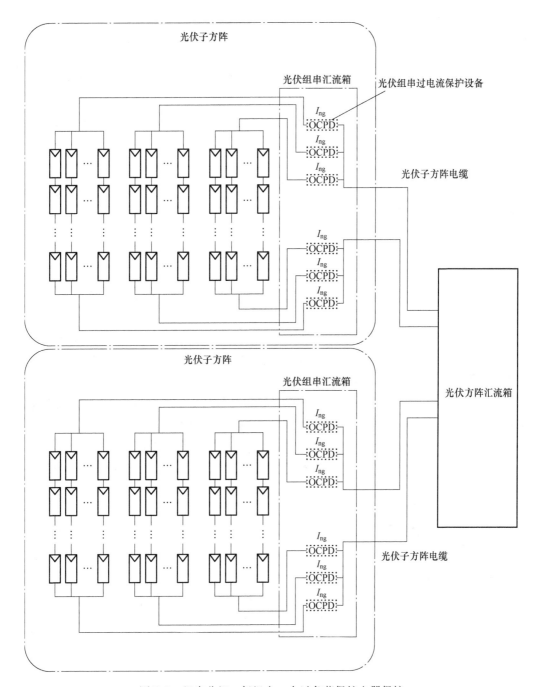

图 7-3 组串分组，每组由一个过负荷保护电器保护

可能流入光伏方阵的地方需要。光伏方阵过负荷保护电器的额定电流（I_n）按下式计算：

$$I_n > 1.25 I_{SC\ S\ ARRAY}$$

$$且 \quad I_n \leqslant 2.4 I_{SC\ ARRAY} \tag{7-2}$$

光伏方阵过负荷保护电器通常安装在蓄电池或蓄电池组与充电控制器之间，并尽可能靠近蓄电池或蓄电池组。如果对这些电器评选适当，它们对充电控制器和光伏方阵电缆双方都提供保护。因此，在光伏方阵和充电控制器之间没有必要再设置光伏方阵电缆的过负荷保护。

这里用 1.25 乘数而不是组串所用的 1.5 乘数，是为允许设计人员灵活设计。在辐照度升高频繁发生的地区不应使用 1.25 乘数，因为这很可能引起过负荷保护电器的误操作。

在特殊约束条件，如在标称电流和高环境温度下，同时使用的设备并排安装时，保护电器的电流额定值选择可能受到影响。

5. 方阵过负荷保护设置

要求光伏方阵、光伏子方阵和光伏组串的过负荷保护电器应按照以下要求设置：

1）组串过负荷保护电器应置于组串汇流箱中组串电缆和子方阵电缆与方阵电缆的连接处，如图 4-26 和图 4-27 所示。

2）子方阵过负荷保护电器应置于方阵汇流箱（柜）中子方阵电缆与方阵电缆连接处，如图 4-27 所示。

3）方阵过负荷保护电器应置于方阵电缆连接应用电路或逆变器的位置，如图 4-25 ~ 图 4-27 所示。

在距离光伏子方阵或组串最远的那些电缆末端设置过负荷保护电器，是为防止光伏方阵的其他部分或其他电源（如蓄电池组）流入的故障电流。由于光伏固有的限流特性，光伏组件电路自身故障电流不足以导致过负荷保护电器动作。

组串电缆或子方阵电缆需要的过负荷保护电器应置于各自带电导体（即各自未连接功能接地的带电导体）中。但有一个例外适用于不与子方阵电缆在同一布线系统的组串电缆及不与组串电缆在同一布线系统的子方阵电缆。在这些情况下，过负荷保护电器仅需设置于组串电缆或各子方阵电缆未接地的带电导体中，所有像这样保护的电缆，该导体的极性应一致。

6. 光伏方阵电缆的保护

光伏方阵电缆的持续载流量（I_Z）应大于或等于光伏方阵的最大短路电流，即

$$I_Z \geqslant I_{SC\,MAX}（光伏方阵）$$

7. 光伏交流供电电缆的保护

交流供电电缆过负荷保护电器的额定电流应考虑到逆变器的设计电流。逆变器设计电流是由逆变器厂家给出的最大交流电流，如果此数据缺失，可为逆变器交流额定电流的 1.1 倍。

7.2.4　短路电流保护

应通过连接电气装置指定的配电箱内安装的过电流保护电器，对光伏交流供电电缆提供短路保护。

7.2.5　直流熔断器

1. 技术要求

直流熔断器的技术要求见表 7-1。

表 7-1　直流熔断器的技术要求

器　件	要　求
熔断器	直流使用等级
	电压等级等于或高于规定的光伏方阵最大电压
	可用于切断故障电流，故障电流来自于光伏方阵和其他连接功率源，例如蓄电池、发电机及电网
	根据 GB/T 13539.6—2013《低压熔断器—第 6 部分：太阳光伏能量系统保护用熔断体的补充要求》，适用于光伏方阵的过电流和短路电流保护
熔体	直流专用
	额定电压大于或等于光伏汇流设备的额定工作电压
	额定电流满足过电流保护的要求
	短路及过负荷电流保护类型满足 GB/T 13539.6—2013《低压熔断器　第 6 部分：太阳光伏能量系统保护用熔断体的补充要求》中对太阳能光伏系统保护用熔体的要求（即 gPV 型）
	额定分断能力（直流）：≥10kA
支持件	满足 GB13539.1—2015《低压熔断器　第 1 部分：基本要求》相关要求
	额定电压大于或等于相匹配的熔体的额定电压
	额定电流大于或等于相匹配的熔体的额定电流
	峰值耐受电流大于相匹配的熔体的额定分断能力，且≥10kA
	提供适合安装地的保护等级且不低于 IP2X
标注	熔断器厂家或汇流设备厂家应在显著位置处标注"禁止带负荷开合、连接、断开"，标注应靠近熔断器或熔断器座。带负荷操作会产生电弧，损坏熔断器（若熔断器前端电路未断开，而只断开其后端电路，由于光伏组串间电压存在差异，此时更换熔体仍存在产生电弧的风险。在夜间光伏组件不工作时更换熔体）
	若使用熔体夹，则汇流设备厂家应在熔体夹安装底板显著位置处标注"禁止白天更换熔体"及当心触电的警告标示

2. gPV 型熔体的约定时间和约定电流

gPV 型熔体的约定时间和约定电流见表 7-2。

表 7-2　"gPV"型熔体的约定时间和约定电流

额定电流/A	约定时间/h	约定电流		类　型
		预定不熔断电流 I_{nf}	预定熔断电流 I_f	
$I_n \leqslant 32$	1	$1.05I_n$	$1.35I_n$[①]，2h	光伏组件串用熔断器
$32 < I_n \leqslant 63$	1	$1.13I_n$[②]	$1.45I_n$[②]	光伏子方阵或光伏方阵用熔断器
$63 < I_n \leqslant 160$	2			
$160 < I_n \leqslant 400$	3			
$I_n > 400$	4			

注：如直流侧发生接地故障，组串熔断器应断开直流侧功能性接地导线中的电流。对于功能性接地，当故障电流为（130% ~ 140%）I_n 时熔体确保运行，135%I_n 最大运行时间 60min，200%I_n 最大运行时间 2min。

① 对于过电流 $I_f = 1.35I_n$，运行时间 =2h（反向电流下光伏组件耐热能力在 IEC 61730 组件安全测试规定的 2h 测试期间合格，并作为组件"最大过流保护"值）

② 北美不允许将这些值用于常规电流。子方阵和方阵熔断器允许使用组串熔断器常规电流值。

光伏发电系统光伏组件的发电量设计一般不会超出 11A，通常应用于光伏发电系统汇流箱的熔断器额定电流规格不会超出 20A，应用最多的是在 8 ~ 15A 范围内，所以都属于其约定熔断电流和约定不熔断电流参数要调整的系列范围。

光伏系列的直流熔断器（规格 $\phi 10\text{mm} \times 38\text{mm}$）熔断时间-电流特性曲线如图 7-4 所示。

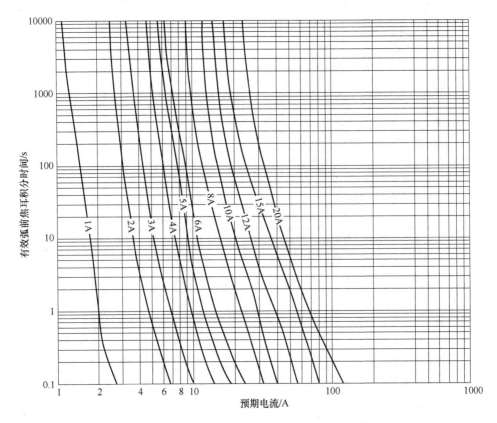

图 7-4 $\phi 10 \times 38\text{mm}$ 熔断器熔断时间-电流特性曲线

光伏系列的直流熔断器（规格 $\phi 14 \times 51\text{mm}$）熔断时间-电流特性曲线如图 7-5 所示。

3. 选择

（1）过电流保护熔体和熔断器支持件的选择

由于温度越低，光伏组件的开路电压越大，考虑到该特点，光伏方阵、光伏子方阵、光伏子串和光伏组件的最大电压，应根据安装地点预期的最低气温按光伏组件厂家的说明来修正，对于光伏组件厂家没有提供修正方法的，应依照标准要求修正，以确定光伏方阵的最大电压。

（2）过电流保护熔体额定电流的选择和安装位置要求

对于光伏子串的保护，熔断器应安装在光伏子串电缆连接到光伏子阵电缆的位置，如子方阵汇流箱等光伏连接线位置，且正负极位置都要安装。熔体的额定电流应在（1.4~2.4）$I_{SC\ MOD}$ 的范围内，$I_{SC\ MOD}$ 是指光伏组件或光伏子串在标准测试条件下的短路电流，是光伏组件厂家规定在产品铭牌上的规格值。要注意的是，对于一些光伏组件，在其工作的前几周或前几个月，其 $I_{SC\ MOD}$ 比名义值要高些。

对于光伏子阵的保护，熔断器应安装在光伏子阵电缆连接到光伏方阵电缆的位置，如光伏方阵汇流箱等光伏连接箱位置，且正负极位置都要安装。熔体的额定电流应在（1.25~2.4）$I_{SC\ S\ ARRAY}$ 的范围内，$I_{SC\ S\ ARRAY}$ 是指光伏子阵在标准测试条件下的短路电流，其等于光伏

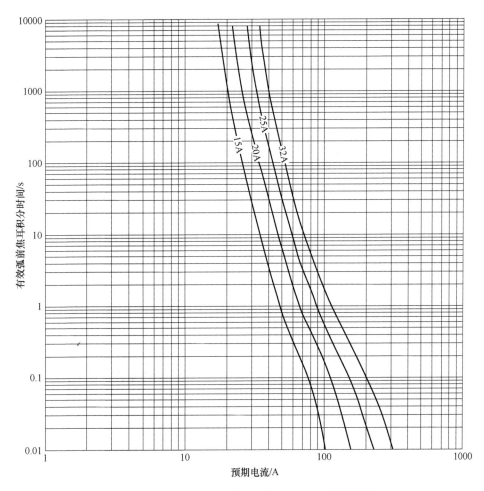

图7-5 $\phi14 \times 51$mm 熔断器熔断时间-电流特性曲线

子串短路电流 $I_{\text{SC MOD}}$ 的 n 倍，n 是子方阵中并列的光伏子串数。

对于整个光伏方阵的保护，熔断器应安装在光伏方阵电缆和系统电路电缆连接位置，用于保护系统和电缆，防止其他地点光伏方阵或其他连接的电源的电流流入，如光伏方阵等故障电流的流入，如果熔体的额定值很靠近下限选定，则对光伏方阵电缆提供了保护。

光伏方阵仅连接至蓄电池，或者故障条件下来自其他电源的电流会反馈入光伏方阵的光伏系统应提供光伏方阵过电流保护。光伏方阵过电流保护装置额定电流（I_n）应满足

$$I_n > 1.25 I_{\text{SC SARRAY}} \text{ 且 } I_n \leqslant 2.4 I_{\text{SC SARRAY}}$$

光伏方阵过电流保护装置一般安装在蓄电池（蓄电池组）和充放电控制器之间，尽可能靠近蓄电池（蓄电池组）。如果装置的额定值合适，则可同时保护充放电控制器和光伏方阵电缆。这种情况下，在光伏方阵和充电控制器之间不再需要设光伏方阵电缆过电流保护。

对于额定电流很大的，可能没有对应的熔断器规格，则通常采用过电流保护继电器等其他过电流保护器件。

4. 熔断器与电缆配合

在光伏系统直流侧的光伏子方阵电路、光伏方阵电路、逆变器输出电路和储能电池电路

的导体和设备应当予以保护。如图 7-6 所示。

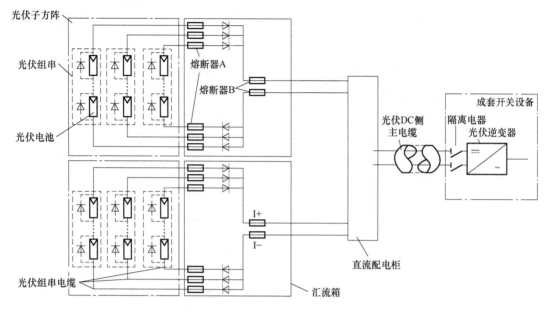

图 7-6　光伏组串熔断器

对于光伏组串的熔断器，即图 7-6 中的熔断器 A，要求额定电流 $I_n \geqslant 1.56 I_{SC}$（$I_{SC}$ 为光伏组串的短路电流），额定电压不小于光伏组串当地最低温度时的开路电压 U_{OC}，厂家需要提供修正系数供计算实际使用温度下。而保护光伏方阵的熔断器 B，其要求 $1.25 I_{SC} \leqslant I_n < 1.56 I_{SC}$，该位置电缆的允许载流量要不小于 $1.56 I_{SC}$。IEC 体系的直流熔断器约定熔断电流为 $1.45 I_n$。所以熔断器取电流 $1.45 I_{SC}$ 计算值以下的系列化规格中最大的额定电流是合适的。

7.2.6　直流断路器

1. 作用

1）过电流保护。承担光伏并网系统中直流部分的过电流保护，包括光伏组件和连接线的过电流保护；与蓄电池相连的光伏系统过电流保护；光伏组串的过电流保护；光伏子方阵的过电流保护。

2）直流反向电流保护。保护光伏组串免受反向电流的危害。反向电流包括光伏组串短路电流；功能性接地方阵中的方阵接地故障。

3）交流反向电流保护。保护光伏组串免受逆变器故障时，交流侧向直流侧（光伏组串）反馈电流。

4）直流隔离作用。因故障或检修的需要，在光伏组串与负荷之间提供明显的断点，阻断电流和电压。在有负荷情况下，安全、有选择地投入和切除光伏组串。

5）远程脱扣和报警。通过分励脱扣器提供辅助（接通或分断）或报警触头（过负荷或短路），将光伏组串中断路器的实际通断状态的信号发送出去。

2. 分类

直流断路器的分类见表 7-3。

表 7-3　直流断路器的分类

分 类 原 则	类 别
使用类别	A 类
	B 类
分断介质	空气中分断
	真空中分断
	气体中分断
设计形式	万能式
	塑料外壳式
操作机构的控制方法	有关人力操作
	无关人力操作
	有关动力操作
	无关动力操作
	储能操作
是否适合隔离	适合隔离
	不适合隔离
是否需要维修	需要维修
	不需要维修
安装方式	固定式
	插入式
	抽屉式

光伏断路器的形式规定极数有单极、双极。实际使用中可以由断路器的多个断点串、并联派生为单极或双极直流断路器。

3. 主电路的额定值和极限值

（1）额定工作电压（U_n）　额定工作电压是一个与额定工作电流组合共同确定电器用途的电压值，它与相应的试验有关。

（2）额定绝缘电压（U_i）　电器的额定绝缘电压是一个与介电试验电压和爬电距离有关的电压值。在任何情况下，最大的额定工作电压值不应超过额定绝缘电压值。若电器没有明确规定额定绝缘电压，则规定的工作电压的最高值被认为是额定绝缘电压值。

（3）额定冲击耐受电压（U_{imp}）　在规定的条件下，电器能够耐受而不击穿的具有规定形状和极性的冲击电压峰值。该值与电气间隙有关。电器的额定冲击耐受电压应大于或等于该电器所处的电路中可能产生的瞬态过电压规定值。光伏断路器的额定冲击耐受电压（U_{imp}）应满足表 7-4 的要求。

表 7-4　光伏断路器的额定冲击耐受电压等级

额定工作电压最大值/V	额定冲击耐受电压值/V
300	2500
600	4000
1000	6000
1500	8000

注：这些值是基于 GB/T 16895.32—2008《建筑物电气装置 第 7-712 部分：特殊装置或场所的要求 太阳能光伏（PV）电源供电系统》过电压类别Ⅱ的要求而确定的。

4. 短路特性

（1）额定短路接通能力（I_{cm}）　断路器的额定短路接通能力是在厂家规定的额定工作电压、时间常数（对于直流）下断路器的短路接通能力值，用最大预期峰值电流表示。

对于直流断路器，断路器的额定短路接通能力应不小于其额定极限短路分断能力。额定短路接通能力表示断路器在对应于额定工作电压的适当外施电压下能够接通电流的额定能力。

（2）额定短路分断能力（I_{cn}）　断路器的额定短路分断能力是厂家在规定的条件及额定工作电压下，对断路器规定的短路分断能力值。对于直流断路器，时间常数不超过表7-5的规定。

表7-5　额定短路分断能力与时间常数

试验电流 I/kA	时间常数/ms		
	短路	操作性能能力	过负荷
$I \leqslant 3$	5		
$3 < I \leqslant 4.5$	5		
$4.5 < I \leqslant 6$	5		
$6 < I \leqslant 10$	5	2	2.5
$10 < I \leqslant 20$	10		
$20 < I \leqslant 50$	15		
$I > 50$	15		

额定短路分断能力：规定额定极限短路分断能力和额定运行短路分断能力。

额定极限短路分断能力（I_{cu}）：是厂家按相应的额定工作电压规定，断路器在规定的条件下应能分断的极限短路分断能力值。它用预期分断电流（kA）表示。

额定运行短路分断能力（I_{cs}）：是厂家按相应的额定工作电压规定，断路器在规定的条件下应能分断的运行短路分断能力值。它用预期分断电流（kA）表示，相当于额定极限短路分断能力规定的百分数中的一档（按表7-6选择）并化整到最接近的整数，可用 I_{cu} 的百分数表示（例如 $I_{cs} = 25\% I_{cu}$）。

另一方面，当额定运行短路分断能力等于额定短时耐受电流时，它可以按额定短时耐受电流值（kA）规定，只要它不小于表7-6中相应的最小值。

表7-6　I_{cs} 和 I_{cu} 之间的标准比值

使用类别A（I_{cu} 的百分数）	使用类别B（I_{cu} 的百分数）
25%	—
50%	50%
75%	75%
100%	100%

（3）额定短时耐受电流（I_{cw}）　与额定短时耐受电流相应的短延时应不小于0.05s。其优选值如下：0.05s、0.1s、0.25s、0.5s、1s。

额定短时耐受电流应不小于表 7-7 所示的相应值。

表 7-7　额定短时耐受电流最小值

额定电流 I_n/kA	额定短时耐受电流 I_{cw} 的最小值/kA
$I_n \leqslant 2.5$	$12I_n$ 或 5kA，取较大者
$I_n > 2.5$	30

5. 使用类别

使用类别是根据断路器在短路情况下是否通过人为短延时明确用作串联在负荷侧的其他断路器的选择性保护而规定的。

使用类别规定于表 7-8 中。

表 7-8　使用类别

使用类别	选择性的应用
A	在短路情况下，断路器无明确指明用作串联在负荷侧的另一短路保护装置的选择性保护，即在短路情况下，没有用于选择性的人为短延时，因而无额定短时耐受电流
B	在短路情况下，断路器明确指明用作串联在负荷侧的另一短路保护装置的选择性保护，即在短路情况下，具有一个用于选择性的人为短延时（可调节）。这类断路器具有额定短时耐受电流

注：1. 与每档额定短路电流值有关的时间常数已在表 7-5 中给出。

2. 须注意表 7-6 中使用类别 A 和 B 的 I_{cs} 要求的最小百分数的不同要求。

3. 属使用类别 A 的断路器，可有一定的人为的短延时，且短时耐受电流应比表 7-7 要求的小，以满足除短路条件之外的选择性。

4. 选择性不必保证一直到断路器的极限短路分断能力（例如存在瞬时脱扣器动作时），但至少要保证表 7-5 规定值以下的选择性。

6. 适用环境

1）海拔 2000m 及以下，高于 2000m 需降容使用。其他特殊要求应与厂家联系。

2）能耐受潮湿空气的影响（三防型）。

3）能耐受盐雾油雾的影响（三防型）。

4）能耐受霉菌的影响（三防型）。

5）在无爆炸危险的介质中，且介质无足以腐蚀金属和破坏绝缘的气体与导电尘埃的地方。

7. 类型

（1）微型断路器　应用于光伏组串保护，对于故障光伏子串产生的反向电流以及故障逆变器反馈回的交流再生负荷，微型直流断路器可为光伏模块和线路提供可靠保护。

根据 IEC 规定，光伏组串用直流微型断路器的额定电流值应符合

$$1.25I_{SC} \leqslant I_n \leqslant 2I_{SC}$$

式中　I_{SC}——光伏组件/光伏组串的短路电流（A）。

根据试验得知，直流微型断路器用短导体连接将会产生 25% 以上的降容系数。

（2）塑壳型断路器　用于光伏汇流箱到直流配电柜或汇流箱到逆变器之间的过电流保护。直流塑壳断路器用短导体连接将会产生 30% 以上的降容系数。

高海拔应用时的降容系数见表7-9。

表7-9 高海拔应用时的降容系数

海拔/m	2000	3000	4000	5000	6000
额定工作电压 U_n/V	250	200	175	150	138
	500	400	350	300	276
	800	640	560	480	440
	1000	800	700	600	550
	1500	1200	1050	900	825
40℃时额定电流 I_n 的变化/A	I_n	$0.96I_n$	$0.93I_n$	$0.9I_n$	$0.87I_n$

（3）框架型断路器　框架型直流断路器适用于额定电压DC 1500V，额定电流630～2000A的直流系统中，用来分配电能和保护线路及电源设备免受过负荷、欠电压、短路等的危害。

断路器具有选择保护性能，实现断路器级间的分级配合保护和后备保护，以减少电网的事故范围。

（4）极间连接　不同系统类型的不同电压等级的直流极间连接应用见表7-10。

表7-10 直流断路器选型及断路器极间连接

系统类型	接地系统			不接地系统
电源	直流电源的一极接地		直流电源的中性点接地	两极均不接地
故障类型	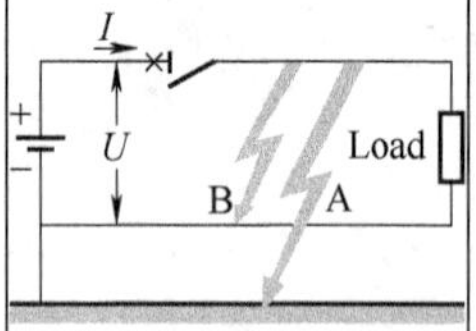	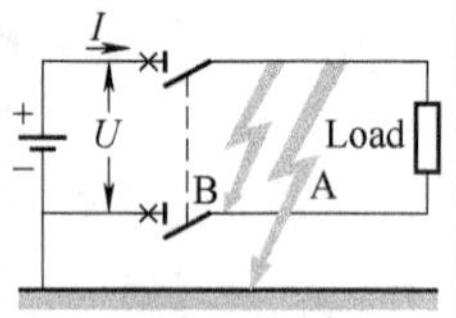	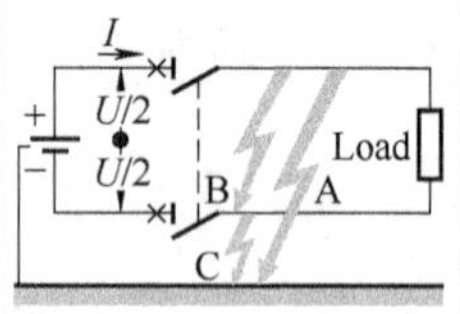	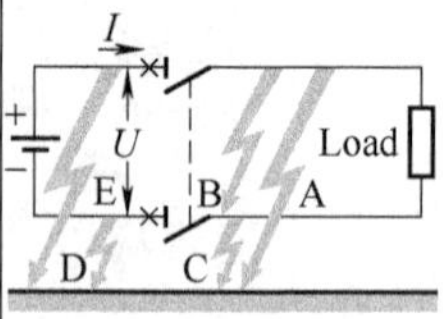
$24V \leqslant U_n \leqslant 250V$	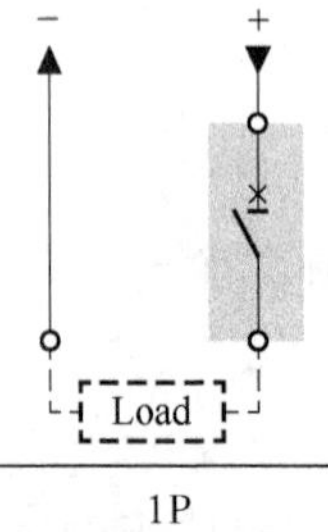	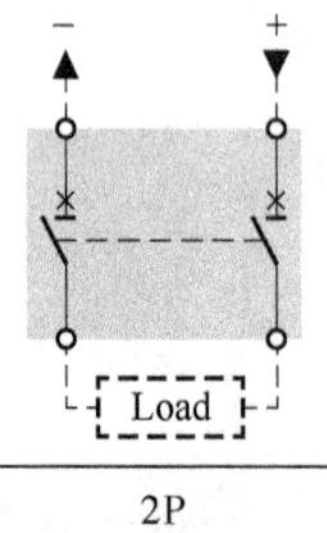	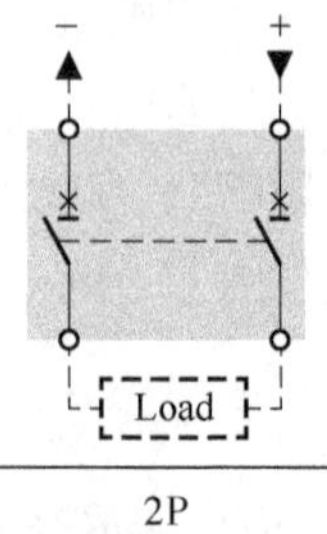	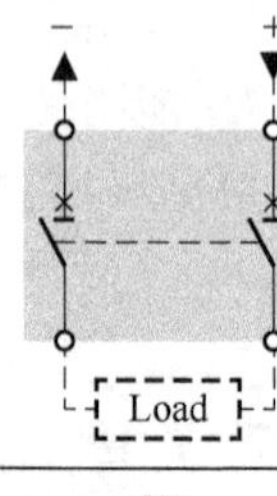
	1P	2P	2P	2P
$250V \leqslant U_n \leqslant 500V$	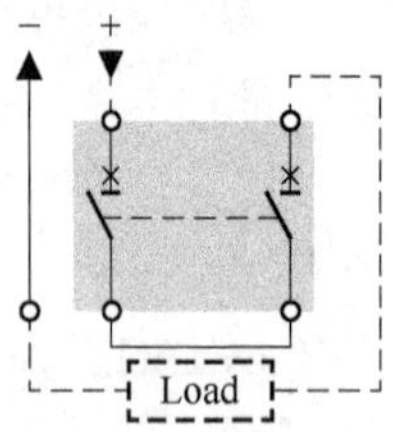	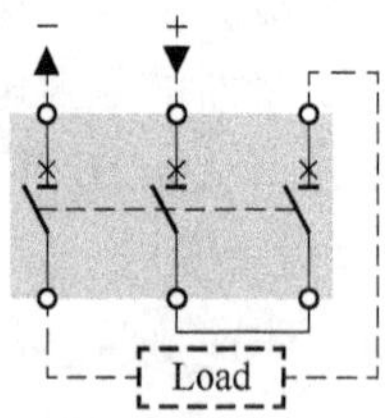	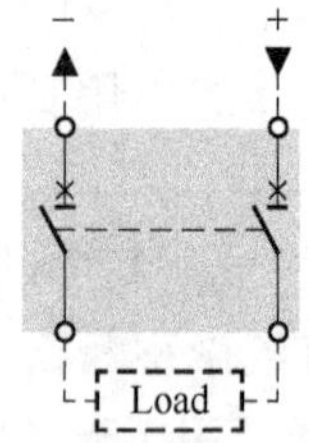	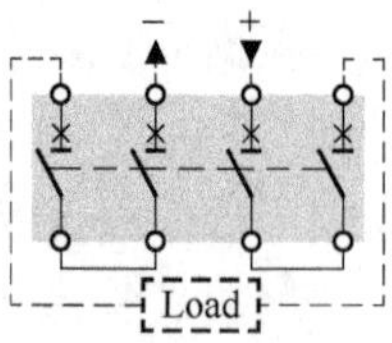
	2P	3P	2P	4P

（续）

系 统 类 型	接 地 系 统			不接地系统
$500\text{V} \leqslant U_\text{n} \leqslant 750\text{V}$	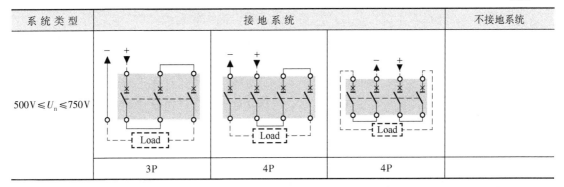			
	3P	4P	4P	

注：在极间串联使用，可使承受的电压增加相应的倍数；在极间并联使用，可使承受的电流增加相应的倍数。

8. 极性

（1）极性断路器　极性断路器内部有一个磁力作用的灭弧装置。直流电在开路时产生的电弧，强调接线方式以及电流流向。极性断路的连接如图7-7所示。

由于光伏方阵电流流向是固定的（从组件系统流向逆变器），而标正极"+"开关电流流向恒定为从这端流向另一端，而标"-"则是从另一端流向这端。

组件系统的正极恒接"+"，负极恒接"-"，然后另外一端顺接即可。如果组件端接的是没有标注的一端，为了依然要保证电流流向的唯一性，此时组件正极端需要接"-"的另一端，这样电流就依然会流向"-"端，同理，组件的负极需要接"+"的另一端。

（2）非极性断路器

非极性断路器是不分"+""-"号的，只要保证正进正出、负进负出即可，如图7-8所示。

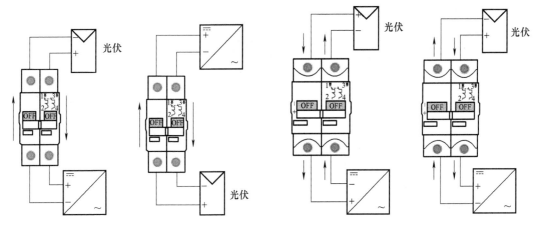

图7-7　极性断路器的连接　　　　　图7-8　非极性断路器的连接

双开关断路器就是两个单开关并在一起的，并不是内部交叉相连。保证"+"接组件端正极，"-"接组件端负极，然后正进正出、负进负出即可。

（3）与逆变器的连接　"正"是指组件和逆变器的正极，和断路器的标注"+"无关。组件到逆变器这端的系统连接，显而易见组件的正极必须连接逆变器的正极，而断路器只是额外加入的一个断路装置，并不允许改变线路走向和顺序。

如果直接反极性接入了逆变器，逆变器因为自身保护不能直接启动。

（4）反向电流 选用直流断路器时，不能用有极性（顺向）保护的直流断路器替代无极性（可逆）保护的直流断路器。有极性的直流断路器有永磁磁吹结构，只能对顺向电流进行保护，光伏组串产生逆电流时则保护不了。由于光伏组串正常工作状态下不会产生过负荷电流，只有当某组光伏组件被遮挡或者故障导致其他光伏组件将其作为负荷时才会出现故障电流。此时如果用直流有极性断路器就会无法正常断开此故障电流，无法实现反向电流保护。

9. 过电流保护的断路器

用作过电流保护的断路器，应满足如下要求：

1）额定电压大于或等于光伏汇流设备的额定电压（铭牌上需标明直流额定电压）。

2）额定电流满足过电流保护的要求。电流等级等于或高于相关的过电流保护装置，如果没有过电流保护装置，那么电流等级等于或高于它们所安装电路的最小电流输送能力。

3）极限分断能力（直流）：≥10kA。

4）无极性（光伏方阵中的故障电流会造成电流反方向，此时断路器应能正常动作）。

5）直流断路器若采用的多断点串联形式，各触头在结构设计上应保证同步接触与分断。

6）直流断路器在电路中起过负荷、短路保护功能，并具有隔离的功能。

7）在连接和未连接状态，都不能有暴露的带电金属部分。

10. 汇流箱内出线直流断路器

汇流箱内直流断路器为光伏组串提供安全可靠保护、双断点结构，两极最高可达到 DC 1000V 额定工作电压、分断能力1.5kA，无极性断路器，功耗比熔断器小。汇流箱内直流断路器如图7-9所示。

11. 光伏直流柜出线直流断路器

直流柜内断路器参数选型推荐与汇流箱一致，但不能选择隔离开关。光伏直流柜内直流断路器如图7-10所示。

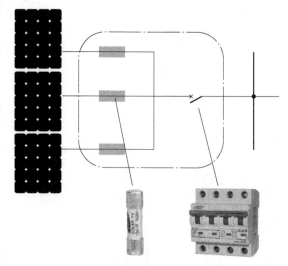

图7-9 汇流箱内直流断路器

直流柜选型需要考虑的其他因素如下：

1）回路断开报警功能：对于非智能型汇流箱方案，直流柜断路器最好加装辅助触点，断路器分闸后能及时传递分闸信号，后台能够发现并及时处理。

2）回路紧急断开功能：增加分励附件为逆变器扩展功能做准备。

直流柜加装防反二极管以后，由于防反二极管目前有1V左右的电压降，单只峰值功耗在140W左右。如果每台直流柜有8只防反二极管，相当于在柜内加装了1200W的加热元件，在此情况下，如果散热不好或者失效，柜内温度实测可达70℃以上，会造成断路器频繁过负荷跳闸等事故，所以直流柜内散热问题一定要重视。

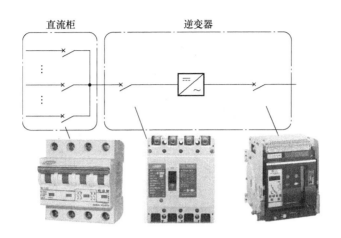

图 7-10　光伏直流柜内直流断路器

7.3　反向电流保护

7.3.1　反向电流

1. 光伏电池反向电流

1）暗电流：指的是电池的暗特性，光伏电池在无光照时，由外电压作用下 P-N 结内流过的单向电流。

2）反向饱和电流：外加反向电压，会有微小的电流流过 P-N 结，当外加反向电压增大时，这个微小电流不变化（或者变化及其微小），也就是说不论外加反向电压多大，这个微小电流都是不变的电流。

3）漏电流：理想二极管模型中，在反向电压下作用下二极管呈断路状态，但实际上还是会有少量的电流漏过去，这个电流就是漏电流。光伏电池也是同样的道理，漏电流的大小代表了电池性能的高低。

2. 光伏组串的反向电流

在一个没有故障的光伏系统中，各光伏子串通过的电流是相等的，不存在过多的电流。当系统中并联超过三个光伏子串，一般会出现临界反向电流。在一个光伏子串中，如果一个或多个光伏模块损坏，整串的电流将减小。此时，正常光伏子串向故障光伏子串馈入较高反向电流，反向电流产生的热量，将可能损坏各个光伏子串中的光伏模块以及线路，如图 7-11 所示。

3. 交流侧反向电流

如果逆变器出现故障，交流侧（AC）反馈电流将可能馈入到直流侧（DC），并损害光伏模块，如图 7-12 所示。

反向电流可因光伏系统某个光伏子串中 1 个或多个模块发生短路或接地故障而产生。在绝缘损坏的模块或线路短路时常常会出现反向电流。这种反向电流会对光伏子串中的其他模块造成损坏。

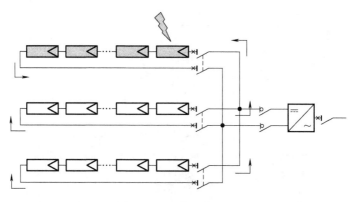

图 7-11　组串反向电流

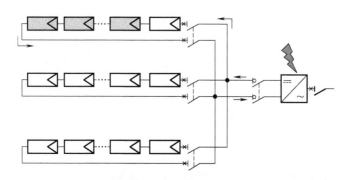

图 7-12　交流侧反向电流

模块中安装的旁路二极管无法提供反向电流保护，仅能降低阴影的影响。因此，未受损光伏子串的电流会叠加在一起，流向受损的光伏子串，而非流入逆变器中。

7.3.2　反向电流计算

光伏子串并联时，故障光伏子串的反向电流为其他光伏子串的电流之和：

$$I_r = (N_{sp} - 1) I_{SC}$$

式中　I_r——最大反向电流（A）；

　　　N_{sp}——并联的光伏子串数量；

　　　I_{SC}——光伏模块/光伏子串的短路电流（A）。

每个光伏组件就像是一个小型的发电机，许多这样的小型发电机并联在一起组成了大型光伏发电系统。由未受损光伏组件流向受损光伏组件的反向电流，将导致系统过负荷。

7.3.3　保护要求

对不装组串过电流保护装置的汇流箱，光伏组件反向电流额定值 I_r 应大于可能发生的反向电流，直流电缆的过电流能力应能承受来自并联组串的最大故障电流，或满足 GB/T 16895.32—2008《建筑物电气装置 第 7-712 部分：特殊装置或场所的要求太阳能光伏（PV）电源供电系统》的规定，即不小于 $1.25 I_{SC(STC)}$。

7.3.4　防反二极管

防反二极管又称为阻塞二极管。防反二极管不应作为过电流保护电器的替代品。防反二极管可用于防止光伏方阵部分的反向电流。

1. 作用

（1）短路故障电流　在光伏方阵中，加装防反二极管是阻止产生反向电流的一个有效措施。

光伏方阵中的过电流/故障电流很多是从正常工作的方阵区域流向具有故障的方阵导致的。故障电流是反方向的。如果方阵中加装了参数合适并且功能正常的防反二极管，反向电流是能够阻止的，且故障电流不是被消除掉就是被显著地减小，如图 7-13 所示。

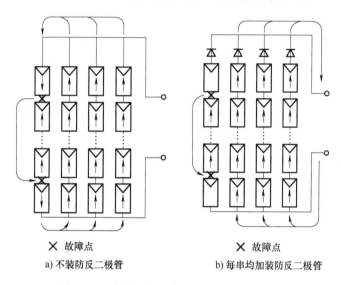

X 故障点　　　　　　　　　　　X 故障点

a) 不装防反二极管　　　　　b) 每串均加装防反二极管

图 7-13　光伏组串短路时防反二极管的作用

有些情况下，防反二极管可以用来取代过电流保护装置。这是一个有效地避免产生过电流/故障电流的方法，但是防反二极管必须能够保证经受时间的考验。

（2）光伏组串短路电流　如果方阵中没有防反二极管，当出现如图 7-13a 中的情况时，故障电流会绕过故障组件导通，并且有些组件会流过更大的反向电流，此电流来源于其他组串。如果组串中装有过电流保护装置，那么当此故障电流大于其断路电流时，故障电流可以被切断。但是当辐照度比较低时，过电流保护装置不应动作。

如果方阵（每个组串都装有防反二极管）遇到同样的情况，如图 7-13b 所示，故障组件周围的电流无法被防反二极管切断，但是故障电流将会被极大地减少，这归功于防反二极管阻断了其他组串对故障电流的贡献。防反二极管对此类故障的功能对所有系统都有效，不管方阵是否接地或者逆变器是否隔离。

（3）功能性接地方阵中的方阵接地故障　图 7-14 显示了故障电流的路径，这是一个负极功能性接地的系统，其中一个组串出现了接地故障。

最坏的情况是接地故障发生在最靠近组串顶部的地方（即距接地点最远端）。在这种情况下，防反二极管需安装在组串正极侧。

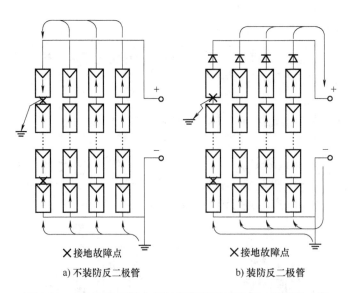

a) 不装防反二极管   b) 装防反二极管

图 7-14　负极接地系统中接地故障情况下防反二极管的功能

图 7-15 显示了故障电流的路径，这是一个正极功能性接地的系统，其中一个组串出现了接地故障。最坏的情况是接地故障发生在最靠近组串底部的地方（即距接地点最远端）。在这种情况下，防反二极管需安装在组串的负极侧。

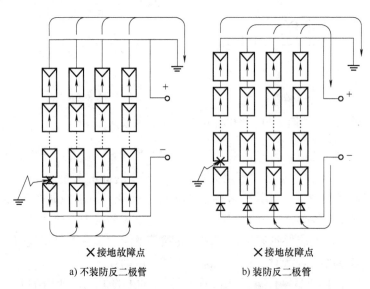

a) 不装防反二极管   b) 装防反二极管

图 7-15　正极接地系统中接地故障情况下防反二极管的功能

在图 7-14 和图 7-15 所示情况下，可以看到安装防反二极管在减小方阵中并联组串的故障电流的明显优势。接地连接时没有阻抗的直接接地的情况，通过较小的接地电阻实现功能性接地，可能出现的故障电流会因为此电阻而显著降低。

（4）保护　光伏组件或方阵在不发电时，蓄电池的电流反过来向组件或方阵倒送，不仅消耗能量，而且会使组件或方阵发热甚至损坏。因此，在电池方阵中，要防止方阵各支路之间的电流倒送。串联各支路的输出电压不可能绝对相等，各支路电压总有高低之差，或者某一支路因为故障、阴影遮挡等使该支路的输出电压降低，高电压支路的电流就会流向低电压支路，甚至会使方阵总体输出电压降低。在各支路中串联接入防反二极管就避免了这一现象的发生。

在独立光伏发电系统中，有些光伏控制器的电路上已经接入了防反二极管，即控制器带有防反充功能时，组件输出就不需要再接二极管了。

2. 技术参数

（1）要求 高的方向电压，通常需要超过1500V。光伏方阵最高的时候会达到甚至超过1000V。低功耗，即导通阻抗（通态阻抗越小越好，通常需要小于0.8）。光伏系统需要让整个系统保持较高的效率，以及良好的散热能力（要求有低的热阻和良好的散热性能）。光伏汇流箱的工作环境通常很恶劣，需要防反二极管具有较宽的工作温度范围。还需要考虑戈壁和高原等的气候条件。

（2）损耗 防反二极管存在有正向导通压降，串联在电路中会有一定的功率消耗。一般使用的硅整流二极管管压降为0.7V左右，大功率管可达1~2V。肖特基二极管虽然管压降较低，为0.2~0.3V，但其耐压和功率都较小，适合小功率场合应用。

3. 散热

防反二极管在正向电流的情况下会导致超过1V的电压降，因此需要考虑二极管的散热设计可靠性。有可能需要用散热器来保证防反二极管的温度处于安全限制以内。

1）通过标准条件下的方阵组件电流 $I_{SC\ MOD}$ 计算通过最大电流 I_{max}

$$I_{max} = 1.4 I_{SC\ MOD}（根据运行条件，可选取更高的乘积因子）$$

2）通过二极管的工作特点，根据最大电流 I_{max} 得到防反二极管的正常正向导通电压 U_{D_OP}。

3）计算功率损失 P_{CAL}

$$P_{CAL} = U_{D\_OP} I_{max}$$

4）计算热阻 R_{TH}，这样防反二极管的结温 T_J 在任意温度 T_{AMB} 时不至于超过二极管的限制值。

$$R_{TH} = \frac{T_J - T_{AMB}}{P_{CAL}}$$

5）如果要求的热阻小于二极管P-N结到外壳与外壳到空气的热阻和，那么就需要加装散热器。

当有可能出现导致组件短路电流增大的情况时（比如积雪导致的光反射），计算 I_{max} 时系数要大于1.4。

4. 选型

市场上有光伏专用防反二极管模块（GJMD系列）与普通二极管模块（MD系列）两种类型可供选择。

1）光伏专用防反二极管模块具有压降低（通态压降0.76~0.80V），而普通二极管模块通态压降达到0.90~0.95V。压降越低，模块的功耗越小，散发的热量相应也减小，汇流箱的温升自然就小。

2）光伏专用防反二极管模块具有热阻小（最大热阻结至模块底板0.5），而普通二极管模块热阻相对较大（最大热阻结至模块底板达到1.30）。热阻越小，模块底板到芯片的温差越小，模块工作更可靠。

3）光伏专用防反二极管模块具有热循环能力强（热循环次数达到 1 万次以上），而普通二极管模块受到内部工艺结构的影响热循环能力较弱（热循环次数只有 2000 次，甚至更低）。热循环次数越多，模块越稳定，使用寿命更长。

4）光伏专用防反二极管模块应用于汇流箱的类型有两路独立、两路汇一路、单路。

5）防反二极管有光伏汇流箱专用和直流柜专用。

对于晶硅组件，组串电流较大（约 8A），可以采用模块型带散热基板的二极管，并安装于专用的散热器上，保证散热器与外界能及时进行热交换，应避免使用螺栓型二极管。薄膜型组件由于其电流较小（约 1A），推荐采用轴线型二极管。

5. 使用条件

1）使用环境应无剧烈振动和冲击，环境介质中应无腐蚀金属和破坏绝缘的杂质和气氛。

2）模块管芯工作结温。由于二极管为非线性半导体器件，工作稳定性受到工作温度影响较大，其结温只能在 150℃以下，正午时分汇流箱内部温度可能达到 80℃，会严重降低器件的工作电流。

3）模块在使用前一定要加装散热器。散热可采用自然冷却、强迫风冷或水冷。当应用于实际负荷电流大于 40A 的设备时，一般都需要选择强迫风冷设计。设计强迫风冷时，风速应大于 6m/s。

一般情况下，要求防反二极管安装的散热器最高有效温升小于 50℃。即当散热器工作的环境温度在 25℃时，散热器的温度应该小于 75℃；当环境温度达到 45℃时，散热器的温度应该小于 95℃。

4）必须保证控制柜内空气与柜体外空气循环流动。当防反二极管模块安装于控制柜内时，必须在控制柜顶部安装 2~3 台往柜体外抽风的轴流风机（热风是往上升的，有利于散热），同时控制柜靠近底部四周需要多设置百叶窗。

6. 标称电流 I_{max}

标称电流是最大正向的导通平均电流。在选择防反二极管模块时，务必放置一定的安全系数。

1）标称电流 I_{max} 至少是 1.4 倍被保护电路在标准测试条件（STC）下的短路电流，如

$$\geqslant 1.4 I_{SC\ MOD}（光伏组串）$$

$$\geqslant 1.4 I_{SC\ SARRAY}（光伏子方阵）$$

$$\geqslant 1.4 I_{SC\ ARRAY}（光伏方阵）$$

2）根据厂家要求进行安装，联结导体不采用裸露导体。

3）具有保护措施，防止环境造成的性能衰退。可能存在雪或其他环境反射造成光伏组件大短路电流，这种情况下 I_{max} 修正因子应大于 1.4。例如，在有雪的情况下，短路电流受环境温度、光伏组件倾角和方向角、雪反射以及地理因素等影响，I_{max} 由气候环境等确定。

4）一般选择 1.3 倍于直流断路器的额定电流，而断路器的电流一般为光伏电流的 1.3 倍，所以防反二极管模块的电流应该为实际电流的 1.69 倍以上。例如实际汇流电流在 120A 左右的选择 250A 的防反二极管，实际汇流电流在 160A 左右的选择 300A 的防反二极管。

5）根据光伏专用防反二极管模块中的 I_{PV} 为标准确定。光伏每路实际电流 $\leqslant I_{PV}$，即可以保证足够的可靠运行。

7. 标称电压

标称电压为最大防反电压。防反二极管的反向电压应不低于标准测试条件下光伏组串的开路电压 U_{OC} 的 2 倍，所以对开路电压在 DC700～800V 的光伏电池组汇流防反，电压可以选择 DC 1600V 或 DC 1800V。

7.4　直流故障电弧防护

7.4.1　直流故障电弧

1. 串联电弧

串联电弧指与负荷串联的电弧，一般发生在光伏系统中的导线上、连接处、组件或其他系统部件中。

2. 并联电弧

并联电弧指与负荷并联的电弧，一般发生于导体正负极之间，或任意导线与接地电路之间。

图 7-16 是串联电弧与并联电弧示意图。

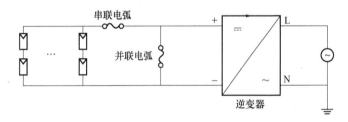

图 7-16　串联电弧与并联电弧示意图

7.4.2　直流侧电弧保护方式

1. 保护方式 1：隔离组串或光伏发电系统

隔离装置适用于小容量光伏发电系统的串联电弧保护，安装于光伏组串输出端、逆变器或建筑入口处，如图 7-17 所示。

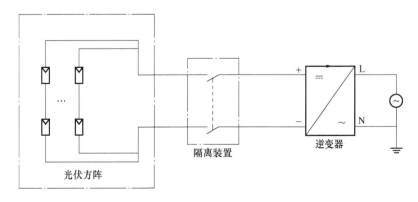

图 7-17　隔离装置安装位置示意图

2. 保护方式2：短路组串或光伏发电系统

短路装置适用于小容量光伏发电系统的并联电弧保护，安装于组串输出端或逆变器输入侧，如图7-18所示。短路装置的持续短路时间不超过15s，不允许出现永久性短路。

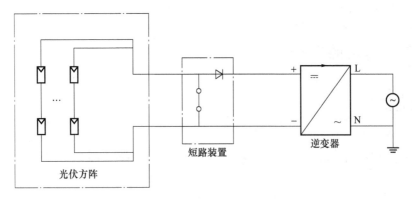

图7-18　短路装置安装位置示意图

3. 保护方式3：分断光伏组件

分断装置适用于大容量光伏发电系统的电弧保护，安装于光伏组件或接线盒的输出端，如图7-19所示。

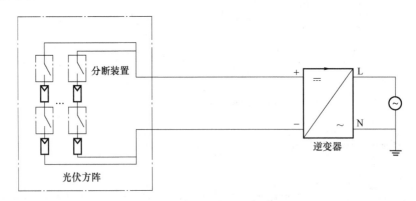

图7-19　分断装置安装位置示意图

7.4.3　直流电弧保护装置

光伏发电系统直流侧的故障电弧保护装置（以下简称保护装置）由故障电弧检测器和故障电弧断路器组成，可采用隔离、短路或分断的保护方式。

1. 故障电弧检测器（Arc-Fault Detector，AFD）

AFD用于光伏发电系统直流侧，故障电弧检测并发出故障报警信号的装置。

2. 故障电弧分断器（Arc-Fault Interrupter，AFI）

AFI安装于光伏发电系统直流侧，接收电弧检测信号，采取隔离、短路或分断的方式实现灭弧的装置。

3. 故障电弧保护装置（Arc-Fault Protection Equipment，AFPE）

AFPE检测光伏系统直流侧的故障电弧并提供故障电弧保护的装置。

4. 保护装置安装

AFD 与 AFI 独立安装的故障电弧保护装置，如图 7-20 所示。

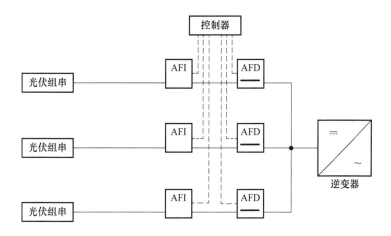

图 7-20 故障电弧保护装置（AFD 与 AFI 独立安装）

逆变器集成 AFD 和控制器的故障电弧保护装置如图 7-21 所示。

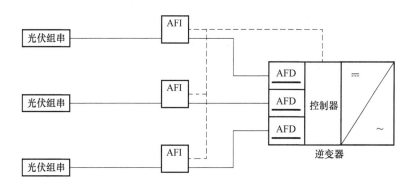

图 7-21 故障电弧保护装置（逆变器集成 AFD 和控制器）

7.4.4 直流电弧保护整定

1. 直流电弧保护设置

光伏发电系统的直流侧最大系统电压≥80V 时，应具备直流电弧保护功能。

光伏发电系统的直流电弧保护功能的设计应遵循故障安全原则，即当发生故障时，系统能在无须任何触发动作的条件下进入有利于安全的状态的设计原则。

2. 直流电弧保护整定及要求

1）保护装置的额定电流应不小于连接点短路电流的 1.25 倍。

2）保护装置在逆变器意外断开或并网电压丢失时应自动动作。

3）依据故障安全原则，保护装置应设置使能信号功能：

① 保护装置受使能信号控制，使能信号由外部控制器或逆变器持续发出，当保护装置在 15s 内接收不到使能信号时动作。

② 在并网运行的分布式光伏发电系统中，当主网电压丢失时，外部使能信号应中断。外部使能信号也可由其他开关或监控装置（如火灾报警系统）手动中断。

③ 在孤网运行或暂时孤岛状态下的分布式光伏发电系统中，当系统关闭时，外部使能信号应中断。

④ 当使能信号恢复后，保护装置复位。

保护装置应在发生电弧 2.5s 内或者电弧能量不超过 750J 时检测到电弧并动作。

保护装置检测到电弧后应立即动作进行灭弧。灭弧时间的技术要求见表 7-11。

表 7-11　保护装置灭弧时间技术要求

电弧电流/A	电弧电压/V	平均电弧功率/W	大概的电极间距/mm	最大时间/s
7	43	300	1.6	2
7	71	500	4.8	1.5
14	46	650	3.2	1.2
14	64	900	6.4	0.8

保护装置在检测到故障电弧并动作后，应能发出可视的告警信号（就地信号或远程监控信号），且该告警信号只能通过手动方式复位。

当保护装置动作后，光伏方阵 3m 范围内或建筑物 1.5m 范围内的导体电压应在 10s 内降低到 80V 以下。光伏方阵 3m 范围外或建筑物 1.5m 范围外的导体电压应在 10s 内降低到 30V 以下。

保护装置自身的保护，可通过安装二极管、熔断器等器件阻断逆变器或并联组串产生的反向电流。

7.5　逆功率保护

7.5.1　保护设置

如果光伏并网系统为不可逆流发电系统，即光伏并网系统所发的电由本地负荷消耗，多余的电不允许通过低压配电变压器向上级电网逆向送电，则系统要求配置防逆流控制器，通过实时监测配电变压器低压出口侧的电压、电流信号来调节系统的发电功率，从而达到光伏并网系统的防逆流功能。

一般分布式并网型光伏发电系统，按要求必须配置防逆流设施。

7.5.2　要求

系统在不可逆流的并网方式下工作，当检测到供电变压器二次侧处的逆流为逆变器额定输出的 5% 时，逆向功率保护应在 0.5 ~ 2s 内将光伏系统与电网断开。

光伏发电系统中的防逆流关键是并网点如何选择。如果并在低压侧 400V，且光伏电站白天发的电远远小于负荷，则不必安装逆向功率保护装置。只有当大于负荷时才会逆流，一般两种情况：

1）流向同级的其他负荷。

2）流向上一级变压器，这是会对变压器造成冲击，造成事故（如停电事故等）。

7.5.3 保护原理

光伏并网系统主要分为光伏发电系统和供电变压器两大部分，用户负荷由这两个系统共同供电。通过检测供电变压器二次侧处功率、逆变器运行状态等，运用一定的逻辑进行逆向功率保护。

保护原理如图 7-22 所示。

1）检测交流电网（AC 380V，50Hz）供电回路三相电压、电流（测量点①），判断功率流向和功率大小。如果电网供电回路出现逆功率现象，逆变保护立即把光伏并网系统中接入点断开（控制点③）。

2）当逆向功率保护装置检测到逆功率，切断光伏供电回路后，若测量点①逆功率消失，并且检测到负荷功率（测量点①的正向功率）

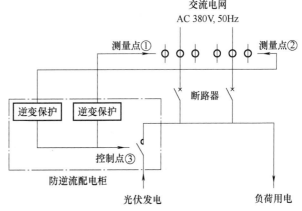

图 7-22　逆功率保护

大于某一合理门槛值（可设定二次值，单位为 W）时，逆向功率保护装置把光伏并网系统中接入点合上（控制点③）。

3）如装置首次通电，重新对负荷送电过程中，防逆流开关（控制点③）处于断开状态，逆向功率保护装置如果检测到测量点①的电压为正常供电电压，逆向功率保护装置把光伏并网系统中接入点合上（控制点③），光伏并网系统处于待机并网状态。

4）若测量点①出现电压过高、电压过低、电流过高（通过设置参数整定），则逆功率监控装置在液晶显示器上发报警信息，可通过通信把报警信息上传。

测量点②同样安装逆向功率保护装置，监控过程相同，只是测量点不同。

7.5.4 逆向功率保护装置

1. 组成

系统主要由逆向功率保护装置、测控仪表两部分组成，如图 7-23 所示。

逆向功率保护装置主要起逆向功率保护作用，通过 RS485 总线方式，与测控仪表通信，读取供电变压器二次侧处功率，以判断整个系统功率是否逆向，此判断过程时间不会超过 0.2s。

一般将逆向功率保护装置安装在交流配电柜，通过启/停交流柜中并网点的接触器达到启/停逆变器的目的。

在安装测控仪表前，需断开供电变压器二次侧处主开关；通过通信调节逆变器功率时，所用逆变器要提供 RS485 接口方式，通信协议为标准 Modbus RTU 协议。

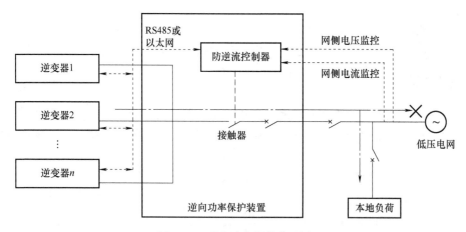

图 7-23　逆向功率保护装置图

2. CT 接线

系统需要采取变压器低压侧母线上二次回路 CT 值以获取准确的用户功耗值，其整体接线图如图 7-24 所示。

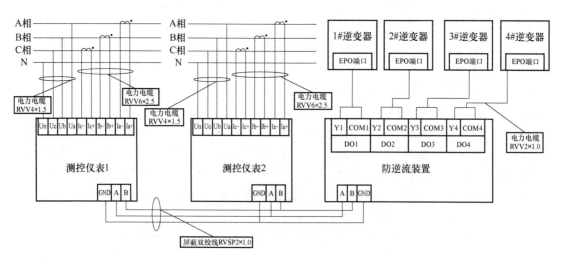

图 7-24　CT 检测电路

逆向功率保护箱输入端连接至交流并网柜接触器辅助触点、手/自动转换开关，通信线连接至测控仪表箱内，通信线也可以与逆变器的通信接口连接。

3. 动作过程

检测交流电网（AC 380V，50Hz）供电回路三相电压、电流（电流互感器测量点），判断功率流向和功率大小。如果电网供电回路出现逆功率现象，逆向功率保护装置立即把光伏并网系统中接入点断开（接触器）。

逆功率恢复的控制：当逆向功率保护装置检测到逆功率，切断光伏供电回路后，若测量点（电流互感器）逆功率消失，并且检测到负荷功率（电流互感器位置的正向功率）大于某一合理门槛值（可设定二次值，单位为 W）时，逆向功率保护装置把光伏并网系统中接入点合上（接触器控制点）。

7.6 隔离与开关电器

额定电压不超过直流 1500V 的光伏系统用直流开关、隔离器、隔离开关和熔断器组合电器称为"光伏开关、光伏隔离器、光伏隔离开关及光伏熔断器组合电器"。

7.6.1 分类

1. 使用类别

使用类别见表 7-12。

表 7-12 使用类别

电流种类	使用类别		典型型用
光伏	DC-PV0		当电路中没有电流时,断开与闭合光伏电路以提供隔离
	DC-PV1		在不可能出现反向电流及较大过电流时,连接与断开单独的光伏组串
	DC-PV2		连接与断开可能出现较大过负荷电流以及电流方向可以是双向的光伏电路。例如,几个组串以并联方式连至同一个逆变器,或是一个或多个组串并联至一个蓄电池
直流	DC-20A	DC-20B	在空负荷条件下闭合和断开
	DC-21A	DC-21B	通断电阻性负荷,包括适当的过负荷
	DC-22A	DC-22B	接通电阻和电感混合负荷,包括适当的过负荷
	DC-23A	DC-23B	通断高电感负荷
交流	AC-20A	AC-20B	在空负荷条件下闭合和断开
	AC-21A	AC-21B	通断电阻性负荷,包括适当的过负荷
	AC-22A	AC-22B	接通电阻和电感混合负荷,包括适当的过负荷
	AC-23A	AC-23B	通断电动机负荷或其他高电感负荷

每种使用类别用额定工作电流的倍数和额定工作电压的倍数表示的电流和电压值,以及电路的时间常数来表征其特征。

2. 使用配置

表 7-13 中规定的可选使用配置的光伏开关、光伏隔离器、光伏隔离开关及光伏熔断器组合电器的使用。

表 7-13 使用配置

非封闭式	适用于安装在柜体或外壳中的具有约定自由空气发热电流额定值的非封闭式光伏开关、光伏隔离器、光伏隔离开关或光伏熔断器组合电器
封闭式	适用于室内设施或户外场所的具有约定封闭式发热电流额定值的封闭式光伏开关、光伏隔离器、光伏隔离开关或光伏熔断器组合电器

3. 周围空气温度

周围空气温度不超过表 7-14 中的最大值与最小值。24h 内日平均周围空气温度不超过最大温度35℃。

表7-14 环境条件

环 境 等 级		在不降级情况下的最大周围空气温度	最低周围空气温度	建 议
非封闭式		40℃	-5℃	可提供对最高能达到70℃的较高周围空气温度降级的指南。此外，也可提供低于-5℃时的操作指南
封闭式	室内	40℃	-5℃	除非厂家另有规定，电器预定安装在污染等级3的环境条件。室内的正常使用条件应满足相应规定
	室外	40℃（无光效应）	-25℃	在封闭式电器处于1.2kW/m²的太阳辐射以及最大周围空气温度时适用此等级 可以提供关于安装在具有较高最大周围温度和较低最低周围温度场所的封闭式电器降级的指南

对不具有外壳的电器，周围空气温度是指存在其周围的空气温度；对具有外壳的电器，周围空气温度是指外壳周围的空气温度。

4. 封闭式电器的防护等级

对于用于室内及室外装置的带外壳电器，防护等级不能分别低于IP2X和IP33。

7.6.2 技术参数

1. 额定短时耐受电流（I_{cw}）

1）DC-PV1的电器：额定短时耐受电流不适用。

2）DC-PVO和DC-PV2的电器：短时耐受电流值不得小于12倍最大额定工作电流，通电持续时间应为1s。

2. 额定冲击耐受电压等级

光伏开关、光伏隔离器、光伏隔离开关及光伏熔断器组合电器应具有表7-15规定的额定冲击耐受电压。

一般对于光伏电路而言，假定过电压类别为Ⅱ级，光伏电路的冲击耐受电压等级根据光伏系统电压来分配，最小冲击电压为2.5kV。

表7-15 光伏开关、光伏隔离器、光伏隔离开关及光伏熔断器组合电器的额定冲击耐受电压等级

直流额定工作电压的最大值/V	直流光伏电器中的冲击耐受电压/kV
300	2.5
600	4.0
1000	6.0
1500	8.0

注：1. 主电路中不允许采用插值法。

2. 这些值均来源于过电压类别Ⅱ的要求。

3. 浪涌抑制器的应用由成套设备设计人员负责。

3. 额定接通能力与额定分断能力

额定接通能力与额定分断能力见表7-16。

表 7-16 额定接通能力与额定分断能力

使用类别	接通和分断			操作循环次数[①]
	I/I_n 和 I_c/I_n	U/U_n	$L/R/ms$	
DC-PV0	—	—	—	—
DC-PV1	1.5	1.05	1	5
DC-PV2	4	1.05	1	5

注：I、U——接通电流、外施电压；I_c——分断电流。

[①] 允许在每次接通和分断操作之间进行一次切换操作。

7.6.3 功能要求

用于保护和/或切断作用的开关，需要满足以下要求：

1）没有极性敏感（光伏方阵中的故障电流可能会与常规工作电流方向相反）。

2）额定电压大于或等于光伏汇流设备的额定电压（铭牌上需标明直流额定电压）。

3）额定电流大于或等于与之配套使用的过电流保护装置的额定电流，若无过电流保护装置，则额定电流应大于或等于线路的最小额定电流。

4）在满载和预期故障电流情况下可自行中断。故障电流一般来自于光伏方阵和其他连接功率源，例如蓄电池、发电机以及电网。

5）若采用的多断点串联形式，各触头在结构设计上应保证同步接触与分断。

6）应具有独立的手动带负荷操作能力，并具有隔离的功能。

7）如果能够确定相应安全等级，在负荷下可以使用插头连接进行切断功能。

只有有特殊结构的插头和插座才能安全切断负荷。所有开路电压高于 30V 的系统都能产生直流电弧。无带载断开特殊构造的插头和插座，带载切断负荷时会引发安全风险，一般会导致连接损坏，这将危及电气连接点质量，能够导致连接点过热。

7.6.4 选择

在直流系统中选择开关电器主要考虑以下几个方面：

1. 绝缘电压 (U_i)

绝缘电压 U_i 体现了隔离开关的绝缘能力，其能够隔离的最大电压。绝缘电压 U_i 是额定工作电压 U_n 的最大值。

隔离开关的绝缘电压必须按照整个光伏系统的开路电压 U_{OC} 来选取。为了在分断后保证可靠地隔离，绝缘电压 U_i 必须大于 U_{OC}。

2. 额定工作电压 (U_n)

额定工作电压 U_n 应该足够覆盖分断处的电压等级。故一般情况下，U_n 也应大于 U_{OC}。

3. 额定工作电流 (I_n)

额定工作电流 I_n 是指在一定的使用类别下（负荷特性、分断次数等），隔离开关所能正常工作的电流。

额定工作电流 I_n 应该大于或等于所有并联的光伏组串的短路电流 I_{SC} 的总和。

4. 使用类别

光伏系统的典型使用类别是 DC-PV0、DC-PV1、DC-PV2。

5. 温升

隔离开关在正常温度 35℃，隔离开关承受的最高温度是 70℃，其温升

$$\Delta T_{35℃} = T - 35℃$$

额定电流都是正常 35℃ 温度下设计的，但光伏系统实际环境温度会达到 50～60℃，此时，最大温升 T 就会减小，温度越高，允许的最大温升就越小。这样，就需要降容使用，由于温升的温度值与电流的二次方成正比，降容系数可以通过式（7-3）计算

$$降容系数 = \sqrt{\frac{T_{常温} + \Delta T_{常温} - T_{实际温度}}{\Delta T_{常温}}} \tag{7-3}$$

6. 接地系统方式

安装点最大短路电流接地系统方式，见表 7-17。

表 7-17　安装点最大短路电流接地系统方式

系统 类型	接 地 系 统		不接地系统
	负极接地	中心点接地	
故障类型			
故障 影响　故障 I	产生最大短路电流接电源正极的触头分断	U/2 电压产生接近最大短路电流接电源正极的触头分断	无影响
故障 II	产生最大短路电流但串联的触头都参与分断		
故障 III	无影响	与故障 I 相同，但只对接电源负极的触头	无影响
最严重情况	故障 I	故障 I 和故障 III	故障 II
分断极情况	可在正极串联，共同执行分断	对每极，在 U/2 时执行分断最大短路电流	两极共同执行分断

7.6.5　应用

1. 分断电器

1）应同时在逆变器直流和交流侧设置具有隔离功能的分断电器。

2）应在光伏方阵中设置具有隔离功能的分断电器，以便隔离电路和设备。

2. 逆变器所用隔离开关的位置

该隔离开关的位置应使逆变器的维修（如更换逆变器组件、更换风扇、清洗过滤器）可行，而不存在电气事故风险。该隔离开关可以和逆变器位于同一个外壳中。在有多个直流

输入情况下，上述要求适用于每个输入回路。

3. 适合光伏方阵内隔离的电器

这些电器应按照表 7-18 设置。

表 7-18　光伏方阵装置中的分断电器要求

电路或部分电路	隔 离 电 器	要　求
组串	分断电器①	推荐
子方阵	分断电器①	要求
	设置有负荷分断能力的隔离电器②	推荐
方阵	设置有负荷分断能力的隔离电器	要求

① 带护套的（触摸安全）连接器、熔断器组合单元或隔离器，均为合适的分断电器的例子。

② 在这里使用隔离开关，它也可以提供隔离功能。

应对不能分断负荷电流的那些隔离电器设置标志，指明它们是空负荷分断电器，且只能通过使用工具或钥匙的方法接近。

如果靠近逆变器安装多个子方阵分断电器（即在 2m 之内以及视线范围内），则不需要配备光伏方阵电缆，因此也不需要光伏方阵有负荷分断开关。这种情况下，子方阵使用的这些开关应全部为有负荷分断开关。

如果需要多个分断电器隔离逆变器，则应设置警告标志，指出需要隔离多路供电。

4. 功能切换（控制）

所有隔离开关选择及安装应符合以下要求：

1）在连接或分离状态没有暴露的金属部分。

2）电流额定值等于或大于电路导体要求。

3）无极性要求（光伏方阵中的故障电流可能与正常工作电流相反）。

4）隔离开关应具有独立手动操作机构。

第 **8** 章

计量与监测

8.1 并网计量点

8.1.1 计量点

1. 计量方式

在配电侧并网有以下三种计量方式：

1）无逆流，自发自用，配置单向电能表。

2）有逆流，配置双向电能表。

3）有逆流，采用净电能表计量法。

2. 关口计量点

接入公共电网的接入工程产权分界点为光伏发电项目与电网明显断开点处开关设备的电网侧。关口计量点设置在产权分界点处。

3. 电能计量点

电能计量点是输、配电线路中装接电能计量装置的相应位置。

1）分布式光伏发电并入电网时，应设置并网计量点，用于光伏发电量统计和电价补偿。并网计量点的设置应能区分不同电价和产权主体的电量。

2）发电上网的分布式光伏发电并网还应设置贸易结算关口计量点，用于上、下网电量的贸易结算。

贸易结算用的电能计量装置原则上应设置在供用电设施产权分界处。如果产权分界处不具备装设电能计量装置的条件，或为了方便管理将电能计量装置设置在其他合适位置的，其线路损耗由产权所有者承担。

在受电变压器低压侧计量的高压供电，应加计变压器损耗。

3）分布式光伏发电接入公共电网的公共连接点也应设置计量点，用于考核电量和线损指标。

4）若分布式光伏发电并网采用统购统销运营模式时，并网计量点和关口计量点可合一设置，同时完成电价补偿计算和关口电费计量功能，电能计量装置按关口计量点的要求配置。

8.1.2　设置方案

一个带本地负荷的光伏并网发电系统简化如图8-1所示。

图8-1中，A、B、C 这 3 点分别代表光伏并网逆变器输出端、电网端、负荷端；S_A、S_B、S_C 分别是 3 点的功率；M 点是公共连接点。在进行并网计量点选择时，通常根据分布式光伏发电系统中A、B、C、M点的位置分布并结合实际情况，选取合适的位置分别设置计量用的并网点和关口点。

对于分布式光伏发电接入的电压等级应按照安全性、灵活性、经

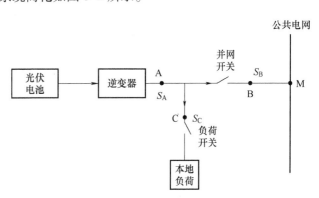

图 8-1　光伏并网发电系统简化

济性的原则，根据分布式光伏发电容量、电缆载流量、上级变压器及线路可接纳能力、地区配电网情况综合比较后确定，可分为低压并网和高压并网两类。按照运营模式又可分为统购统销、自发自用/余电上网，对应的计量点的选取与设置分以下 4 种类型，见表8-1。

表 8-1　计量点的选取与设置

计量方式	示　意　图	并网点和关口点要求
低压并网统购统销		并网点和关口点可合一设置，在图中 B 点，同时完成电价补偿计算和关口电费计量，电能计量装置按关口计量点的要求配置
低压并网　自发自用/余电上网		并网点和关口点分别设置在图中 A 点和 B 点

（续）

计量方式	示意图	并网点和关口点要求
高压并网 统购统销	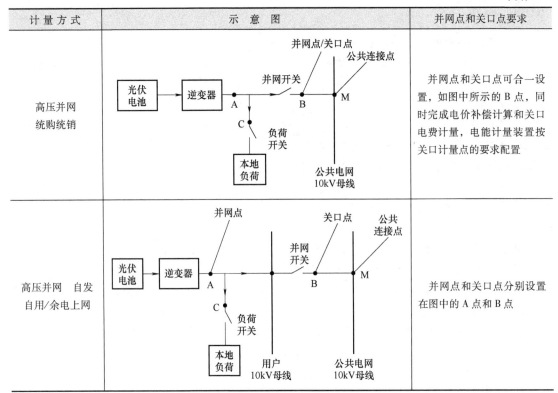	并网点和关口点可合一设置，如图中所示的 B 点，同时完成电价补偿计算和关口电费计量，电能计量装置按关口计量点的要求配置
高压并网　自发 自用/余电上网		并网点和关口点分别设置在图中的 A 点和 B 点

8.2　计量装置

8.2.1　分类

　　电能计量装置是由各种类型的电能表或与计量用电压、电流互感器（或专用二次绕组）及其二次回路相连接组成的用于计量电能的装置，包括成套的电能计量柜（箱、屏）。

　　运行中的电能计量装置按计量对象重要程度和管理需要分为五类（Ⅰ、Ⅱ、Ⅲ、Ⅳ、Ⅴ）。分类细则及要求见表 8-2。

表 8-2　电能计量装置分类

类　别	要　求
Ⅰ 类	220kV 及以上贸易结算用电能计量装置，500kV 及以上考核用电能计量装置，计量单机容量 300MW 及以上发电机发电量的电能计量装置
Ⅱ 类	110（66）~220kV 贸易结算用电能计量装置，220~500kV 考核用电能计量装置，计量单机容量 100~300MW 发电机发电量的电能计量装置
Ⅲ 类	10~110（66）kV 贸易结算用电能计量装置，10~220kV 考核用电能计量装置，计量 100MW 以下发电机发电量、发电企业厂（站）用电量的电能计量装置
Ⅳ 类	380V~10kV 电能计量装置
Ⅴ 类	220V 单相电能计量装置

8.2.2　准确度等级

各类电能计量装置应配置的电能表、互感器准确度等级应不低于表 8-3 所示值。

表 8-3　准确度等级

电能计量装置类别	准确度等级			
	电能表		电力互感器	
	有功	无功	电压互感器	电流互感器
Ⅰ 类	0.2S	2	0.2	0.2S
Ⅱ 类	0.5S	2	0.2	0.2S
Ⅲ 类	0.5S	2	0.5	0.5S
Ⅳ 类	1	2	0.5	0.5S
Ⅴ 类	2	—	—	0.5S

注：发电机出口可选用非 S 级电流互感器。

电能计量装置中电压互感器二次回路电压降应不大于其额定二次电压的 0.2%。

8.2.3　接线方式

1. 分别计量

光伏发电电能计量要求设置两套电能计量装置，实现光伏发电发电量、上网电量和下网电量分别计量，其接线方式如图 8-2 所示。

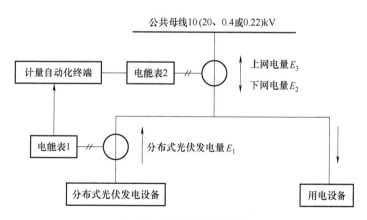

图 8-2　两套电能计量装置

其中，电能表 2 须支持正反向计量功能、分时计量功能和整点电量冻结功能，具备电流、电压、功率、功率因数测量及显示功能。

电能表 1 计量：分布式光伏发电量 E_1。

电能表 2 计量：用户下网电量 E_2 和上网电量 E_3。

用户自发自用电量 E_4 可通过 $E_4 = E_1 - E_3$ 计算。

2. 接线方式

电能计量装置安装接线遵循如下要求：

1）经互感器接入的贸易结算用电能计量装置应按计量点配置计量专用电压、电流互感器或专用二次绕组，不得接入与电能计量无关的设备。

2）电能计量专用电压、电流互感器或专用二次绕组至电能表的二次回路上宜配置计量专用二次接线盒及试验接线盒（用以进行电能表现场试验或换表时，不致影响计量单元各电气设备正常工作的专用部件），信号线、控制线宜通过信号接线盒连接，电能表与试验接线盒宜按一对一原则配置。

3）不同中性点运行方式对应的电能计量装置接线方式应符合表8-4的要求。

表8-4　电能计量装置接线方式

电压等级	中性点运行方式	中性点有效接地系统	中性点非有效接地系统	三相四线	三相三线
110~1000kV	中性点直接接地	√		√	
66kV	中性点经消弧线圈接地	√		√	
	中性点不接地		√		√
35kV，10kV	中性点经消弧线圈接地	√		√	
	中性点经低电阻接地	√		√	
	中性点不接地		√		√
380V	中性点直接接地	√		√	

注：√表示允许采用的接地系统形式

4）接入中性点非有效接地系统的3台电压互感器，35kV及以上的宜采用Yyn联结，35kV以下的宜采用Vv方式接线，2台电流互感器的二次绕组与电能表之间应采用四线分相接法（各相电流互感器分别单独与电能表对应相的电流线路连接）。

5）接入中性点有效接地系统的3台电压互感器应采用YNyn联结，3台电流互感器的二次绕组与电能表之间应采用六线分相接法。

6）当一次系统为3/2断路器接线方式，且计量用电流互感器处于相邻两个断路器支路时，6台电流互感器的二次回路应在电能计量屏端子排处并联，在并联处一点接地，应采用双六线分相接法。

7）直接接通式交流电能表的导线截面面积应根据额定的正常负荷电流按表8-5选择，所选导线截面积应小于端钮盒接线孔。

表8-5　负荷电流与导线截面面积选择表

负荷电流/A	铜芯绝缘导线截面面积/mm^2
$I < 20$	4.0
$20 \leq I < 40$	6.0
$40 \leq I < 60$	7×1.5
$60 \leq I < 80$	7×2.5
$80 \leq I < 100$	7×4.0

8）电能计量终端应能接入电能信息采集与管理系统。变电站、电站侧电能计量装置应

配置场站采集终端选用机架式场站采集终端；高压供电客户的电能计量装置应配置专变采集终端，并宜安装在计量屏、柜、箱内；公用配电变压器的电能计量装置应配置集中器；低压供电客户的电能计量装置需要安装采集器的，应在计量箱中应预留采集器位置。

8.2.4 电能表配置

根据光伏发电电源接入的电压等级及接入点的光伏发电容量，计量电能表配置规定见表 8-6。

表 8-6 各类别计量点计量电能表配置表

用电客户类别	计量自动化终端	电 能 表	备 注
10（20）kV 接入计量点	负荷管理终端	1. 高压计量方式 Ⅰ、Ⅱ类电能计量装置配 0.5S 级三相三线多功能双向电能表；Ⅲ类电能计量装置配 1.0 级三相三线多功能双向电能表（中性点有效接地系统，配置三相四线多功能双向电能表） 2. 低压计量方式 配 1.0 级三相四线多功能双向电能表	配互感器
0.4kV 接入计量点	Ⅱ型集中抄表集中器	$P < 30kW$ 三相四线多功能双向电能表 20（80）A、1.0 级	直接接入式
		$25 \leq P < 100kW$ 三相四线多功能双向电能表 1（10）A、1.0 级	配互感器
0.22kV 接入计量点	Ⅱ型集中抄表集中器	$P < 8kW$ 单相多功能双向电能表 10（60）A、2.0 级	直接接入式
		$5 \leq P < 15kW$ 单相多功能双向电能表 20（80）A、2.0 级	直接接入式

8.2.5 电流互感器

1）电能计量装置应采用独立的专用电流互感器。

2）电流互感器额定一次电流的确定，应保证其计量绕组在正常运行时的实际负荷电流达到额定值的 60% 左右，至少应不小于 30%。

3）选取电流互感器可参考表 8-7，该配置是以正常负荷电流与配电变压器容量相接近计算的，对正常负荷电流与配电变压器容量相差太大的须结合实际情况选取计量用互感器，计算原则为（对于总柜计量）：计量互感器额定电流应大于该母线所带所有负荷额定电流的 1.1 倍。

4）计量回路应先经试验接线盒后再接入电能表。

5）额定电流：

① 额定二次电流标准值为1A或5A。

② 计量用电流互感器准确级应选取0.2S。

③ 额定输出标准值。额定输出标准值在下列数值中选取：

a）对于二次电流为1A：10kV电流互感器，0.15~3V·A；0.4kV电流互感器，0.15~1V·A。

b）对于二次电流为5A：10kV电流互感器，3.75~15V·A；0.4kV电流互感器，1~3V·A。

6）计量电流互感器配置参考表8-7。

表8-7 用电客户配置电能计量用互感器参考表

变压器或光伏发电容量/kV·A	10kV 电流互感器		
	高压 CT 额定一次电流/A	低压 CT 额定一次电流/A	准确度等级
30		50	0.2S
50		100	0.2S
80		150	0.2S
100	10	200	0.2S
125	10	200	0.2S
160	15	300	0.2S
200	15	400	0.2S
250	20	400	0.2S
315	30	500	0.2S
400	30	750	0.2S
500	40	1000	0.2S
630	50	1000	0.2S
800	75	1500	0.2S
1000	75	2000	0.2S
1250	100	2500	0.2S
1600	150	3000	0.2S
2000	150	4000	0.2S
3000	200		0.2S
4000	300		0.2S
5000	400		0.2S
6000	400		0.2S
7000	500		0.2S
8000	600		0.2S

8.2.6 电压互感器

1）电压互感器的额定电压的要求：额定一次电压应满足电网电压的要求；额定二次电

压应和计量仪表、监控设备等二次设备额定电压相一致。

2）电压互感器实际二次负荷应在 2.5V·A 至互感器额定负荷范围内。

3）计量回路不应作为辅助单元的供电电源。

8.2.7 通信、控制回路

1. 采集终端接入要求

所有采集终端及电能表均应能接入电能信息采集与管理系统，并符合 DL/T 698.1—2009《电能信息采集与管理系统 第 1 部分：导则》和 DL/T 698.31—2010《电能信息采集与管理系统 第 3-1 部分：电能信息采集终端技术规范通用要求》的有关要求。

具体接线应符合如下要求：

1）采集终端 1 路串行接口作为当地通信接口；至少 1 路 RS485 作为电能表接口。

2）RS485 总线通信使用双绞通信线，箱与箱间连接使用带屏蔽的双绞通信线缆，采用穿管工艺进行保护，双绞线屏蔽层可以靠单端接地。

3）场站采集终端与电能表之间的 RS485 通信线路通过端子连接。

2. 采集通信导线颜色标志要求

采集通信导线颜色标志应符合以下要求：交采回路相线黄（U）、绿（V）、红（W），中性线黑（N）、保护线黄绿（PE）；通信线黄（A）、蓝（B）；开关控制线红（+/L）、黑（-/N）。

3. 电能表、采集终端通信线的要求

1）通信线选择应满足机械强度、抗干扰和电压降的要求。电能表和采集终端之间的 RS485 端口连接导线应采用分色双绞线，导线截面积为 $0.5mm^2$ 及以上，计量箱之间 RS485 通信线应采用屏蔽线，并靠近终端侧单点接地。

2）多只电能表共用一路 RS485 总线采集时，RS485 导线连接采用菊花链路链接方式，连接点应采用冷压端子或水晶头插件引出，插件与相应 RS485 插座兼容，链接末端与 RS485 总线连接装置相连。

3）电能表、采集终端控制回路导线距离较长宜采用铠装电缆，截面积应不小于 $1.5mm^2$。

8.3 计量接入点

8.3.1 接入电压等级

光伏发电电源按接入电源的电压等级分为 10（20）kV 接入、0.4kV 接入及 0.22 kV 接入三种方式。

1）单个接入点的分布式光伏发电容量为 100kV·A 及以上时，可采用 10（20）kV 电压等级接入或 0.4kV 电压等级接入，但接入点电压等级应与用户的原供电电源电压等级一致。

2）单个接入点的分布式光伏发电容量为 100kV·A 以下时，采用 0.4kV 电压等级三相接入或 0.22kV 单相接入。

3）当采用 0.22kV 单相接入时，建议单点接入容量不大于 8kV·A，同时应兼顾三相不平衡的测算结果。

8.3.2 接入点设置

光伏发电电源接入点应尽量集中。

1. 10（20）kV 接入点

1）公共电网变电站 10（20）kV 母线。

2）公共电网开关站或配电室或箱变 10（20）kV 母线。

3）T 接公共电网 10（20）kV 线路。

4）用户开关站或配电室或箱变 10（20）kV 母线。

2. 0.4kV 接入及 0.22kV 接入点

1）公共电网 0.4kV 配电箱或线路。

2）公共电网配电房或箱变低压母线。

3）用户配电房或箱变低压母线。

8.3.3 计量方式

1. 高压计量

10（20）kV 接入类用户选择高压计量方式，应在电力设施的产权分界处及光伏发电电源接入点分别设置 10（20）kV 电能计量装置一套，配置三相多功能电能表及负荷管理终端。

2. 低压计量

1）0.4kV 接入类用户选择低压计量方式，应在电力设施的产权分界处及光伏发电电源接入点分别设置三相 220V/380V 电能计量装置一套，配置三相多功能电能表及Ⅱ型集中抄表集中器。若产权分界处不具备安装条件，可安装在其他易于抄表的合适位置。

2）0.22kV 接入类用户选择低压计量方式，应在电力设施的产权分界处及光伏发电电源接入点分别设置单相 220V 电能计量装置一套，配置单相电能表（双向）及Ⅱ型集中抄表系统集中器。若产权分界处不具备安装条件，可安装在其他易于抄表的合适位置。

8.3.4 计量自动化系统

1. 用户计量电能表

具有光伏发电电源接入的用户计量电能表可通过负荷管理终端或Ⅱ型集中抄表系统集中器实现数据采集，接入计量自动化系统。

2. 接入计量自动化系统的终端设备

接入计量自动化系统的终端设备需符合所在地电网关于计量自动化终端的技术要求。

3. 计量自动化主站

计量自动化主站需根据电能表安装位置，相应处理采集到的各种电量数据，自动计算得到分布式光伏发电发电量、上网电量、下网电量及自发自用电量。

4. 电能计量柜（箱）

10（20）kV 及以下电力客户处的电能计量点应采用统一标准的电能计量柜（箱），低压计量柜应紧邻进线处，高压计量柜则可设置在主进线柜后面。

8.4　太阳能资源实时监测

8.4.1　监测数据要求

数据测量要求见表8-8。

表 8-8　数据测量要求

测量量	仪表	安装	参数要求		测量过程
总辐照度	总辐射表		测量光谱范围	280～3000nm	每10s采样1次，每分钟采集6个样本，去掉1个最大值和1个最小值，余下4个样本的算术平均为该分钟的瞬时值。以瞬时值为样本，自动计算和记录每5min的算术平均值
			测试范围	0～2000W/m²	
			测量精度	小于5%	
			工作环境温度	-40～60℃	
法向直射辐照度	法向直射辐射表	专用的台柱，距地坪不低于1.5m	具备自动跟踪装置		
			测量光谱范围	280～3000nm	
			测试范围	0～2000W/m²	
			测量精度	小于5%	
			工作环境温度	-40～60℃	
散射辐照度	散射辐射表		测量光谱范围	280～3000nm	
			测试范围	0～2000W/m²	
			测量精度	小于5%	
			工作环境温度	-40～60℃	
日照时数	日照计		测量范围	0～24h	每5min自动累计当天的日照时数
			测量精度	小于±0.1h	
			分辨率	0.1h	
			工作环境温度	-40～60℃	
风速	风速传感器	高杆或者塔架上，距地面宜不低于3m	测量范围	0～60m/s	每秒采样1次，自动计算和记录每5min的算术平均风速
			测量精度	±0.5m/s（3～30m/s）	
			工作环境温度	-40～60℃	
风向	风向传感器		测量范围	0°～360°	风向与风速同步采集，自动计算和记录每5min的矢量平均风向
			测量精度	±5°	
			工作环境温度	-40～60℃	
环境温度	温度计	百叶箱内，距地面不低于1.5m	测量范围	-40～60℃	每10s采样1次，每分钟采集6个样本，去掉1个最大值和1个最小值，余下4个样本的算术平均为该分钟的瞬时值。以瞬时值为样本，自动计算和记录每5min的算术平均值
			测量精度	±0.5℃	
			工作环境温度	-40～60℃	
气压	大气压力计	数据采集器机箱内	测量范围	500～1100h·Pa	
			测量精度	±0.3h·Pa	
			工作环境温度	-40～60℃	
相对湿度	湿度计	百叶箱内，距地面不低于1.5m	测量范围	0%～100%	
			测量精度	±8%	
			工作环境温度	-40～60℃	

8.4.2　数据合理范围

数据合理范围见表8-9。

表8-9　数据合理范围

气 象 要 素	传感器测量范围	相邻样本最大变化值
法向直射辐照度	$0 \sim 2000W/m^2$	$800W/m^2$
散射辐照度	$0 \sim 2000W/m^2$	$800W/m^2$
总辐照度	$0 \sim 2000W/m^2$	$800W/m^2$
风速	$0 \sim 60m/s$	$20m/s$
风向	$0° \sim 360°$	$360°$
环境温度	$-40 \sim 60℃$	$2℃$
相对湿度	$0\% \sim 100\%$	5%
气压	$500 \sim 1100hPa$	$0.3hPa$

8.4.3　测量数据采集与传输

1. 数据采集器

使用数据采集器进行数据采集时，其技术参数要求：

1）应具有所有测量要素的采集、计算和记录的功能。

2）应具有远程数据传输及远程配置与维护的功能。

3）应能完整地保存不低于1个月采集的数据量。

4）应具备定时自动校时功能。

5）应具备网络故障数据缓存、数据自恢复功能。

6）应具备故障告警功能。

测量数据的传输应采用无线或有线传输方式，传输数据畅通率应不低于95%。

测量数据传输间隔应不大于5min，时间延迟应小于1min。

光伏并网在线监测系统由数据采集系统、数据传输系统、数据中心组成，如图8-3所示。

2. 数据采集系统

数据采集系统由一个或者多个数据采集装置组成。结合基于计算机或者其他专用测试平台的测量软硬件产品来实现灵活的、用户自定义的测量系统。

数据采集系统应至少包括环境温度传感器、太阳总辐射传感器、光伏组件温度传感器、电参数监测设备。

3. 数据传输系统

数据传输系统光伏电站数据监测系统中传感器和其他待测设备与数据采集装置之间、数据采集装置与数据中心之间的数据传输。

4. 数据中心

数据中心通过实现统一的数据定义与命名规范，集中多个光伏电站数据的环境。

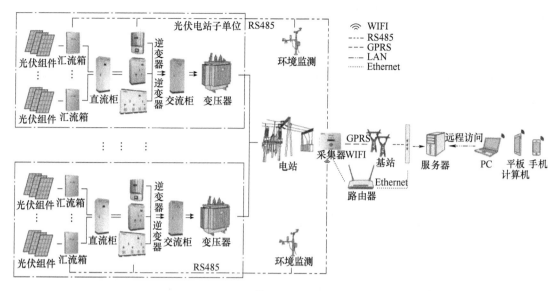

图 8-3　光伏并网在线监测系统

8.4.4　数据采集装置

1）光伏电站应至少设计 1 个数据采集装置。

2）能够采集的数据至少包括环境温度，太阳总辐射，光伏组件温度，光伏电站汇流箱电压、电流，交流侧电压、电流、功率，日发电量，总发电量，并网点的电压、电流、功率，电能质量以及光伏子方阵故障，逆变器输入和输出故障，逆变器电压超限、频率超限、谐波超限、孤岛保护。

3）应主动定时向数据中心发送数据，且定时采集周期应能从 5min～1h 配置。

4）支持采集光伏设备数量应满足光伏电站监测需求。

5）应支持标准的 Modbus 协议，支持 RTU 和 TCP 传输模式。

6）应支持对光伏设备采集数据的解析，向光伏数据中心发送解析后的数据。

7）应配置足够的存储空间，符合数据采集装置采集的数据要求，满足采集数据 2 个月的存储（采集间隔不大于 5min 的情况下）。

8）应具有本地配置和管理功能，应具有支持软件升级功能。

9）应能支持接收来自数据中心的查询、校时等命令。

10）应可以在不掉电情况下更换光伏采集设备。

11）应具有识别和传输运行状态的能力，支持对数据采集接口、通信接口以及光伏电站的故障定位和诊断。

12）应以模块化功能配置支持不同的数据采集应用，支持本地数据传输和远程数据传输。

13）户内型应外壳防护等级不低于 IP20，户外型外壳防护等级应不低于 IP54。

14）现场数据显示：

① 光伏电站监测项目客户管理终端应配置可以显示光伏电站信息的装置。信息应包含如下实时内容：太阳辐射、环境温度、组件温度、风速、风向、直流电流、直流电压、交流

电流、交流电压、当前功率、当日发电量、累计发电量等。

② 现场数据显示装置应提供历史数据查询、生成报表等功能，供用户查询。

15）电磁兼容性：

光伏电站监测设备应符合国家和行业的电磁兼容 GB/T 17626《电磁兼容》系列相关标准要求。

8.4.5 监测系统的安装

在项目建设施工阶段，应同步进行数据监测系统的施工、安装和调试；在竣工验收阶段，数据监测系统验收应纳入整个项目进行工程验收。

1. 环境监测设备的安装

1）环境温度传感器应采用防辐射罩或者通风百叶箱。

2）环境温度传感器应安装在适宜位置，能真实反映环境温度。

3）安装组件背板温度传感器，一般宜放置在正对光伏组件中心部位的电池片的中心位置（平均温度位置），其安装位置还应避免外部条件影响。

4）水平面太阳总辐射传感器应牢固安装在专用的台柱上。要保证台柱受到严重冲击振动（如大风等）后，不会改变传感器的状态。所在位置应保证全天无阴影遮挡。

5）太阳总辐射传感器、风向传感器和风速传感器应水平安装，偏差不得超过 2°。

6）平行于太阳能组件平面的太阳辐射传感器，安装偏差不得超过 2°。

2. 布线要求

1）数据采集装置施工安装应符合 GB 50093—2013《自动化仪表工程施工及质量验收规范》中的规定。

2）弱电布线应符合 GB 50311—2016《综合布线系统工程设计规范》中的规定。

3）电缆（线）敷设前，应做外观及导通检查。

4）敷设电缆时应合理安排，不宜交叉；敷设时应防止电缆之间及电缆与其他硬物体之间的摩擦；固定时松紧应适度。

5）信号线导体应采用屏蔽线，尽量避免与强信号电缆平行走线。线路不应敷设在易受机械损伤、有腐蚀性介质排放、潮湿以及有强磁场和强静电场干扰的区域，必要时使用钢管屏蔽。

6）线路不宜平行敷设在高温工艺设备、管道的上方和具有腐蚀性液体介质的工艺设备、管道的下方。

7）线路敷设完毕，应进行校线及编号，信号线的标志应保持清楚。

8）监控控制模拟信号回路控制电缆屏蔽层，不得构成两点或多点接地，宜用集中式一点接地。

3. 系统的调试

1）数据监测装置采集的数据应有效。

2）数据采集装置接收数据应正常，并能按照接收的指令进行数据发送。

8.4.6 数据传输

1. 一般规定

1）监测设备、数据采集装置应具备数据通信功能，并使用符合国家/行业标准的物理接口和通信协议。

2）光伏电站由数据采集装置的数据应采用 TCP/IP 传输到数据中心。

2. 监测设备和数据采集装置之间的传输

1）数据采集周期不大于 5min，且应该保证数据的连续性。

2）传输介质应能满足数据可靠、稳定的传输。

3. 数据采集装置和数据中心之间的传输

数据采集装置应能按照要求使用基于 TCP/IP 的数据网络与数据中心之间进行数据传输，在传输层使用 TCP。

第 9 章

安 全 防 护

9.1 防雷措施

光伏发电站的防雷设计应根据光伏发电站的雷电防护等级进行，综合考虑光伏发电站的容量、地区雷击大地密度、土壤地质条件和投资成本等因素。与建筑物结合的光伏发电站，其防雷系统应与建筑物的防雷系统相统一。

光伏发电站的光伏方阵、光伏发电单元其他设备以及站区升压站、综合楼等建（构）筑物应采取直击雷防护措施，接闪器不应遮挡光伏组件。光伏组件金属框架或框件应接地良好。

光伏方阵的接地网应根据不同的发电站类型采取相应的接地网形式，工作接地与保护接地应统一规划。共用地网电阻应满足设备对最小工频接地电阻值的要求。光伏发电站交流电气装置的接地要求应满足 GB/T 50065—2011《交流电气装置的接地设计规范》标准的要求。

9.1.1 光伏方阵直击雷防护

光伏系统应设置接闪器、引下线和接地装置。光伏方阵防直击雷接闪器应符合下列规定：

1）光伏方阵组件的金属框架或金属夹件作为接闪器使用时，其材料厚度应符合下列规定：热镀锌钢、不锈钢的厚度不小于 0.5mm，铝合金的厚度不小于 0.65mm。

2）光伏并网发电系统光伏方阵增加专设接闪器时，可采用方阵外独立接闪杆（线）、方阵内接闪短杆、接闪带等直击雷防护措施。

3）光伏方阵外独立接闪杆（线）与方阵边缘的距离应大于 3m。

4）方阵内接闪短针可设置在光伏组件后方，也可设置在光伏组件的金属框（支）架上。

5）屋面光伏方阵防直击雷接闪措施应与建筑物防直击雷接闪措施相结合，宜采用光伏组件的金属框架或金属夹件作为接闪器，也可采用屋面专设接闪器。

6）屋面光伏方阵防直击雷接闪器应与建筑物屋面接闪带进行等电位联结。

9.1.2 建（构）筑物直击雷防护

光伏发电站中综合楼、逆变器小室、水泵房、生活设施等建（构）筑物的防雷措施应满足 GB 50057—2010《建筑物防雷设计规范》的要求。

其他建（构）筑物防直击雷接闪器应符合下列规定：

1）地面光伏并网发电系统辅助建（构）筑物防直击雷接闪器应按 GB 50057—2010《建筑物防雷设计规范》中第三类防雷建筑物要求设计。

2）升压站防直击雷接闪器应按照 DL/T 620—1997《交流电气装置的过电压保护和绝缘配合》规范执行。

3）汇流箱直击雷防护措施可依据安装位置与组件或建筑物统一设计。

4）室外布置的逆变器、箱式变压器等宜充分利用其箱体金属外壳对设备进行直击雷防护，采用非金属箱体时，应设置专设接闪器对设备进行直击雷防护。

9.1.3 站区升压站

站区升压站的防雷及等电位联结、接地网结构、接地要求应满足 GB/T 50065—2011《交流电气装置的接地设计规范》的要求。

9.1.4 雷击电磁脉冲防护

光伏方阵电气线路应采取防雷击电磁脉冲和防闪电电涌侵入的措施。光伏系统应采取雷击电磁脉冲防护措施，综合运用防雷等电位联结、屏蔽、综合布线和安装电涌保护器，防止因闪电电涌侵入和闪电感应对光伏电气系统和电子系统造成损害。光伏方阵金属部件应与防雷装置进行等电位联结并接地。所有布线环路包围的面积应尽可能小。独立接闪器和泄流引下线应与地面光伏方阵电气装置、线路保持足够的安全距离，应符合 GB/T 50065—2011《交流电气装置的接地设计规范》的要求。

9.1.5 设备防护

汇流箱、逆变器、就地升压变压器等设备应采取等电位联结和接地措施。光伏发电单元其他设备的金属信号线路宜采取屏蔽措施。

在光伏方阵的汇流箱的正极与保护地间、负极与保护地间、正极与负极间应安装直流电涌保护器；在逆变器直流输入端侧的正极与保护地间、负极与保护地间、正极与负极间应安装电涌保护器。

在逆变器的交流输出端应安装电涌保护器。

光伏发电站其他设备的电源线路和电子信息线路宜使用屏蔽电缆或敷设在金属管道内，其两端宜在防雷区交界面处进行等电位联结并可靠接地。

架空线路宜于线路上方安装架空接线，并应进行可靠接地和防雷电电涌侵入措施。

光伏发电系统各个防护目标的防雷措施见表9-1。

表 9-1 光伏发电系统各个防护目标的防雷措施

防护目标	防直击雷	防雷击电磁脉冲
光伏方阵	√	
汇流箱	√	√
逆变器	○	√
直流配电装置	○	√

（续）

防护目标	防直击雷	防雷击电磁脉冲
就地升压变压器	○	
直流线路	√	√
交流配电装置	○	√
电气二次设备	√	
主变压器	√	√
架空送出线路	√	
建（构）筑物	√	

注：√表示应设防直击雷保护措施；○表示当室外布置时，应设防直击雷保护措施。

9.2 接闪器

9.2.1 设置

1. 保护范围

光伏方阵应按光伏并网发电系统所属雷电防护等级分别采取直击雷防护措施。光伏并网发电系统中的所有设备应采取直击雷防护措施。

光伏并网发电系统的接闪器保护范围应依据"滚球法"进行计算。按"滚球法"计算保护范围时，第一类防雷光伏并网发电系统的滚球半径取30m，第二、第三类防雷光伏并网发电系统的滚球半径分别取45m和60m。

2. 组件边框接地

光伏方阵宜优先利用光伏组件的金属框架及金属夹件作为接闪器。如图9-1所示。

组件铝边框与镀锌支架或铝合金支架都做了镀层处理，满足不了接地要求，只有组件的接地孔连接到支架上才算组件有效接地。一般说来，组件的接地孔用于组串之间连接使用，组串两端的组件接地孔与金属支架连接。

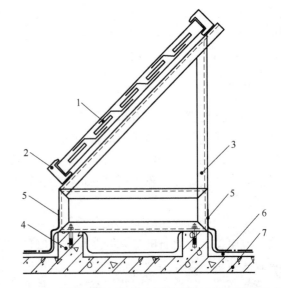

图9-1 利用固定光伏组件的金属边框作为接闪器的示意图
1—光伏组件 2—光伏组件金属边框与支架栓接 3—成品配套角钢支架 4—预制底座，见设计 5—防雷连接条（圆钢或扁钢，焊接或栓接见设计） 6—建筑防水保温层 7—结构混凝土楼板

3. 组件支架接地

对于组件的接地，一般选用40mm×4mm的扁钢或者φ10mm或者φ12mm的圆钢，最后

埋入深度 1.5m 的地下。

4. 专设接闪器

雷电防护等级划分为第一类防雷光伏并网发电系统的光伏方阵宜增加专设接闪器。专设接闪器可采用下列的一种或多种方式：

1）独立接闪杆、接闪线（带）。

2）直接装设在光伏方阵框架、支架上的接闪杆、接闪带。

3）直接装设在建筑物上的接闪杆、接闪带。

5. 屋面光伏发电站

屋面光伏发电站可利用屋面永久性金属物作为接闪器，但其各部件之间均应电气连接。

屋面光伏发电站应根据光伏方阵所在建筑物的雷电防护等级进行防雷设计。

屋面光伏发电站光伏方阵各组件之间的金属支架应相互连接形成网格状，其边缘应就近与屋面接闪带连接。

9.2.2 材料

接闪器应能承受预期雷电流所产生的机械效应和热效应，接闪器的材料、结构和最小截面面积应符合表 9-2 的规定。

表 9-2 接闪器和引下线的材料、结构与最小截面面积

材料	结　构	最小截面面积/mm²		备　注
铜 镀锡铜	单根扁铜	50	厚度 2mm	
	单根圆铜	50	直径 8mm	在机械强度没有重要要求之处，50mm²（直径 8mm）可减为 28mm²（直径 6mm），并应减小固定支架间的间距
	铜绞线	50	每股线直径 1.7mm	
	单根圆铜	176	直径 15mm	可应用于接闪杆，当应用于机械应力没达到临界值之处，可采用直径 10mm、最长 1m 的接闪杆，并增加固定，也应用于入地之处
铝	单根扁铝	70	厚度 3mm	
	单根圆铝	50	直径 8mm	
	铝绞线	50	每股线直径 1.7mm	
铝合金	单根扁形导体	50	厚度 2.5mm	
	单根圆形导体	50	直径 8mm	仅应用于接闪杆，当应用于机械应力没达到临界值之处，可采用直径 10mm、最长 1m 的接闪杆，并增加固定
	绞线	50	每股线直径 1.7mm	
	单根圆形导体	176	直径 15mm	
	外表面镀铜的单根圆形导体	50	直径 8mm，径向镀铜厚度至少 70μm，铜纯度 99.9%	

（续）

材料	结　构	最小截面面积/mm²	备　注	
热浸镀锌钢	单根扁钢	50	厚度2.5mm	避免在单位能量10MJ/Ω下熔化的最小截面积是铜为16mm²、铝为25mm²、钢为50mm²、不锈钢为50mm²
	单根圆钢	50	直径8mm	
	绞线	50	每股线直径1.7mm	
	单根圆钢	176	直径15mm	可应用于接闪杆，当应用于机械应力没达到临界值之处，可采用直径10mm、最长1m的接闪杆，并增加固定，也应用于入地之处
不锈钢	单根扁钢	50	厚度2mm	对埋于混凝土中以及与可燃材料直接接触的不锈钢，其最小尺寸宜增大至10mm的78mm²的单根圆钢和最小厚度3mm的75mm²的单根扁钢；当温升和机械受力是重点考虑之处，50mm²加大至75mm²
	单根圆钢	50	直径8mm	
	绞线	70	每股线直径1.7mm	
	单根圆钢	176	直径15mm	可应用于接闪杆，当应用于机械应力没达到临界值之处，可采用直径10mm、最长1m的接闪杆，并增加固定，也应用于入地之处
铜覆钢	单根圆钢（直径8mm）	50	铜层厚度至少250μm，铜纯度99.9%	
	单根扁钢（厚2.5mm）			

注：1. 热浸或电镀锡的锡层最小厚度为1μm。
　　2. 镀锌层宜光滑连贯、无焊剂斑点，镀锌层圆钢至少22.7g/m²、扁钢至少32.4g/m²。
　　3. 不锈钢中，铬的含量等于或大于16%，镍的含量等于或大于8%，碳的含量等于或小于0.08%。
　　4. 截面积允许误差为 -3%。

接闪器材料的使用条件按照 GB 50057—2010《建筑物防雷设计规范》执行。接闪杆可采用热镀锌圆钢或钢管制成的普通接闪杆，也可采用其他类型接闪杆。接闪杆采用热镀锌圆钢或钢管制成时，应符合下列规定：

1）杆长1m以下时，圆钢不应小于12mm；钢管直径不应小于为20mm，厚度不应小于2.5mm。

2）杆长1~2m时，圆钢不应小于16mm；钢管直径不应小于25mm，厚度不应小于2.5mm。

架空接闪线宜采用截面积不小于50mm²热镀锌钢绞线或铜绞线。除利用混凝土构件钢筋或在混凝土内专设钢材作为接闪器外，钢质接闪器应采用热镀锌。在腐蚀性较强的场所，应加大其截面或采取其他防腐措施。

9.2.3　安装

当光伏系统需设置专设接闪器时：

1）接闪器宜设置在光伏方阵的北侧。

2）接闪器的设置高度应考虑阳光对光伏方阵造成阴影的影响。

3）接闪器应固定可靠，并与专设引下线或与自然引下线进行电气连接。

4）接闪器和专设引下线的材料和最小尺寸应符合表9-2的规定。

接闪器的安装如图9-2和图9-3所示。

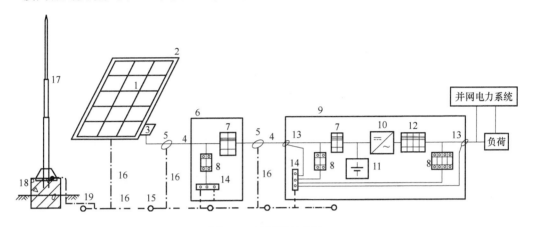

图9-2　接闪器的安装

1—光伏组件　2—光伏组件金属边框　3—光伏组件接线盒　4—直流电缆　5—电缆槽盒或钢管　6—汇流箱

7—直流配电装置　8—电涌保护器　9—机柜或机房　10—逆变器　11—蓄电池组　12—交流

配电装置　13—LPZ0与LPZ1交界处的槽盒或钢管等电位联结　14—等电位联结端子

15—接地体　16—接地母线　17—接闪杆　18—接闪杆混凝土底座　19—引下线

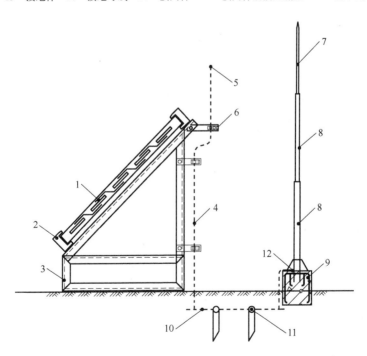

图9-3　利用接闪杆作为接闪器或在边框上安装防雷装置的示意图

1—光伏组件　2—光伏组件金属边框与支架栓接　3—成品配套角钢支架　4—防雷引下线

5—接闪线　6—角钢支架　7—接闪针　8—接闪杆　9—接闪杆混凝土底座

10—接地母线　11—接地体　12—引下线焊接

9.3 引下线

9.3.1 设置

地面光伏发电站光伏方阵金属支架、建筑物屋面光伏发电站所在建筑物的钢梁、钢柱、消防梯等金属构件以及幕墙的金属立柱可作为引下线，但各部件之间均应电气连接。

建（构）筑物接闪器的引下线应利用建（构）筑物内的钢筋或建（构）筑物金属构件，无钢筋建构筑物应另设引下线，数量不应少于两根，且应均匀布设在受保护建筑物上。当无自然引下线可利用时，安装于地面的光伏系统和光伏建筑一体化的光伏系统专设引下线的平均间距不应大于25m。

光伏组件支架为非金属复合材料时，应另设引下线。其至少应设两条引下线。专设接闪杆每个支撑杆（塔）至少应安装一根引下线。支撑杆（塔）为金属材料或互连钢筋时，可作引下线。专设接闪器采用接闪线（带）时，每一支点至少应设一根引下线。

9.3.2 材料

利用光伏方阵金属支架、建筑物金属部件作引下线时，其材料及尺寸应能承受泄放预期雷电流时所产生的机械效应和热效应。

引下线的材料、结构和最小截面积应符合表9-2的规定。引下线材料的使用条件按照GB 50057—2010《建筑物防雷设计规范》执行。专设引下线宜采用热镀锌圆钢或扁钢。

9.3.3 安装

明敷引下线的固定支架间距不宜大于表9-3的规定。

表9-3 明敷接闪导体和引下线固定支架的间距

布 置 方 式	扁形导体和绞线固定支架的间距/mm	单根圆形导体固定支架的间距/mm
安装于水平面上的水平导体	500	1000
安装于垂直面上的水平导体	500	1000
安装于从地面至高20m垂直面上的垂直导体	1000	1000
安装在高于20m垂直面上的垂直导体	500	1000

在易受机械损伤处，地面上1.7m至地面下0.3m的一段接地线宜暗敷或采取保护措施。

9.4 接地装置

9.4.1 设置

光伏方阵外围独立接闪器宜设置独立接地装置，其他防雷接地宜与站内设施共用接地网。

防雷接地、安全接地、电子系统工作接地、光伏系统接地及金属箱体电站接地应相互连接在一起，形成共用接地系统，如图9-4 所示。

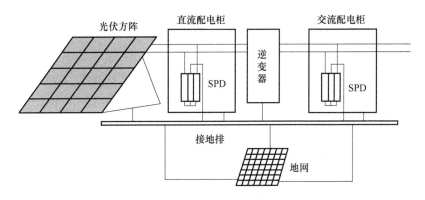

图9-4 共用接地系统

图 9-5 给出了 3 种常用的太阳能光伏系统电子设备接地方法。

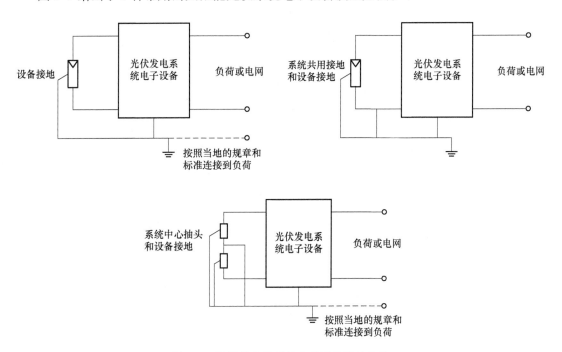

图 9-5 常用的光伏系统电子设备接地方法

接闪杆（线）独立接地装置边缘与其他接地网边缘应至少用两根导体将独立接地装置与其他接地网进行连接。光伏方阵接地网、建筑物接地网、变电所接地网等接地网边缘应至少用两根导体相互连接构成共用接地网。建筑物屋面光伏方阵接地应充分利用建筑物的接地装置，光伏方阵单元支架应与建筑物屋面接闪带可靠连接并接地。接地网应充分利用光伏方阵基础钢筋等建（构）筑物自然接地体；在自然接地体不能满足要求时，增设人工接地体。人工接地体宜由垂直接地体和水平接地体构成，环形埋设，其外缘应闭合。水平接地体之间连接点附近宜设置垂直接地体。

接地装置引向建筑物的入口处、检修用临时接地点处以及站内主接地网引出点（光伏方阵、光伏方阵其他发电单元、综合楼、变电所接地网的连接处），均应设置标识。升压站接地网的设计按 GB 50065—2011《交流电气装置的接地设计规范》标准执行。

9.4.2 材料

根据现场的土壤和气候条件选择合适的接地材料，接地材料的使用年限宜与地面设施的使用年限相匹配，埋于腐蚀性土壤中的接地体应采用防腐蚀能力强的接地体。敷设在土壤中的人工接地体与混凝土基座内的钢材相连接时，宜采用不锈钢或铜材。埋于土壤中的人工垂直接地体可采用热镀锌角钢、钢管、圆钢、复合材料等接地材料；埋于土壤中的人工水平接地体宜采用热镀锌扁钢或圆钢。

光伏方阵的接地网外缘应闭合。光伏方阵支架应至少在两端接地，接入点宜增设垂直接地极。在高土壤电阻率地区宜采用降低接地电阻措施。

接地体的材料、结构和最小尺寸应符合表 9-4 的规定。接地体材料的使用条件按照 GB 50057—2010《建筑物防雷设计规范》执行。

表 9-4 接地体材料、结构和最小尺寸

材 料	结 构	最小尺寸			备 注
		垂直接地体 直径/mm	水平接地体 截面面积/mm²	接地板 （长×宽）/mm	
铜、镀锡铜	铜绞线	—	50	—	每股直径 1.7mm
	单根圆铜	15	50	—	
	单根扁铜	—	50	—	厚度 2mm
	铜管	20	—	—	壁厚 2mm
	整块铜板	—	—	500×500	厚度 2mm
	网格铜板	—	—	600×600	各网格边截面 25mm×2mm，网格网边总长度不少于 4.8m
热镀锌钢	圆钢	14	78	—	
	钢管	20	—	—	壁厚 2mm
	扁钢	—	90	—	厚度 3mm
	钢板	—	—	500×500	厚度 3mm
	网格钢板	—	—	600×600	各网格边截面 30mm×3mm，网格网边总长度不少于 4.8m
	型钢	注3	—	—	—
裸钢	钢绞线	—	70	—	每股直径 1.7mm
	圆钢	—	78	—	
	扁钢	—	75	—	厚度 3mm
铜覆钢	圆钢	14	50	—	铜层厚度至少 250μm，铜纯度 99.9%
	扁钢	—	90（厚3mm）	—	

（续）

材 料	结 构	最小尺寸			备 注
		垂直接地体 直径/mm	水平接地体 截面面积/mm²	接地板 （长×宽）/mm	
不锈钢	圆形导体	15	78	—	—
	扁形导体	—	100	—	厚度 2mm

注：1. 热镀锌层应光滑连贯、无焊剂斑点，镀锌层圆钢至少 22.7g/m²、扁钢至少 32.4g/m²。

2. 热镀锌之前螺纹应先加工好。

3. 不同截面的型钢，其截面面积不小于 290mm²，最小厚度为 3mm，可采用 50mm×50mm×3mm 角钢。

4. 当完全埋在混凝土中时才可采用裸钢。

5. 外表面镀铜的钢，铜应与钢结合良好。

6. 不锈钢中，铬的含量等于或大于 16%，镍的含量等于或大于 5%，钼的含量等于或大于 2%，碳的含量等于或小于 0.08%。

7. 截面积允许误差为 −3%。

如果为光伏方阵提供单独的接地极，此电极应通过总等电位联结导体连接到电气装置总接地端子。

9.4.3 接地电阻

安装于地面的太阳能光伏系统应利用光伏组件钢筋混凝土、螺旋钢桩基础作为自然接地体，其接地装置的冲击接地电阻值不宜大于 10Ω。当冲击接地电阻达不到要求时，可采用以下措施：

1）增加接地体。

2）将临近接地体连接。

3）将接地体与接地网连接。

在土壤电阻率高的地区，可适当放宽对冲击接地电阻值的要求，但不应大于 30Ω。当冲击接地电阻值大于 30Ω 时，应按 GB 50057—2010《建筑物防雷设计规范》中人工接地体敷设的要求。当土壤电阻率小于或等于 3000Ω·m，符合 GB 50057—2010《建筑物防雷设计规范》中共用接地装置的接地电阻的要求时，可不计及冲击接地电阻。

在高土壤电阻率地区，宜采用降低接地电阻的措施，包括换土法、降阻剂法或其他新技术。

9.4.4 安装

人工垂直接地体的埋设间距宜不小于垂直接地体长度的 2 倍，受场地限制时可适当减小。人工接地体在土壤中的埋设深度不应小于 0.5m，并宜敷设在当地冻土层以下。埋在土壤中的铜质接地体之间以及铜质与钢质接地体之间的连接宜采用放热熔接；钢质接地体的连接宜采用焊接，并应在焊接处做防腐处理。

光伏建筑一体化的光伏系统应利用建筑物的基础钢筋作为自然接地体，其金属支撑结构应与建筑物的防雷接地装置电气连接，连接点不应少于 4 处，连接点的平均间距不应大于 25m，并应均匀设置。

建筑物防雷装置的接地电阻应符合 GB 50057—2010《建筑物防雷设计规范》中共用接地装置的接地电阻的规定。接地装置应采取防止发生机械损伤和化学腐蚀的措施，在与公路或管道等交叉及其他可能使接地装置遭受损伤处，均应用钢管等加以保护。防止接触电压和跨步电压的措施应符合 GB 50057—2010《建筑物防雷设计规范》的规定。

9.5 等电位联结

9.5.1 光伏方阵

太阳能光伏系统的导线宜采用金属铠装电缆或屏蔽电缆或穿金属管保护，金属铠层或金属管应与每排（列）的金属固定构件就近等电位联结。

应对光伏组件的金属结构支撑体（包括金属的电缆托盘）实施光伏组件金属结构的连接（例如，为便于方阵绝缘电阻检测的正确操作）。另外，对于无变压器的逆变器产生静电电荷的情况，这样的连接也是必要的。应将连接导体连接到任何适当的 PE 端子上。如果金属结构为铝材料，应使用合适的连接配件。连接导体（绝缘的或赤裸的）最小应为 $4mm^2$ 横截面的铜或等效导体。

光伏方阵连接导体应尽可能靠近光伏方阵和/或子方阵正、负导体，以减少因雷电引起的感应电压。连接也确保了对静电电荷排放效应的防护。每列光伏方阵组件金属框架应相互电气连通，组件金属框架或夹件应与金属支架可靠连接，连接点过渡电阻值不应超过 0.03Ω。每列金属支架应至少两点就近与光伏方阵接地网连接。屋面光伏方阵组件金属框架应就近与屋面接闪带连接。连接光伏发电单元的信号线路屏蔽层、金属屏蔽管均应与方阵金属支架进行等电位联结。

9.5.2 汇流箱

汇流箱应设接地端子或端子板。屋面汇流箱接地端子应与屋面等电位联结网络连接。电涌保护器接地端、进出汇流箱的线缆金属外皮、金属屏蔽管、汇流箱金属外壳等应与接地端子可靠连接。

9.5.3 室内设备、线路

金属固定构件应与防雷接地装置电气连接，包括与埋设在地下的基础钢材，不锈钢地脚螺栓、建筑物上钢筋混凝土内钢筋等电气连接。

集控室、保护室、逆变器室等应设置总等电位接地端子板。总等电位接地端子板与接地装置的连接应不少于两处。由室外进入建（构）筑物的金属管、电力线和信号线屏蔽层宜在入口处就近连接到总等电位联结端子板上。

各机柜内应设机柜等电位接地端子板，端子板宜采用截面积不小于 $50mm^2$ 的铜带。机柜内电气和电子设备的金属外壳、机柜、机架、金属管、槽、屏蔽线缆金属外层、电子设备防静电接地、安全保护接地、功能性接地、电涌保护器接地端等均应以最短的距离与机柜等电位接地端子板连接。

9.5.4 等电位联结导体

等电位联结导体宜采用多股铜芯导线或铜带，连接导体最小截面面积应符合表9-5的规定。

表9-5 等电位联结导体最小截面面积

名　称	材　料	最小截面面积/mm²
总接地端子板与接地网之间的连接导体	多股铜芯导线或铜带	25
总接地端子板之间及其与机柜端子板间的连接导体	多股铜芯导线或铜带	16

9.6 屏蔽

9.6.1 设置

光伏系统的电子系统信号线宜采用密封的金属壳层、同轴外套、穿金属管或敷设在金属槽盒内进行线路屏蔽保护。线路屏蔽层应首尾电气贯通，并就近与光伏组件的金属构件、等电位联结板和防雨接地装置进行等电位联结。光伏发电系统进入控制室的电源线路及信号与控制线路宜使用屏蔽电缆或敷设在金属管道内，其两端宜在防雷区交界面处均做等电位联结并做可靠接地。接地线在穿越墙壁、楼板和地坪处应套钢管或其他非金属的保护套管，钢管应与接地线电气连通。

当电源线路未采用屏蔽电缆或敷设在金属管道内时，宜在进入建筑物时安装电涌保护器。电源线路采用架空方式架设时，宜于线路上方安装架空接闪线，并应做好可靠接地和防雷电电涌侵入措施。

当太阳能光伏电站房间进行格栅形大空间屏蔽时，应符合磁场强度的衰减方法计算。

9.6.2 汇流箱

汇流箱应在箱内设置接地端子，线缆屏蔽层的接地及电涌保护器接地须连接于接地端子上。

光伏汇流箱的屏蔽应符合表9-6的要求。

表9-6 给定材料的最小壁厚

材　料	最小壁厚[①]/mm
无保护层的钢板	1.35
镀锌钢板	1.42
铝板	1.59
铸铁、铝、黄铜、青铜	2.4
聚合物材料	3

① 如果壁厚低于规定值，通过冲击试验、抗挤压试验、导线管弯曲试验和最终产品的5V有焰燃烧性试验决定是否可接受。

9.6.3 布线

位于建筑内的光伏发电设备的电源线路和信号与控制线路宜分开敷设，信号与控制线路宜靠近等电位联结网络的金属部件敷设，应减小由线缆自身形成的电磁感应环路面积。其线缆敷设方式应符合图9-6的规定。

位于建筑内的光伏发电站设备的信号与控制系统线缆与电力电缆及其他管线的间距应符合 GB 50343—2012《建筑物电子信息系统防雷技术规范》的相关规定。

信号与控制系统线缆与配电箱、变电室、电梯机房、空调机房之间最小的净距宜符合 GB 50343—2012《建筑物电子信息系统防雷技术规范》的相关规定。

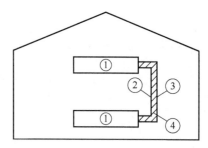

图9-6　合理布线减少感应环路面积
1—设备　2—a 线（电源线）
3—b 线（信号线）　4—感应环路面积

9.7　功能接地

9.7.1　基本要求

功能接地是用于电气安全以外的其他目的，将系统、装置或设备中的一点或多点接地，且该系统不是一个接地的方阵。当带逆变器的方阵不接功能地时，其功能地采用阻性测量网络来测量方阵对地阻抗，此测量网络不作为功能接地的一种形式。

9.7.2　直流侧带电部件的功能接地

1. 方阵功能接地

由于功能的需要，一些光伏组件技术需要将带电部分接地，包括将一根导体通过阻抗接地，或出于功能或性能原因仅将方阵临时接地。

2. 接到电气装置的主接地端子上

1）某些电气装置可能设有分接地端子时，可以考虑将光伏功能接地连接到分接地端子。

2）可以在逆变器内部设立功能接地连接。

3）在没有蓄电池的光伏装置中，光伏功能连接点应设在光伏方阵与逆变器之间，并尽可能靠近逆变器。

在有蓄电池的光伏装置中，光伏功能连接点应设在充电控制器与蓄电池保护装置之间。

3. 逆变器

如果借助一、二次绕组电气分离的变压器，在交流及直流侧间有最基本简单分隔，则允许逆变器直流侧带电部分实施功能接地。变压器可以在逆变器的内部或外部，但连接逆变器的变压器绕组不应接地。

直流侧带电部位功能性接地应采用单点接地，接地点应靠近逆变器或者在逆变器中。接地点最好位于隔离器件和光伏逆变器直流端子之间。用于功能接地的电缆不应采用绿黄组合的颜色进行标志。

9.7.3 光伏方阵功能接地

光伏方阵的系统功能性接地如图 9-7 所示。

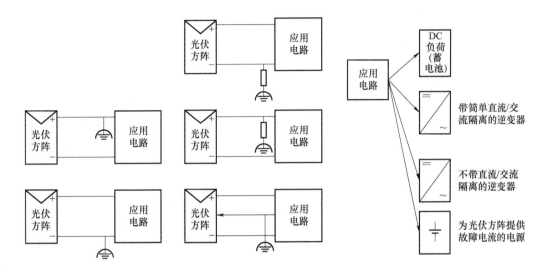

图 9-7 系统功能性接地

注：图中接地的连接类型均为功能性接地。

图 9-8a～c 为普通光伏系统示意图。

在表 9-7 中考虑了几种配置，未考虑给出外露可导电部分的接地。

表 9-7 光伏方阵的系统功能性接地配置

DC 侧	图	应 用 回 路	光伏方阵状态结果
不接地	图 9-9	AC 侧通过内部含有变压器的逆变器（PCE）连接	悬浮
	图 9-10	AC 侧通过没有变压器的逆变器（PCE）连接	通过供电回路中性线或相导体接地
接地	图 9-11	AC 侧通过内部含有变压器的逆变器（PCE）连接	直接接地
	图 9-12	AC 侧通过无变压器，但外置变压器的逆变器（PCE）连接	直接接地

9.7.4 接地导体

1. 导体规格

从机械防护方面考虑，功能接地导体最小横截面积为 $4mm^2$ 铜或等效导体。在一些系统结构中，由于光照系统要求，最小导体线径可能需要大一些。用于光伏方阵外部金属框架接地的导体，应为最小线径为 6mm 的铜或其他等效物体。

2. 裸露导体部分接地要求

图 9-13 给出光伏方阵裸露导体部分接地要求。

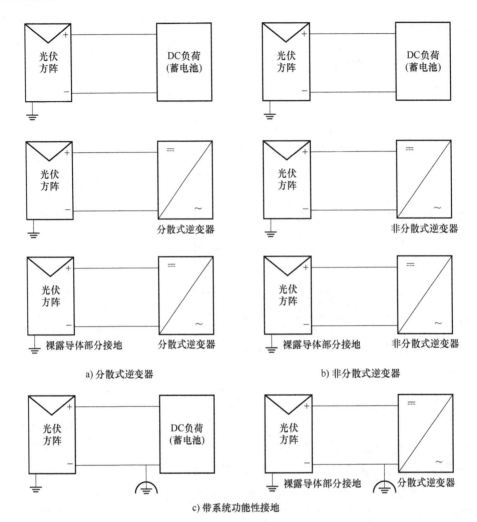

a) 分散式逆变器　　　　　　　　　　　　b) 非分散式逆变器

c) 带系统功能性接地

图9-8　常规用途的各种光伏系统配置

注：图中接地的连接类型均为功能性接地，户外金属支架接地也可能出于防雷需要。

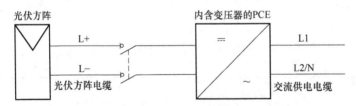

图9-9　不接地的光伏方阵通过内含变压器的逆变器（PCE）连接至交流侧

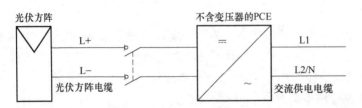

图9-10　不接地的光伏方阵通过不含变压器的逆变器（PCE）连接至交流侧

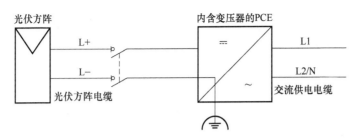

图 9-11　接地的光伏方阵通过内含变压器的逆变器（PCE）连接至交流侧

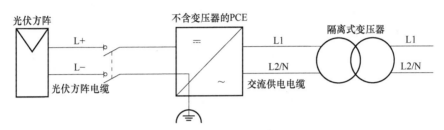

图 9-12　接地的光伏方阵通过不含变压器的逆变器（PCE）连接到交流侧，变压器单设在外

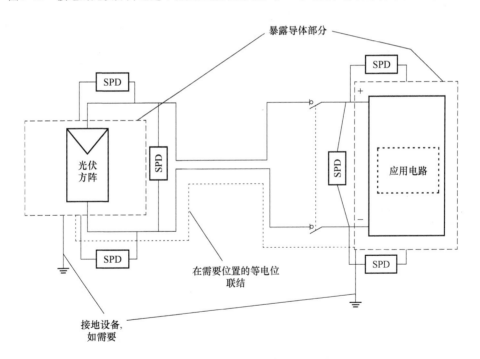

图 9-13　光伏方阵裸露导体部分的接地

注：1. 图中所示接地连接均为功能接地。暴露金属边框连接需要防雷保护。
　　2. 光伏方阵和所采用电路之间的等电位联结是必需的，主要用于电气设备的雷击过
　　　 电压保护。等电位联结导体应尽可能与有效导体物理接近，可以减少环路。
　　3. 过电压保护电涌保护器（SPD）的安装位置应该根据供应商要求确定。

　　所有带电导体与设备接地导体之间应存在较大阻抗。光伏方阵连接导体的布线应尽量与
光伏方阵的正负极相近和/或子方阵导线尽可能减少由闪电引起的过电压。

3. 功能接地端子

当光伏方阵要求电流输送端功能接地时，应该在一个独立的点接地，同时，这个点应与电气安装的总接地端子相接。在没有蓄电池的系统中，这个连接点应该在光伏方阵和逆变器之间，且应尽可能接近逆变器。在有蓄电池的系统中，这个连接点应该在控制器和蓄电池保护设备之间。

一些电气安装需要有子接地端子，允许光伏功能性接地和子接地端子之间连接。功能性接地连接应建立在强电接地母线逆变器内部。

4. 接地导体载流量

光伏方阵的功能接地（直接接地导体或经过电阻接地）与接地装置之间的接地导体的最小载流量应满足以下要求：

1）对于直接接地而非经电阻接地的系统，接地导体的最小载流量不小于功能接地故障断路器的标称值。

2）接地导体的最小载流量不小于光伏方阵最大电压与功能接地系统中串联电阻阻值的比。

接地导体的材料、类型、绝缘、测量、安装和连接应满足国家标准。一些组件技术需要对系统的正极或负极的主要导体进行功能性接地。

9.8 电涌保护器

电涌保护器（SPD）是用于限制瞬态过电压和泄放电涌电流的电器，它至少包含一个非线件的元件。

9.8.1 分类

电涌保护器的分类见表9-8。

表9-8 电涌保护器的分类

依 据		类 型
设计	电压开关型	没有电涌时具有高阻抗，当对电涌响应时能突变成低阻抗的SPD。常用的元件有放电间隙、气体放电管和晶闸管（晶闸管整流器）。有时被称为"crowbar型"元件
	电压限制型	没有电涌时具有高阻抗，但是随着电涌电流和电压的上升，其阻抗将持续地减小的SPD。常用的非线性元件有压敏电阻和抑制二极管。有时被称为"钳压型"元件
	复合型	由电压开关型元件和电压限制型元件组成的SPD。其特性随所加电压的特性可以表现为电压开关型、电压限制型或两者皆有
试验	第1类	Ⅰ类试验使用峰值电流为冲击放电电流 I_{imp} 的8/20冲击电流和1.2/50冲击电压进行的试验
	第2类	Ⅱ类试验使用标称放电电流 I_n 和1.2/50冲击电压进行的试验
使用地点	户内	SPD使用时有外部箱体和/或用在建筑物内或者防护罩内 安装在户外的外部箱体内或者防护罩内的SPD可认为是户内型SPD
	户外	SPD使用时无外部箱体且用在建筑物或防护罩之外

（续）

依　据		类　型
易触及性	易触及的	SPD 可被非技术人员全部或者部分接触到，一旦安装后，无须使用工具可打开覆盖层或者外部箱体
	不易触及的	SPD 不可被非技术人员触摸到。其或者是因为被安装到触摸距离之外，或者是被置于安装后只能用工具打开的外部箱体内
脱离器（包括过电流保护）	位置	内部、外部，或二者都有（一部分内部和一部分外部）
	保护功能	热保护、泄漏电流保护 过电流保护
温度和湿度范围		正常的、扩展的
过载特性模式		开路模式（OCM）、短路模式（SCM）

9.8.2　结构

光伏发电系统常用电涌保护器的结构如图 9-14 所示。

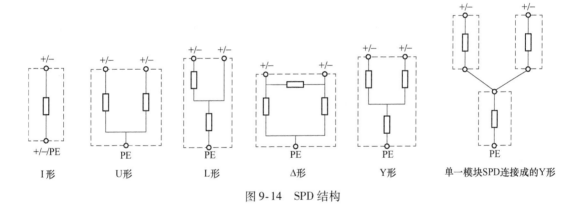

图 9-14　SPD 结构

9.8.3　电涌保护器设置

光伏发电系统的电涌保护器设置如图 9-15 所示。

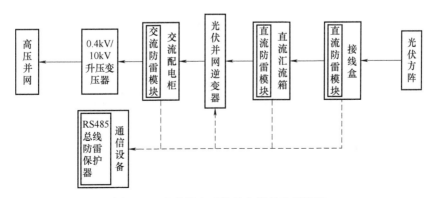

图 9-15　光伏发电系统的电涌保护器设置

电涌保护器使用条件见表9-9。

表9-9 电涌保护器使用条件

条　件		要　求
电压		持续施加在 SPD 的接线端子间的电压不应超过其最大持续工作电压 U_{CPV}
气压		$80 \sim 106 \text{kPa}$
海拔		$-5000 \sim 2000 \text{m}$
温度	正常的	$-5 \sim 40℃$ （在没有温度和湿度控制，但不受天气影响的室内使用的 SPD）
	扩展的	$-40 \sim 70℃$ （在受天气影响的户外场所使用的 SPD）
湿度	正常的	$5\% \sim 95\%$ （在没有温度和湿度控制，但不受天气影响的室内使用的 SPD）
	扩展的	$5\% \sim 100\%$ （在受天气影响的户外场所使用的 SPD）

9.8.4　技术参数

电涌保护器技术参数定义与符号见表9-10。

表9-10 电涌保护器技术参数定义与符号

名　称	符　号	定　义
标称放电电流	I_n	指电涌保护器 $8/20\mu s$ 雷电流波形的电流峰值
I 类试验的冲击电流	I_{imp}	在规定的时间内，流过 SPD 并具有规定的电荷量 Q 和比能量 W/R（雷电流的二次方在整个雷击持续时间内对时间的积分，表示在单位电阻上雷电流耗散的能量）的放电电流的峰值
最大放电电流	I_{max}	流过 SPD 并具有 $8/20$ 波形和幅值电流的峰值 $I_{max} \geqslant I_n$
光伏系统的持续工作电流	I_{CPV}	当 SPD 连接后，施加最大持续工作电压 U_{CPV} 时，流过其带电导线间的电流
残流	I_{PE}	当 SPD 按制造商的说明连接，施加最大持续工作电压 U_{CPV} 时，流过其 PE 接线端子的电流
续流	I_f	施加冲击电流放电之后由电源系统流入 SPD 的电流。续流和持续工作电流 I_{CPV} 是显著不同的
额定负载电流	I_L	能提供给连接到 SPD 保护输出端的阻性负载的最大持续额定直流电流
$8/20$ 冲击电流		视在前时间为 $8\mu s$，半峰值时间为 $20\mu s$ 的冲击电流
额定短路电流	I_{SCPV}	SPD 与指定脱离器连接后可以承受的电源系统的最大预期短路电流额定值
漏电流		指在 75% 或 80% 标称电压 U_n 下流经保护器的直流电流
最大纵向放电电流		指每线对地施加波形为 $8/20\mu s$ 的标准雷电波冲击 1 次时，保护器所耐受的最大冲击电流峰值

（续）

名　称	符　号	定　义
最大横向放电电流		指线与线之间施加波形为 8/20μs 的标准雷电波冲击 1 次时，保护器所耐受的最大冲击电流峰值
光伏系统的持续工作电压	U_{CPV}	可连续地施加在 SPD 保护模式上的最大直流电压
电压保护水平	U_p	由于施加规定陡度的冲击电压和规定幅值及波形的冲击电流，而在 SPD 两端之间预期出现的最大电压 电压保护水平由厂家提供，并且不小于测量限制电压。测量限制电压取决于波前放电电压（如适用）和 I 类试验中冲击电流峰值为 I_{imp} 或 II 类试验中冲击电流峰值为 I_n 处的残压
限制电压		施加规定波形和幅值的冲击时，在 SPD 接线端子间测得的最大电压峰值
残压	U_{res}	放电电流流过 SPD 时，在其端子间产生的电压峰值
1.2/50 冲击电压		视在波前时间为 1.2μs，半峰值时间为 50μs 的冲击电压
设备耐冲击电压额定值	U_W	设备厂家给予的设备耐冲击电压额定值，表征其绝缘防过电压耐受能力
标准测试条件下的开路电压	$U_{OC\ MAX}$	标准测试条件下的空载（开路）光伏组件，方阵、逆变器等组件直流端的电压
电压保护级别		保护器在下列测试中的最大值： 1）1kV/μs 斜率的跳火电压。 2）额定放电电流的残压
响应时间	t_A	反应在电涌保护器里的特殊保护元件的动作灵敏度、击穿时间，在一定时间内变化取决于 du/dt 或 di/dt 的斜率
在线阻抗		指在标称电压 U_n 下流经保护器的回路阻抗和感抗的和。通常称为"系统阻抗"

9.8.5　直流侧电涌保护器的配合

在直流侧的电涌保护器应尽量靠近逆变器。若远离逆变器，为了提供保护可能需要额外的电涌保护器，例如直流电缆进入建筑物的入口与逆变器之间距离大于 10m 的情况。设备上的浪涌电压等级取决于它与电涌保护器的距离，若超过 10m，由于共振效应（因雷电冲击的高频而引起的放大现象）这个电压值可能翻倍。

光伏系统电涌保护器应安装在光伏汇流箱和/或机柜（机房）内。

当安装在光伏汇流箱内的第一级电涌保护器与直流配电柜（盘）之间的线路长度大于 10m 时，宜在机房或机柜内的直流配电盘上安装第二级电涌保护器，如图 9-16 所示。

第二级电涌保护器可选用 II 类电涌保护器，I_n 不应小于 5kA，有效电压保护水平 $U_{p/f}$ 应小于 $0.8U_W$。U_{CPV} 应不小于 $1.2U_{OC\ STC}$。

当光伏汇流箱中过电流保护装置需要防雷时，应在过电流保护装置前端安装电涌保护器。电涌保护器应选用 II 类电涌保护器，I_n 不应小于 10kA，有效电压保护水平 $U_{p/f}$ 应小于 $0.8U_W$，U_{CPV} 应不小于 $1.2U_{OC\ STC}$。

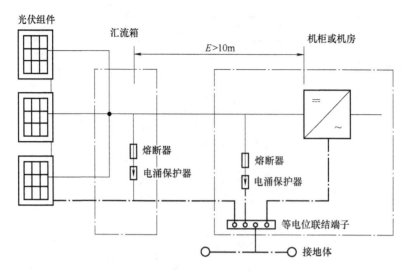

图 9-16　电涌保护器配合示意图

9.8.6　交流过电压保护装置

1. 升压站

升压站选用的避雷器应满足 GB 11032—2010《交流无间隙金属氧化物避雷器》的要求。

2. 低压电源系统

低压电源系统选用的交流电涌保护器应符合 GB/T 18802.1—2011《低压电涌保护器（SPD）第 1 部分：低压配电系统的电涌保护器 性能要求和试验方法》中的规定，光伏系统直流电涌保护器应满足光伏系统的应用特性要求。

低压电源系统电涌保护器的选用应符合下列原则：

1）各级电涌保护器的有效电压保护水平应低于本级保护范围内被保护设备的耐冲击电压额定值。

2）交流电源电涌保护器的最大持续工作电压应大于系统工作电压的 1.15 倍。

3）安装在汇流箱、逆变器处的直流电源电涌保护器的最大持续工作电压应大于光伏组件最高开路电压的 1.2 倍。

4）各级电涌保护器应能承受安装位置处预期的雷电流。

光伏方阵最大电压取最低预期使用环境温度下的方阵的开路电压。光伏方阵的最大电压应根据组件不同温度下的开路电压的修正说明来计算。单晶和多晶光伏组件的电压修正可依据表 9-11 所示。

表 9-11　单晶和多晶光伏组件的电压修正因数

预期最低环境温度/℃	修 正 因 数
20～24	1.02
15～19	1.04
10～14	1.06

（续）

预期最低环境温度/℃	修正因数
5 ~ 9	1.08
0 ~ 4	1.10
−5 ~ −1	1.12
−10 ~ −6	1.14
−15 ~ −11	1.16
−20 ~ −16	1.18
−25 ~ −21	1.20
−30 ~ −26	1.21
−35 ~ −31	1.23
−40 ~ −36	1.25

9.9 电击防护

即使交流侧从电网断开或逆变器从直流侧断开时，也应认为直流侧的光伏设备是通电的。

不应使用 GB/T 16895.21—2011《低压电气装置 第 4-41 部分：安全防护 电击防护》中说明的使用阻挡物和置于伸臂范围之外的保护措施。

9.9.1 非导电场所

当带电部分的基本绝缘失效时，此种保护措施用于防止躯体同时触及可能带不同电位的部分。

1）所有电气设备应符合带电部分的基本绝缘、遮拦或外护物的基本保护规定中的一项规定。

2）外露可导电部分的布置应做到在正常环境下人体不会同时触及以下部分：

① 两个外露可导电部分。

② 一个外露可导电部分和一个外界可导电部分。

当带电部分的基本绝缘失效时，上述部分可能呈现不同电位。

3）在非导电场所内不应有保护导体。

4）如果非导电场所内有绝缘的地板和墙，且按照如下的一种或多种方式进行了处理，就可认为满足了 2）的要求：

① 拉开外露可导电部分和外界可导电部分间以及不同外露可导电部分之间的距离。

两部分之间的距离不小于 2.5m 就已足够；如在伸臂范围以外，这一距离可缩短到 1.25m。

② 在外露可导电部分和外界可导电部分之间插入有效的阻挡物。

如果将越过它的距离加大到①所述的距离，阻挡物即足够有效。阻挡物不应与地或外露可导电部分相连接，并应尽量用绝缘材料制作。

③ 在外界可导电部分上覆盖绝缘。

在外界可导电部分上覆盖的绝缘应具有足够的机械强度，并应能承受至少 2000V 的试验电压。正常使用情况下泄漏电流不应超过 1mA。

5）在 GB 16895.23—2012《低压电气装置 第 6 部分：检验》规定的条件下，在绝缘地板和墙上任意一点测得的电阻不应小于下值：

① 装置标称电压不超过 500V 时为 50kΩ。

② 标称电压超过 500V 时为 100kΩ。

如果任何一点的电阻小于上述规定值，对防电击方面而言，就认为地板和墙是外界可导电部分。

6）对非导电场所规定的保护措施应是永久性的。不应存在使这些措施失效的可能性。即使在非导电场所内使用移动式或携带式设备时，也应确保此保护措施有效。

需注意出现一种危险：在不具备有效管理的电气装置内交付使用后引进一些可导电部分（例如引进了移动式或携带式的 I 类电气设备或金属水管之类的外界可导电部分），从而使规定的保护措施失效。

应确保地板和墙的绝缘性能不受潮气的影响。

7）应确保外界可导电部分不自场所外将电位引入非导电场所内。

9.9.2　不接地的局部等电位联结

不接地的局部等电位联结的保护用以防止出现危险的接触电压。

1）所有电气设备应符合带电部分的基本绝缘、遮拦或外护物的基本保护规定中的一项规定。

2）等电位联结导体应将所有可同时触及的外露可导电部分和外界可导电部分互相连通。

3）局部等电位联结不应直接与地做电气连接，也不应经外露可导电或外界可导电部分与地做电气连接。

当不能满足此要求时，可采用自动切断电源的保护措施。

4）应采取措施保证进入等电位联结场所的人员不会接触到危险的电位差，特别是进入内有与不接地的等电位联结系统相连接且与地绝缘的导电地板的场所。

9.9.3　供电给多台用电设备时的电气分隔

对某一回路做电气分隔是为了防止接触因回路绝缘损坏而带电的外露可导电部分而产生的电击电流。

1）所有电气设备应符合带电部分的基本绝缘、遮拦或外护物的基本保护规定中的一项规定。

2）当供电给多台设备时，电气分隔保护并应符合标准规定的要求。

3）应采取措施防止被分隔回路受损伤和绝缘失效。

4）被分隔回路的外露可导电部分应用绝缘的不接地的等电位联结导体互相连通。这些连接导体不得与其他回路的保护导体及外露可导电部分或外界可导电部分相连接。

5）分隔回路内的插座应具有保护导体的接点，它应与不接地的等电位联结系统相连接。

6）除给具有双重绝缘或加强绝缘的设备供电的情况外，所有软电缆内应含有一保护导体，它被利用作不接地的等电位联结导体。

7）如果两台电气设备的外露可导电部分上分别出现不同相（极）导体的接地故障，应确保由一过电流保护电器在规定的时间内切断电源。

8）被分隔回路的标称电压（单位为 V）和回路长度（单位为 m）的乘积不宜超过 100000V·m，且回路的总长度不宜超过 500m。

9.9.4 直流侧保护措施

在直流侧应采用下列保护措施之一：

1. 双重或加强绝缘

根据 IEC 61140—2016《电击防护 安装和设备的共同方面》，在直流侧使用的设备，如光伏组件、配电盘或配电柜应为 Ⅱ 类或相等的绝缘。

2. 由 SELV 和 PELV 提供的特低电压

若在直流侧使用 SELV 和 PELV 保护措施，$U_{\mathrm{OC\,MAX}}$ 不应超过 DC 60V。

光伏方阵最大电压 $U_{\mathrm{OC\,MAX}}$ 可认为是平滑直流电压。

9.10 火灾防护

1）在逆变器内或在交流侧无最基本简单分隔的绝缘故障影响防护时，不允许直流侧带电部分的功能接地。

当直流侧出现绝缘故障时，逆变器应从交流侧自动断开，或光伏方阵有故障的部分应从逆变器自动断开。根据 IEC 62109—2010《光伏电力系统用电力变流器的安全》（所有部分），断开可由逆变器提供；自动断开也可由 RCD 检测。

直流侧发生绝缘故障应自动发出报警。如果绝缘故障由逆变器检测，根据 IEC 62109—2010《光伏电力系统用电力变流器的安全》（所有部分）报警信号由逆变器发出。

2）在逆变器内或交流侧有简单分隔的绝缘故障影响防护时，允许直流侧带电部分的功能接地。

若直流侧带电部分没有功能接地，应安装绝缘监测电器（IMD）或能提供同样有效监控的另一种电器。可使用符合 IEC 62109—2010《光伏电力系统用电力变流器的安全》（所有部分）的逆变器提供此项功能。其应为有一根导体连接到功能地的光伏方阵提供符合要求的电器或电器组合，当直流侧发生绝缘故障时，中断接地导体中电流。此外，该电器（或电器组合）还应发出报警信号。与以上所述不同的另一种情况是通过电阻器实施功能接地，电阻器的阻值 R 满足

$$R \geqslant \frac{U_{\mathrm{OC\,MAX}}}{I_{\mathrm{n}}}$$

式中　I_{n}——表 9-12 中给出的电流值。

直流侧绝缘故障发生应自动发出报警。如果绝缘故障由逆变器检测，由逆变器发出报

警。根据 GB 16895.21—2011《低压电气装置 第4-41 部分：安全防护 电击防护》要求，建议在尽可能短的时间内消除故障。

表 9-12　功能接地导体中自动分断电器的额定电流

光伏方阵总安装容量/kWp	额定电流（I_n）/A
0 ~ 25	1
25 ~ 50	2
50 ~ 100	3
100 ~ 250	4
>250	5

参 考 文 献

[1] 李英姿. 太阳能光伏并网发电系统设计与应用［M］. 北京：机械工业出版社，2014.

[2] MESSENGER R A, VENTRE J. 光伏系统工程：第3版［M］. 王一波，廖华，伍春生，译. 北京：机械工业出版社，2012.

[3] 李英姿. 光伏建筑一体化工程设计与应用［M］. 北京：中国电力出版社，2015.

[4] 李英姿. 建筑电气节能技术［M］. 北京：中国电力出版社，2018.

[5] 张兴，曹仁贤，等. 太阳能光伏并网发电及其逆变控制［M］. 北京：机械工业出版社，2011.

[6] 李钟实. 太阳能光伏发电系统设计施工与应用［M］. 北京：人民邮电出版社，2012.

[7] 杨金焕，于化丛，葛亮. 太阳能光伏发电应用技术［M］. 2版. 北京：电子工业出版社，2013.

[8] 全国量度继电器和保护设备标准化技术委员会. 分布式电源并网继电保护技术规范：GB/T 33982—2017［S］. 北京：中国标准出版社，2017.

[9] 中国电力企业联合会. 分布式电源并网技术要求：GB/T 33593—2017［S］. 北京：中国标准出版社，2017.

[10] 中国电力企业联合会. 分布式电源并网运行控制规范：GB/T 33592—2017［S］. 北京：中国标准出版社，2017.

[11] 国家能源局. 分布式电源孤岛运行控制规范：NB/T 33013—2014［S］. 北京：中国电力出版社，2015.

[12] 国家能源局. 分布式电源接入电网监控系统功能规范：NB/T 33012—2014［S］. 北京：中国电力出版社，2015.

[13] 国家能源局. 分布式电源接入配电网技术规定：NB/T 32015—2013［S］. 北京：中国电力出版社，2014.

[14] 中华人民共和国国家质量监督检验检疫总局. 光伏发电站汇流箱技术要求：GB/T 34936—2017［S］. 北京：中国标准出版社，2017.

[15] 中华人民共和国国家质量监督检验检疫总局. 光伏系统用直流断路器通用技术要求：GB/T 34581—2017［S］. 北京：中国标准出版社，2017.

[16] 中国电力企业联合会. 光伏发电站并网运行控制规范：GB/T 33599—2017［S］. 北京：中国标准出版社，2017.

[17] 中国标准化研究院. 地面光伏系统用直流连接器：GB/T 33765—2017［S］. 北京：中国标准出版社，2017.

[18] 中国电力企业联合会. 光伏发电站继电保护技术规范：GB/T 32900—2016［S］. 北京：中国标准出版社，2017.

[19] 中华人民共和国住房和城乡建设部. 太阳能发电站支架基础技术规范：GB 51101—2016［S］. 北京：中国计划出版社，2016.

[20] 中国电力企业联合会. 光伏发电站防雷技术要求：GB/T 32512—2016［S］. 北京：中国标准出版社，2016.

[21] 中国电力企业联合会. 光伏发电系统接入配电网特性评价技术规范：GB/T 31999—2015［S］. 北京：中国标准出版社，2015.

[22] 中国电力企业联合会. 光伏发电站监控系统技术要求：GB/T 31366—2015［S］. 北京：中国标准出版社，2015.

[23] 中国电力企业联合会. 光伏发电站接入电网检测规程：GB/T 31365—2015［S］. 北京：中国标准出版社，2015.

[24] 全国太阳能光伏能源系统标准化技术委员会. 并网光伏发电专用逆变器技术要求和试验方法：GB/T

30427—2013［S］. 北京：中国标准出版社，2014.

［25］中国电力企业联合会. 光伏发电站太阳能资源实时监测技术要求：GB/T 30153—2013［S］. 北京：中国标准出版社，2014.

［26］中华人民共和国住房和城乡建设部. 光伏发电接入配电网设计规范：GB/T 50865—2013［S］. 北京：中国标准出版社，2014.

［27］中国电力企业联合会. 光伏发电站接入电力系统设计规范：GB/T 50866—2013［S］. 北京：中国标准出版社，2013.

［28］全国熔断器标准化技术委员会（SAC/TC 340）. 低压熔断器 第6部分：太阳能光伏系统保护用熔断体的补充要求：GB/T 13539.6—2013［S］. 北京：中国标准出版社，2013.

［29］中国电力企业联合会. 光伏发电站接入电力系统技术规定：GB/T 19964—2012［S］. 北京：中国标准出版社，2013.

［30］中国电力企业联合会. 光伏发电站无功补偿技术规范：GB/T 29321—2012［S］. 北京：中国标准出版社，2013.

［31］中国电力企业联合会. 光伏发电系统接入配电网技术规定：GB/T 29319—2012［S］. 北京：中国标准出版社，2013.

［32］中国电力企业联合会. 光伏发电站设计规范：GB 50797—2012［S］. 北京：中国标准出版社，2012.

［33］全国太阳光伏能源系统标准化技术委员会. 光伏系统并网技术要求：GB/T 19939—2005［S］. 北京：中国标准出版社，2006.

［34］全国电线电缆标准化技术委员会. 光伏发电系统用电缆：NB/T 42073—2016［S］. 北京：新华出版社，2017.

［35］住房和城乡建设部建筑制品与构配件标准化技术委员会. 太阳能光伏系统支架通用技术要求：JG/T 490—2016［S］. 北京：中国标准出版社，2016.

［36］中国电力企业联合会. 光伏发电调度技术规范：NB/T 32025—2015［S］. 北京：中国电力出版社，2016.

［37］全国雷电灾害防御行业标准化技术委员会. 太阳能光伏系统防雷技术规范：QX/T 263—2015［S］. 北京：中国气象出版社，2015.

［38］全国气候与气候变化标准化技术委员会风能太阳能气候资源分技术委员会. 太阳能光伏发电功率短期预报方法：QX/T 244—2014［S］. 北京：中国标准出版社，2015.

［39］国家能源局. 光伏发电站防雷技术规程：DL/T 1364—2014［S］. 北京：中国电力出版社，2015.

［40］国家能源局. 光伏发电站防孤岛效应检测技术规程：NB/T 32014—2013［S］. 北京：中国电力出版社，2014.

［41］国家电网公司. 分布式电源接入系统典型设计：接入系统分册［M］. 北京：中国电力出版社，2014.

［42］国家电网公司. 分布式电源接入系统典型设计：送出线路分册［M］. 北京：中国电力出版社，2014.

［43］杨勇，赵波，葛晓慧，等. 分布式光伏电源并网关键技术［M］. 北京：中国电力出版社，2014.

［44］中华人民共和国住房和城乡建设部. 建筑物防雷设计规范：GB 50057—2010［S］. 北京：中国计划出版社，2011.

［45］谭进，曾祥学，涂博瀚，等. 光伏系统雷电防护措施研究［J］. 水电能源科学，2012，30（5）：136-138.

［46］陈炜，艾欣，吴涛，等. 光伏并网发电系统对电网的影响研究综述［J］. 电力自动化设备，2013，33（2）：26-32.

［47］李英姿. 分布式光伏并网系统运行中存在的问题［J］. 建筑电气，2014（11）：44-50.